高等学校
计算机类
系列教材

计算机导论

孙永香　王　鲁　主编

化学工业出版社

·北京·

内容简介

本书是计算机及其相关专业的第一门专业基础课程的教材，按照计算机学科知识体系来组织编排。全书共 11 章，内容包括认识计算机学科与专业、计算机与计算思维、数据的表示、计算机系统、操作系统、计算机语言与程序设计、算法与数据结构、网络技术、数据库管理与应用、计算机领域新技术、信息安全与社会责任。本书提供了对计算机学科核心知识的概要介绍，使读者对计算机学科的基本理论与技术、学科知识体系以及与其他学科的关系有所了解，为后续课程的学习奠定方法论基础。

本书可作为高等院校计算机及其相关专业的计算机导论类课程的教材，也可作为其他计算机爱好者了解、学习计算机科学的参考书。

图书在版编目（CIP）数据

计算机导论 / 孙永香，王鲁主编. —北京：化学工业出版社，2022.6（2024.9重印）
高等学校计算机类系列教材
ISBN 978-7-122-41220-1

Ⅰ.①计⋯　Ⅱ.①孙⋯　②王⋯　Ⅲ.①电子计算机-高等学校-教材　Ⅳ.①TP3

中国版本图书馆 CIP 数据核字（2022）第 062674 号

责任编辑：郝英华	文字编辑：师明远
责任校对：边　涛	装帧设计：张　辉

出版发行：化学工业出版社（北京市东城区青年湖南街 13 号　邮政编码 100011）
印　　装：北京天宇星印刷厂
787mm×1092mm　1/16　印张 17　字数 411 千字　2024 年 9 月北京第 1 版第 3 次印刷

购书咨询：010-64518888　　　　　　　　　售后服务：010-64518899
网　　址：http://www.cip.com.cn
凡购买本书，如有缺损质量问题，本社销售中心负责调换。

定　　价：59.00 元

《计算机导论》
编写人员

主　编：孙永香　王　鲁

副主编：于　群　张广梅

参　编：王秀丽　付晓翠　周筑南

前言

　　"计算机导论"是计算机类专业学生进入大学学习的第一门专业基础课程，其目的是使学生初步认识和了解计算机学科的知识体系以及主要专业方向，理解该学科的基本思维、问题求解框架及典型的方法论，进而为该学科后续课程的学习做好入门引导。本书作为"计算机导论"类课程的教材，参照美国计算机学会和电气与电子工程师协会-计算机分会联合工作组发布的系列计算教程（Computer Curricula，CC）与我国教育部颁布的《中国计算机科学与技术学科教程 2002》《高等学校计算机科学与技术专业发展战略研究报告暨专业规范（试行）》和《高等学校计算机科学与技术专业公共核心知识体系与课程》，结合当前计算机导论类课程教学最新发展状况进行的内容编排。

　　本书的内容安排如下：

　　第 1 章　认识计算机学科与专业。从学科知识构成上看，计算机学科和其他学科一样，也有一个诞生、发展和完善的过程，有系统的知识体系结构、基本理论、核心概念和方法，它与数学、物理学和电子学等学科有着密切的关系。本章详细介绍了计算机学科的内涵、专业方向、学科的基本知识和基本能力以及我国计算机类专业的人才培养特色、毕业生的基本要求和将来就业方向、计算机从业人员的职业道德。通过本章的介绍，能够激发读者学习计算机的兴趣。

　　第 2 章　计算机与计算思维。计算机已成为当今社会不可或缺的组成部分，计算机的影响遍及人类社会的各个领域，人们的思维、学习和工作方式因计算机而发生了颠覆性的变化。为适应现代社会的需求，我们需要学会运用计算机技术、思想和方法去思考问题和解决人类生存和发展的诸多问题。本章主要介绍了计算机的定义、功能、诞生、发展、特点、分类和应用以及计算思维的概念、本质及其重要性。通过本章的介绍，可以使读者深入理解计算机的本质，明白培养计算思维能力的重要性。

　　第 3 章　数据的表示。数据像计算机的血液，在计算机内不停地流淌着。计算机完成的一切工作归根结底是对数据的处理。本章主要介绍了进制的相关概念、不同进制之间的相互转换、二进制运算以及字符、声音和图像在计算机的表示方式。通过本章的介绍，可以使读者理解不同类型数据在计算机中的表示，并掌握信息处理的一般性思维方法。

第4章　计算机系统。计算机系统由硬件系统和软件系统两部分组成。硬件位于计算机层次结构的最底层，是计算机运行的物质基础。软件是运行在硬件之上的各种数据和指令的集合。本章主要介绍了"图灵机"思想、冯·诺依曼体系结构以及计算机的工作原理。通过本章的介绍，可以使读者理解"图灵机"的本质和基于冯·诺依曼体系结构的计算机的工作原理。

第5章　操作系统。操作系统是配置在计算机硬件上的第一层软件，是对硬件系统的首次扩充。其主要作用就是管理好这些设备，提高它们的利用率和系统的吞吐量，并为用户和应用程序提供一个简单的接口，方便用户使用。本章主要介绍操作系统的概念、功能、特性以及常用操作系统等。通过本章的介绍，可以使读者理解操作系统是如何高效地管理和分配计算机的一切软硬件资源的，如何为用户屏蔽底层硬件的复杂性，提供一个使用计算机的友好界面。

第6章　计算机语言与程序设计。人类与计算机进行交互，要用彼此都能理解的语言，计算机语言就是人类与计算机进行沟通交流的符号。人们用这些符号把需要计算机解决的问题的步骤描述出来，就形成计算机程序。本章将重点介绍计算机语言、程序与程序设计以及软件工程等基础知识。通过本章的介绍，可以使读者了解计算机语言、程序设计方法、软件工程的相关知识，理解人类与计算机打交道的方式。

第7章　算法与数据结构。算法是计算机解决实际问题的基本思路和方法，不同的思路和方法大大影响着计算机的效率。我们不断地追求更好的算法思想，就是为了不断地提高计算机的效率。数据结构是解决算法在计算机内实现的条件，良好的数据结构使得算法可以高效地实现。本章主要介绍计算机算法的基本概念和数据结构的基本知识。通过本章的介绍，可以使读者理解由问题到算法，再到程序的问题求解思维模式，加深对"算法是程序与计算系统之灵魂"的认识。

第8章　网络技术。计算机网络是通信技术与计算机技术相结合的产物，也是科学、社会发展需求与科学技术相互作用的结果。本章从计算机网络的定义出发，详细介绍了计算机网络的发展历史、组成、功能、分类、体系结构等计算机网络的基础知识，同时详述了 Internet 相关的基本概念。通过本章的介绍，可以让读者对计算机网络及技术有更深入的认识和理解，了解网络空间安全的基本知识。

第9章　数据库管理与应用。人类生活无时无刻不和数据打交道，承载数据的介质从纸质材料到电子材料发生着变化，对数据进行存储、使用及管理的方法和技术手段也在不断发展进步。本章主要介绍数据库管理相关的基础概念和实现数据管理的计算机技术。通过本章的介绍，可以使读者理解数据库管理的思想、概念和方法，并掌握将数据库技术用于解决实际应用问题的方法。

第10章　计算机领域新技术。随着计算机计算能力的突飞猛进，计算机的发展已经进入了一个全新的时期，大数据、人工智能等技术已经应用到人类社会很多领域。本章主要介绍了大数据、人工智能、云计算、区块链、物联网等计算机领域的主要前沿技术。通过本章的介绍，可以使读者对当前计算机领域的新技术有个全新的认识和了解。

第11章　信息安全与社会责任。从最初的以恶作剧为动机的无害病毒，到现在的以谋取金钱为目的的跨国黑客网，就像人类社会的安全问题一样，信息安全的问题对整个社会的影响逐步提高到一种绝对重要的地位，这已经从一个单纯的技术问题上升到社会乃至国家安全的战略问题。本章介绍了信息安全的概念及其主要技术、计算机病毒的概念与防范措施、黑客的概念与防范措施以及信息时代公民的社会责任。通过本章的介绍，可以加深读者对信息安全的认识和理解，并努力做一名信息时代合法的公民。

　　本书的编写人员都是多年从事高等院校计算机导论课和计算机专业课教学的专职教师，具有扎实的计算机专业理论知识和丰富的教学经验，书中不少内容就是对教学实践经验的总结。本书由孙永香和王鲁担任主编，于群和张广梅担任副主编。各章节分工如下：第1、2、3和11章由孙永香编写，第4、5章由于群编写，第6、10章由王鲁编写，第7章由张广梅编写，第8章由付晓翠编写，第9章由王秀丽编写。孙永香负责本书的通稿和组织工作，周筑南参与了部分内容的编写并完成了本书的文字校稿。

　　本书在内容上力求全面，以满足不同读者的需求。同时，为满足国家最新的人才培养需求，深入实施人才强国战略，贯彻"为党育人、为国育才"教育方针，落实立德树人根本任务，本书在编写过程中，既结合了工程教育专业认证的理念，又融入大量的课程思政元素。其中，课程思政包括计算机从业者职业道德规范；中国在量子计算机方面的国际先进水平；我国在超算领域的卓越成就；鸿蒙操作系统的自主创新；网络空间安全的重要性；大数据、人工智能、云计算、区块链、物联网等计算机领域新技术；计算机犯罪；信息时代公民的社会责任等。将学科内容和课程思政有机融合起来，让学生在掌握计算机理论知识的同时，感受国家的巨大进步和新时代伟大变革，激发学生的民族自豪感和家国情怀，强化学生科教兴国和网络安全意识、培养学生劳动精神、奋斗精神、奉献精神和创造精神，提高学生职业道德规范和社会责任感，增强学生社会主义法治观念，充分发挥好教材的育人作用，助力全面提高人才培养质量。

　　另外，为方便使用本书的广大师生，本书配有微课视频、教学课件等配套教学资源，使用本书的读者可以登录化工教育平台 www.cipedu.com.cn 注册后下载使用。

　　由于作者水平所限，书中难免存在疏漏之处，恳请广大读者批评指正。

编　者

目录

第3章　数据的表示

第4章　计算机系统

第5章　操作系统

第8章 网络技术

第9章 数据库管理与应用

第10章 计算机领域新技术

第11章　信息安全与社会责任

参考文献

第1章　认识计算机学科与专业

学习目标：

① 了解计算机学科的内涵及其专业方向；

② 了解计算机学科的基本知识和基本能力；

③ 了解我国计算机类专业的人才培养特色、毕业生的基本要求以及将来就业方向；

④ 了解计算机从业者职业道德规范。

计算机是人类的一项伟大发明，从第一台计算机的问世至今，计算机深刻地影响人们的生活、工作和学习。在人们认识和使用计算机的过程中，诞生了一门新的学科——计算机学科。

1.1　什么是计算机学科

从 20 世纪 40 年代开始，计算机科学出现在美国的大学，其中有 5 所大学在计算机的发展中起到了重要作用：麻省理工学院、哈佛大学、宾夕法尼亚大学、哥伦比亚大学和普林斯顿大学。这些大学从 20 世纪 40 年代晚期开始出现介绍计算机的课程。20 世纪 50 年代，伊利诺伊大学、密西根大学和普度大学也开设了类似的课程，并且开发了计算机教育计划。

20 世纪 50 年代，计算机技术得到了迅猛发展，并开始渗透到许多学科领域，计算机科学也逐步成为一门范围极为宽广的学科。计算机学科是人们对计算机相关技术以及知识进行研究和应用的一门学科，学术界和社会公众习惯上将与计算机相关的学科称为计算机学科。如同其他任何学科一样，计算机学科有独立的研究内容、成熟的研究方法和规范的学科体制。

1.1.1　计算机学科的定义

1991 年 IEEE-CS（Institute of Electrical and Electronics Engineers-Computer Society，电气与电子工程师协会-计算机分会）和 ACM（Association for Computing Machinery，美国计算机学会）联合工作组发布了 CC1991（Computer Curricula 1991，简称 CC1991，中文称为"计算教程 1991"）。CC1991 用"计算学科"替代了"计算机学科"（在不引起歧义的情况下，本书将计算学科称为计算机学科），并第一次对计算机学科给出了透彻的定义——"计算（机）学科主要是系统地研究信息描述和转换的算法过程：包括其理论、分析、设计、效率、实现和应用。"CC1991 指出计算（机）学科的基本问题是"什么能被有效地自动计算"。

在国内，学术界普遍认为计算机学科是研究计算机的设计、制造以及利用计算机进行信息获取、表示、存储、处理等的理论、方法和技术的学科，它包括科学和技术两个方面：科学侧重于研究现象、揭示规律；技术则侧重于研制计算机、研究使用计算机进行信息处理的方法与手段。两者高度融合、相辅相成、相互作用。

计算机学科的基础深深植根于数学和工程学，吸收了数学的"分析"和工程学的"设计"，是一门科学性与工程性并重的学科，表现为理论和实践紧密结合的特征。

1.1.2　计算机学科的三个形态

从本质上说，计算机学科是研究如何让计算机模拟人的行为来处理各种事务，即用程序来告诉计算机处理这些事务的步骤，是一个由现实物理世界到计算机空间世界的过程，即由抽象到理论再到设计的过程。众所周知，人类社会实践是一个由感性认识到理论认识再到理性实践的过程，计算机学科研究问题的过程是与之一致的。

（1）抽象

抽象即抽出现实世界中事物的本质特征，它是从现象中把握本质的认知过程和思维方法。抽象建模是自然科学的根本。抽象的结果是概念、符号或模型。抽象源于现实世界和实验科学，其主要要素为确定可能的实现环境并形成假设，构造模型并做出预测，设计实验和采集数据，实验结果分析。培养抽象思维模式，有利于促进计算机学科的基础知识和专业知识的学习。

（2）理论

理论即用定义和公理来表达所研究对象的特征，用定理来假设对象之间的基本性质和对象之间可能存在的关系，用证明来确定这些关系是否为真，最后得到相应的结果。理论源于数学，换言之，数学是计算机学科理论基础的核心，其主要要素为定义、公理、定理、证明和结果。

在计算机学科中，理论形态的基本特征是其研究内容的构造性数学特征。构造性是计算机软件和硬件系统的最根本特征，而递归与迭代是最具代表性的构造性数学方法，它广泛运用于计算机学科的各个领域。正确理解递归和迭代的基本思想，有助于计算机类专业学生今后的学习。

（3）设计

设计即广泛采用工程科学的研究方法来开发或求解某个待定问题的系统和装备。设计源于工程科学，设计乃工程之根本。其主要要素为需求分析、规格说明、设计和实现方法、测试和分析。

计算机学科中的三个形态是该学科中问题求解的三个过程，它们相互依赖、相互影响，共同构成了计算机学科的数学基础和理论基础。

1.1.3　计算机学科的专业方向

长期以来，计算机学科的专业方向被分为了两大类：计算机科学（Computer Science，CS）和计算机工程（Computer Engineering, CE），俗称为计算机软件方向和计算机硬件方向。随着计算技术的发展，IEEE-CS 和 ACM 于 2005 年 9 月公布的 CC2005 报告中，将计算机学科分为 5 个领域（也称专业方向），分别是计算机科学、计算机工程、软件工程、信息系统和信息技术，并预留了未来的新发展领域。

（1）计算机科学

计算机科学跨越的范围很广，从计算的理论、算法和实现，到机器人设计、计算机视觉、智能系统、生物信息以及其他新兴的有发展前途的领域。计算机科学重点研究软件，更偏重于算法、计算机语言、程序设计和计算、数学逻辑的研究，这个方向培养的学生更关注计算的理论和算法，能从事软件开发及其相关的理论研究。

（2）计算机工程

计算机工程是对现代计算机系统和由计算机控制的有关设备上的软件与硬件的设计、构造、实施和维护进行研究的专业方向，它的研究包括计算机硬件、软件、通信以及它们之间的相互联系，与传统电气工程和数学学科相关的理论、原理和实践，以及运用它们来解决计算机本身设计和各种基于计算机的设备的问题。在计算机工程领域所从事的工作比较侧重于计算机系统的硬件，注重于新的计算机和外部设备的研发及网络工程等。

（3）软件工程

软件工程（Software Engineering，SE）是以系统、科学、定量的途径，把工程应用于软件的开发和维护，同时，开展对上述过程中各种方法和途径的研究，软件工程专业方向培养的学生专注于以工程规范进行的大规模软件系统开发与维护，并保证其可靠、有效地运行。

（4）信息系统

信息系统（Information System，IS）主要是将信息技术的解决方案和商业流程结合起来以满足商业和其他企业的信息需求，使他们能够有效地达到目的。信息系统在"信息技术"方面强调信息，而把技术看作一种用来产生、处理、分配所需信息的工具。这个专业方向培养的学生更关注信息资源的获取、部署、管理及使用，并能分析信息的需求和相关的商业过程，能详细描述并设计那些与目标相一致的系统。

（5）信息技术

信息技术（Information Technology，IT）侧重于在一定的组织及社会环境下，通过选择、创造、应用、集成和管理计算机技术、传感技术、通信技术和微电子技术来满足用户的需求。与信息系统相比，信息技术侧重"信息技术"的技术层面，而信息系统侧重"信息技术"的信息层面。信息技术专业方向培养的学生更关注应用系统的实际搭建，能根据不同组织和机构的需求，选择相应的信息技术，并能有效地实施。

计算机学科的分化表现了一种科学发展和知识演化与时俱进的趋势。IEEE 和 ACM 组织的 Computing Curricula 系列报告，结合国际计算机学科发展，给出了计算机学科的教学参考规范，各国结合自身国情对教程进行合理调整。

1.2 我国的计算机教育

1.2.1 我国的计算机教育的发展

我国的计算机教育从 20 世纪 50 年代后期开始，到目前已经有近 70 年的历史。1954 年，党中央决定独立发展我国的核技术与核力量，次年清华大学受命创建一整套为核工业服务的专业，计算机是其中的重要部分。1956 年 6 月，清华大学电机系成立自动学教研组，包括计算机专业和自动控制专业，1958 年 6 月，成立自动控制系。按国务院批示精神，教育部从全国 10 所重点高校抽调 283 名学生到清华大学自动控制系的计算机专业和自动控制专业，定向为我国的核工业与航天工业培养人才。清华大学还加快了计算机专业的建设步伐，在教育部的部署下，由上海交通大学电机系三年级抽调学生来清华专项培养，这是我国自己培养的最早的计算机专业人才。

国际上，IEEE 和 ACM 一直在跟踪工业界对计算领域人才需求和教育界对人才教育培训的需求、状况、发展和存在的问题，并给出了一系列具有指导性意义的计算机学科本科教学参考计划——Computing Curricula。我国计算机学者对 Computing Curricula 工作进行了深入研究，产生了一系列成果，例如：2002 年公布了中国计算机科学与技术学科教程 2002（China Computing Curricula 2002，CCC2002）；2006 年教育部高等学校计算机科学与技术指导委员会编制的《高等学校计算机科学与技术专业发展战略研究报告暨专业规范（试行）》，对 Computing Curricula 的研究成果也进行了借鉴，促进了我国计算机教育由小变大，专业建设一步一步走向完善，为国家的经济建设培养了大批人才。截至 2020 年，全国有近 800 所高校设有计算机相关专业，每年计算机相关专业的毕业生人数达到十几万。

1.2.2　学科基本知识和基本能力

联合国教科文组织在"面向 21 世纪教育国际研讨会"上提出，21 世纪的高等教育应该发给学生学术、职业和创业三本"教育护照"，这就要求 21 世纪的大学毕业生应该具有知识、能力和素质三维结构。结合工程教育认证通用标准，计算机类专业的本科毕业生需要具有功底深厚的基础知识和专业知识，能适应计算机学科前沿要求和社会、经济发展的需要，拥有崇高理想和敬业精神，富有开拓创新的思想意识和良好的科学素养。

（1）学科基本知识

《高等学校计算机科学与技术专业公共核心知识体系与课程》给出计算机学科的公共核心知识体系，也即学科基本知识，每个专业方向在此基础上再添加专业方向所需的知识，就构成了完整的专业方向知识体系。公共核心知识体系共包括 8 个知识领域，39 个知识单元，对应着程序设计、离散数学、数据结构、计算机组成、计算机网络、操作系统、数据库系统等 7 门公共核心课程，如表 1.1 所示。

表 1.1　计算机学科的公共核心知识体系

序号	知识领域	知识单元	公共核心课程
1	离散结构（DS）	函数、关系与集合 基本逻辑 证明与技巧 图与树	离散数学
2	程序设计基础（PF）	程序基本结构 算法与问题求解 基本数据结构 递归 事件驱动程序设计	数据结构 程序设计
3	算法（AL）	基本算法设计技术 分布式算法	离散数学 数据结构
4	计算机体系结构与组织（AR）	数据的机器表示 汇编级机器组织 存储系统组织和结构 接口和通信 功能组织	计算机组成

序号	知识领域	知识单元	公共核心课程
5	操作系统（OS）	操作系统概述 操作系统原理 并发性 调度与分派 内存管理 设备管理 安全与保护 文件系统	操作系统
6	网络及其计算（NC）	网络及其计算介绍 通信与网络 网络安全 客户/服务器计算举例 构建 Web 应用 网络管理	计算机网络
7	程序设计语言（PL）	程序设计语言概论 面向对象程序设计	程序设计
8	信息管理（IM）	信息模型与信息系统 数据库系统 数据模型 关系数据库 数据库查询语言 关系数据库设计 事务处理	数据库系统

（2）学科基本能力

参考 CC2005 给出的学科基本能力，可以将计算机专业的学科基本能力归纳为计算思维能力、算法设计与分析能力、程序设计与实现能力和系统能力。例外，结合工程教育认证通用标准，计算机本科毕业的学生还需要具有解决复杂过程问题的能力、方案分析与设计能力、表达与沟通能力、项目管理能力、团队合作能力和终身学习能力等。

① 计算思维能力：主要包括形式化、模型化描述、抽象思维与逻辑思维能力，即使用计算机能够理解的步骤和方法去求解现实问题的思维能力。计算思维是一种使用工具高效解决问题的思路方法，它为问题的有效解决提供一系列的观点和方法，可以更好地加深人们对计算本质以及计算机求解问题的理解，计算思维应是每个人的基本技能，不仅仅属于计算机科学家。

② 算法设计与分析能力：算法是计算机科学的核心主题之一，其重要性不言而喻，算法设计与分析是计算机学科诸多领域研究中必需的技能。对于计算机专业的学生，具有扎实的算法设计与分析功底是从事计算机相关各种工作的坚实基础。

③ 程序设计与实现能力：程序设计在计算机学科知识体系中处于核心地位。对计算机专业学生来说，它不仅是职业技能的培养，也体现着创造性思维的信息素质培养过程，是必备的基本能力，也是衡量计算机专业毕业生是否合格的基本标准。大多计算机专业的本科毕业生是从程序设计人员开始做起，因而计算机专业的学生必须具有深厚的程序设计功底。在程序设计过程中贯穿着阅读判断、分析思考、工具利用、抽象表达和综合创造等多项能力，对计算机专业人才素质的培养至关重要。

④ 系统能力：主要指系统分析、设计、实现与应用的能力。计算机软件开发流程包括：用户需求分析、系统架构设计（包括概要设计和详细设计）、系统实现（代码编写）、系统测试和运行维护等。因而，系统能力也是计算机专业学生必备的综合能力。

1.2.3　我国的计算机类专业

在教育部最新的《普通高等学校本科专业目录（2021 年修订版）》中，计算机类专业包括下面 18 个专业：计算机科学与技术、软件工程、网络工程、信息安全、物联网工程、数字媒体技术、智能科学与技术、空间信息与数字技术、电子与计算机工程、数据科学与大数据技术、网络空间安全、新媒体技术、电影制作、保密技术、服务科学与技术、虚拟现实技术、区块链工程和密码科学与技术。其中，高校每年招生计划中人数最多的 8 个专业是：计算机科学与技术、软件工程、网络工程、信息安全、物联网工程、数字媒体技术、智能科学与技术、数据科学与大数据技术。

（1）计算机科学与技术

本专业主要学习计算机硬件、软件与应用的基本理论、基础知识和基本技能与方法，接受计算机应用开发和研究能力的基本训练等。学生毕业后能在科研部门、教育单位、企业、事业、技术和行政管理部门等单位从事计算机服务、教学、科学研究、管理和应用等工作。

（2）软件工程

本专业以计算机科学与技术学科为基础，强调软件开发的工程性，使学生在掌握计算机科学与技术方面知识和技能的基础上，熟练掌握从事软件需求分析、软件设计、软件测试、软件维护和软件项目管理等工作所必需的基础知识、基本方法和基本技能，突出对学生专业知识和专业技能的培养。学生毕业后能够在 IT 行业、科研机构、企事业中从事软件开发、测试、维护和软件项目管理等工作。

（3）网络工程

本专业学习各类网络系统的组网、规划、设计、评价的理论、方法与技术；获得计算机软硬件和网络与通信系统的设计、开发及应用方面良好的工程实践训练，包括较大型网络工程开发的初步训练。学生毕业后可以从事各级/各类企事业单位的办公自动化处理、网络规划与实施、网站设计与开发、计算机网络和专业服务器的维护、管理等方面的有关工作。

（4）信息安全

本专业是计算机、通信、数学、物理、法律、管理等学科的交叉学科，所以学习的课程比较多，既有计算机的核心课程，又有信息安全数学基础、信息论与编码理论、现代密码学、网络安全理论与技术以及信息安全法律法规等课程。毕业生可在 IT 领域、政府机关、国家安全部门、金融、通信领域从事各类信息安全系统、计算机安全系统的研究、设计、开发和管理工作。

（5）物联网工程

本专业也是一门交叉学科，涉及计算机、通信技术、电子技术、测控技术等专业基础知识，以及管理学、软件开发等多方面知识。本专业学生要具有较好的物理基础，需要学习包括计算机系列课程、模拟电子技术、物联网技术及应用、物联网安全技术、嵌入式系统等课程，毕业生应掌握物联网的相关理论、方法和技能，具备通信技术、网络技术、传感技术等信息领域宽广的专业知识，可就业于物联网相关的企业，从事物联网的通信架构、网络协议和标准、无线传感网、物联网安全等方面的设计、开发、管理与维护工作。

（6）数字媒体技术

本专业具有文、理、工、艺等学科交叉的特点，是一个计算机技术和艺术创作相结合的工科专业，旨在培养兼具计算机技术素质和艺术素质的现代艺术设计人才。本专业学生需要学习的课程包括计算机系列核心课程、计算机图形学、数字图像处理、影视后期与特效技术、三维动画技术、人机交互技术、虚拟现实技术、人工智能与新媒体、游戏架构与技术基础等。毕业生适合到互联网企业、文化传播机构、新闻传媒机构、影视、广告或动漫公司、游戏或软件公司、教育与培训机构、机关事业单位等相关岗位，从事信息内容或交互平台的设计与开发、影视与动画设计制作、虚拟现实与游戏开发、网络新媒体设计与开发以及项目管理等工作。

（7）智能科学与技术

本专业主要开展机器感知、智能机器人、智能信息处理和机器学习等交叉学科领域的学习。开设课程包括计算机专业的核心课程、智能科学技术导论（含脑科学、生命科学与认知科学）、人工智能原理、智能机器人、虚拟现实技术、模式识别、数据挖掘、仿真建模与MATLAB、自然语言处理、智能信息获取技术、智能管理等。毕业生具备智能信息处理、智能行为交互和智能系统集成方面研究和开发的基本能力，可在相应领域从事智能技术与工程的研究、开发、管理工作。

（8）数据科学与大数据技术

本专业是 2016 年我国高校设置的本科专业，是一门使用计算机来分析海量数据并从中提取知识信息的学科。作为一门新兴专业，数据科学与大数据技术充分汲取计算机科学、统计学、应用数学、经济学等发展成熟学科的方法论和工具。课程教学体系涵盖了大数据的发现、处理、运算、应用等核心理论与技术，具体课程包括计算机核心课程、大数据概论、大数据存储与管理、大数据挖掘、机器学习、人工智能基础、神经网络与深度学习方法、多媒体信息处理、数据可视化技术、智能计算技术、分布式与并行计算、云计算与数据安全等。毕业生不仅具备计算机编程、统计和数据挖掘等专业技能，还能够将这些技能应用到自己所选领域中解决问题，可在互联网企业、金融机构等部门从事大数据分析、挖掘、处理、服务、应用和研究工作，也可从事各行业大数据系统的集成、设计、开发、管理、维护等工作。

1.3　计算机从业者职业道德规范

所谓计算机从业者职业道德，是指在计算机行业及其应用领域所形成的社会意识形态和伦理关系下，调整人与人之间、人与知识产权之间、人与计算机之间以及人与社会之间的关系的行为规范总和。

根据国内外现有的用以约束计算机专业技术人员执业行为的规范或章程，对计算机从业者职业道德规范的内容归纳如下：

（1）尊重知识产权

使用计算机软件或数据时应遵照国家有关法律规定，尊重其作品的版权，自觉维护并尊重他人的劳动成果，不非法复制由他人劳动完成的软件程序，坚决抵制盗版，自觉使用正版软件。

（2）尊重别人隐私

计算机从业者不应利用掌握的知识做非法的事情，不应利用计算机技术解密别人的隐私，不应充当黑客骚扰别人的正当权益，不应窥视别人的文件，不应未经许可使用别人的计算机资源等。

（3）维护计算机安全

不要蓄意破坏和损伤他人的计算机系统设备及资源；不要制造病毒程序，不要使用带病毒的软件，更不要有意传播病毒给其他计算机系统；要采取预防措施，在计算机内安装防病毒软件；要定期检查计算机系统内文件是否有病毒，如发现病毒，应及时用杀毒软件清除；维护计算机的正常运行，保护计算机系统数据的安全；被授权者对自己享用的资源负有保护责任，口令密码不得泄露给外人。

（4）规范网络行为

规范使用计算机和网络技术的行为，不利用计算机网络散布谣言、制造或者歪曲事实，不煽动人民群众进行颠覆国家政权、推翻社会主义制度、破坏法律法规、损害国家机关信誉等扰乱社会秩序的行为；不宣传封建迷信、赌博、暴力、凶杀、恐怖等信息，不教唆犯罪；正确对待网络舆情。

（5）具有团队合作意识

任何软件产品的开发项目都是一项系统工程，需要多人的协作开发，在具体实施开发过程中团队成员要对自己负责的部分做到精益求精，在团队合作中做到公正无私，团结一致。

（6）以公众利益为最高目标

计算机从业人员应以公众利益为最高目标，这一原则包括：用公益目标节制雇主、客户和用户的利益；通过全力合作解决由软件及其安装、维护、支持或文档引起的社会严重关切的各种事项；在所有有关软件、文档、方法和工具的申述中，特别是与公众相关的，力求正直，避免欺骗；认真考虑诸如体力残疾、经济缺陷和其他可能影响使用软件益处的各种因素；应致力于将自己的专业技能用于公益事业和公共教育的发展等。

1.4 计算机领域的著名组织与企业

1.4.1 国际上最知名的两个计算机组织——ACM 和 IEEE-CS

（1）ACM

ACM（Association for Computing Machinery，美国计算机学会）创立于 1947 年，是世界上第一个科学性及教育性计算机学会，是全世界计算机领域影响力最大的专业学术组织。ACM 的发展宗旨是致力于计算机专业的科学性和职业化发展。ACM 学会通过会议、期刊、教育项目及特殊兴趣小组的形式来实现其发展宗旨。ACM 每年主持超过 170 个学术会议，收录超过 50 个学术期刊。收录论文汇集世界科研精英的前沿研究与创新思维，覆盖了计算机学科的几乎所有领域。

ACM 为奖励在计算机领域做出巨大贡献的科学家，在 1966 年设立了图灵奖（图灵奖奖杯如图 1.1 所示）。

图灵奖名称取自被称为"计算机科学之父""人工智能之父"的英国数学家、逻辑学家——艾伦·麦席森·图灵（Alan M. Turing）。图灵奖对获奖条件要求极高，评奖程序极严，一般每年仅授予一名计算机科学家。图灵奖是计算机领域的国际最高奖项，被誉为"计

图 1.1 图灵奖奖杯

算机界的诺贝尔奖"。据统计，截至 2020 年 3 月，世界各高校的图灵奖获奖人数依次为美国斯坦福大学（28 位）、美国麻省理工学院（26 位）、美国加州大学伯克利分校（25 位）、美国哈佛大学（14 位）和美国普林斯顿大学（14 位）。2000 年，中国科学家姚期智获得了图灵奖。

ACM 为发现和培养计算机科学顶尖学生，主办国际大学生程序设计竞赛（International Collegiate Programming Contest，ICPC），它是一项旨在展示大学生创新能力、团队精神和在压力下编写程序、分析和解决问题能力的年度竞赛。经过近 40 年的发展，ACM 国际大学生程序设计竞赛已经发展成为全球最具影响力的大学生程序设计竞赛。

（2）IEEE-CS

IEEE（Institute of Electrical and Electronic Engineers，美国电气与电子工程师学会)是目前世界上最大的学术团体，它由美国电气工程师学会（AIEE，成立于 1884 年）和无线电工程师学会（IRE，成立于 1912 年）于 1963 年合并而成，总部设在美国纽约。1971 年 1 月，IEEE 宣布其下属的"计算机学会"（Computer Society）成立，这就是 IEEE-CS。IEEE-CS 的宗旨是为全世界的 IT 专业人员提供最领先的技术、知识和服务；IEEE-CS 致力于推进计算机和信息处理技术的先进理论、实践的研究和应用；IEEE-CS 通过由 IEEE-CS 和 IEEE 主办或协办的各种会议和由 IEEE-CS 出版的各类杂志，向 IT 专业人士和学者发布最新的 IT 技术动态，从而促进全球计算机事业的发展。

1980 年 IEEE-CS 给 Howard Hathaway Aiken（世界上第一台大型自动数字计算机 Mark I 的设计者）等 32 位科技人员颁发了"计算机先驱宪章"（Computer Pioneer Charter)，并在 1981 年设立了"计算机先驱奖"（Computer Pioneer Award)，以奖励为计算机的发展做出突出贡献的学者和工程师，它是计算机界最重要的奖项之一。同其他奖项一样，"计算机先驱奖"也有严格的评审条件和程序。但与众不同的是，这个奖项规定获奖者的成果必须是在 15 年以前完成的。这样一方面保证了获奖者的成果确实已经得到时间的考验，不会引起分歧；另一方面又保证了这个奖的得主是名副其实的"先驱"，是走在历史前面的人。

1.4.2　我国最知名的计算机组织——CCF

中国计算机学会（China Computer Federation，CCF)成立于 1962 年，前身为中国电子学会计算机专业委员会，是由从事计算机及相关科学技术领域的科研、教育、开发、生产、管理、应用和服务的个人及单位自愿结成、依法登记成立的全国性、学术性、非营利性学术团体，是中国科学技术协会成员。学会的宗旨是团结和组织计算机科技界、应用界、产业界的专业人士，促进计算机科学技术的繁荣和发展，促进学术成果、新技术的交流、普及和应用，促进科技成果向现实生产力的转化，促进产业的发展，发现、培养和培植年轻的科技人才。计算机学会拥有《计算机学报》《软件学报》《计算机研究与发展》《计算机科学》《计算机工程与应用》和《小型微型计算机系统》等几十种刊物。

1.4.3　全球知名的计算机企业

国内外著名的计算机企业有很多，国外的有 Intel、IBM、微软、苹果、惠普、戴尔、AMD、东芝、索尼、三星等；国内的有联想、浪潮、华为、华硕、神州、宏碁等。下面有选择地介绍几个比较有影响力的企业。

（1）Intel

Intel 中文名称为英特尔，公司于 1968 年由罗伯特·诺伊斯、戈登·摩尔和安迪·格鲁夫创建于美国硅谷，是世界上最大的 CPU（中央处理器，被人们称为计算机的大脑）及相关芯片制造商。经过 50 多年的发展，英特尔公司在芯片创新、技术开发、产品与平台等领域奠定了全球领先的地位，并始终引领着相关行业的技术产品创新及产业与市场的发展。其产品从早期的 8088 CPU 芯片到目前流行的 Core（中文名称为酷睿）系列 CPU 等。

如今，英特尔正转型为一家以数据为中心的公司，英特尔与合作伙伴一起，推动人工智能、5G、智能边缘等转折性技术的创新和应用突破，驱动智能互联世界发展。

英特尔自 1985 年进入中国，一直致力于支持中国 IT 产业的发展。迄今为止，英特尔已经在中国大陆设立了 16 个分公司和办事处，拥有本地员工 6000 多人。

（2）IBM

IBM（International Business Machine，国际商业机器公司）于 1914 年创立于美国，是世界上最大的信息工业跨国公司。

IBM 作为计算机产业长期的领导者，其业务范围广泛，既有计算机硬件也有计算机软件。硬件方面，IBM 在大型机、小型机和微型机（ThinkPad）方面的成就最为瞩目。其创立的个人计算机（PC）标准，至今仍被不断地沿用和发展。2004 年，IBM 将个人电脑业务出售给中国电脑厂商联想集团，正式标志着从"海量"产品业务向"高价值"业务全面转型。另外，IBM 还在超级计算机和服务器方面领先业界。软件方面，IBM 软件集团（Software Group）分为软件行业解决方案和中间件产品，在各自方面都是软件界的领先者或强有力的竞争者。截至目前，IBM 软件部也是世界仅次于微软的第二大软件实体。IBM 还在材料、化学、物理等科学领域有很大造诣。作为一个拥有百年历史的企业，IBM 目前仍然保持着拥有全世界最多专利的地位。

（3）微软

微软（Microsoft，有时缩略为 MS）由比尔·盖茨（Bill Gates）与保罗·艾伦（Paul Allen）于 1975 年创立于美国，是全球最著名的软件开发商。作为软件、服务和解决方案领域的领先企业，微软公司自成立以来，一直致力于为全世界用户创造新的机遇、价值和体验。40 多年来，微软始终引领技术变革，其软件和服务能够帮助用户实现信息交流和数字生活管理，丰富商务应用和娱乐体验，使个人和企业充分发挥潜力。微软最为著名和畅销的产品为 Microsoft Windows 操作系统和 Microsoft Office 系列软件，它目前是全球最大的电脑软件提供商。另外，微软还发布了许多计算机领域的专业软件，包括程序设计语言（如 Visual Basic、C#等）、集成开发环境（如 Visual Studio 系列）的和数据库管理系统（如 SQL Sever 系列）等。

（4）苹果

苹果（Apple）公司由史蒂夫·乔布斯（Steve Jobs）、史蒂夫·沃兹尼亚克（Steve Wozniak）和杰拉尔德·韦恩（Gerald Wayne）于 1976 年创立于美国，自创立以来，一直位于电脑硬件行业的前沿。其硬件产品包括 Mac 个人电脑、iPod 便携式媒体播放器、iPad 平板电脑、iPhone 智能手机和 Apple Watch 智能手表。苹果通过零售和在线商店、直销和第三方网络运营商、批发商、零售商以及增值分销商销售其产品。作为世界上最知名和最受欢迎的品牌之一，截至 2020 年 10 月，苹果市值已经达到了 1.98 万亿美元，是世界上市值最高的公司。

（5）联想

联想（Lenovo）集团是 1984 年中国科学院计算技术研究所投资 20 万元人民币，由 11 名科技人员创办的，是中国的一家在信息产业内多元化发展的大型企业集团和富有创新性的国际化的科技公司。该公司的业务包括设计、开发、制造和销售个人电脑、平板电脑、智能

手机、工作站、服务器、电子存储设备、IT 管理软件和智能电视。其产品包括笔记本电脑的
ThinkPad 系列和台式机的 ThinkCentre 系列等。联想电脑销量一直位居全球前五、国内首位。

（6）宏碁

宏碁（Acer）是一个总部设在中国台湾的国际化的自有品牌公司，成立于 1976 年。其主
要从事于智能手机、平板电脑、个人电脑、显示产品与服务器的研发、设计、销售及服务，
也结合物联网积极发展云端技术与解决方案，是一个整合软件、硬件与服务的企业。宏碁经
过多年的布局，完成了多品牌布局，已经发展成为全球前五大 PC 制造商，特别是旗下的主
力品牌 Acer 长期占据欧洲、非洲笔记本电脑市场第一的位置。

本章小结

本章结合国际、国内计算机教育的发展，详细介绍了计算机学科的内涵、专业方向、学
科的基本知识和基本能力，并对我国计算机类专业的人才培养特色、毕业生的基本要求以及
将来就业方向做了简单介绍，最后，简单总结了计算机从业者职业道德规范和计算机领域的
著名组织与企业。通过本章的学习，激发大学新生学习计算机的兴趣，做好专业选择和学业
规划，为圆满完成本科阶段的学习开个好头。

思考题

1. 如何理解计算机学科的三个形态？
2. 对于计算机大类学生，应该如何理解计算机学科的公共核心知识？
3. 身处信息时代，作为计算机专业的学生，你觉得应该如何安排大学的学习生涯？
4. 你是如何看待计算机从业者职业道德规范？

第 2 章　计算机与计算思维

学习目标：
① 掌握计算机的定义、发展历史、特点、应用等基础知识；
② 了解我国计算机的发展历史和计算机领域取得的成就；
③ 理解计算思维的概念和本质；
④ 理解计算思维在计算机学科中的作用。

早在第二次世界大战时，为了破译密码和计算弹道导弹的弹道参数，工程师们制造出第一台电子计算机。几十年来，在众多的计算机科学家、工程师的不懈努力下，计算机已成为当今我们这个社会不可或缺的组成部分，计算机的影响遍及人类社会的各个领域，人们的思维、学习和工作方式因计算机而发生了颠覆性的变化。为适应现代社会的需求，我们每个人需要学会运用计算机技术、思想和方法去思考问题和解决人类生存和发展的诸多问题。

2.1　计算机概述

2.1.1　计算机的定义

计算机（Computer）俗称电脑，本质上就是一种计算工具，不过相对于传统的计算工具，它是一种用于高速计算的电子计算机器，可以进行数值计算和逻辑计算，具有存储记忆功能，是能够按照人们事先存储的程序，自动、高速地对数据进行输入、存储、处理和输出的现代化智能电子设备系统。

在计算机出现之前，人类已经发明了很多计算工具，像算盘、计算尺、差分机等。计算机之所以不同于其他的计算工具，主要是因为它具有以下三个突出特征。

① 计算机的物理装置由电子器件构成。现代电子计算机是基于数字电路的工作原理，从理论上讲，计算机处理数据的速度只受到电的传播速度的限制，因此，计算机可以达到很高的运行速度。

② 计算机具有数据存储的能力，而且是以二进制形式表示的。数字电路中只有"0"和"1"两种脉冲信号，为了方便硬件设计，计算机内部的信息以二进制表示。由于具有内部存储能力，不必每次都从外部获取数据，这样就可以使处理数据的时间减少到最小程度，并使程序控制成为可能。这是电子计算机与其他类型的计算装置的一个重要区别。

③ 运算过程由程序自动控制。由于计算机具有内部存储能力，计算机就可以从内部存储单元中依次取出指令和数据，来控制计算机的操作，这种工作方式叫做存储程序控制，它是电子计算机最重要的一个特征。

现在，当我们谈到计算机的时候，除加以特殊说明之外，都是指电子数字计算机。经过几十年的发展，现在的计算机从形态到功能都发生了革命性的变化，可以说，现在的计算机不再仅仅是用来计算的电子设备了。在数字化、网络化、智能化的今天，很多设备可以称得上是广义上的计算机，比如机器人、智能手机、平板电脑（Portable Android Device，PAD）等，计算机已经变成了一个能够为我们的工作、生活提供各种服务的数字平台、应用平台，如图 2.1 是形态各异的计算机。

图 2.1　形态各异的计算机

2.1.2　计算机的功能

当前，计算机已经渗透到人类社会的各个方面，从国防军事到科教文化，从生产领域到消费娱乐，到处都体现着计算机的应用。尽管计算机能干的事情很多，但归根结底计算机的功能仍是计算。在这里，我们要对计算有个全新的认识，它是指计算机完成数据的输入、存储、处理和输出的过程。如果将计算机能够接受的一切符号统称为数据的话，那计算机的基本功能就包括数据传输、数据存储、数据处理和控制功能。

（1）数据传输功能

计算机必须能够在其内部和外部之间传送数据，包括数据输入和数据输出。计算机的操作环境由充当数据源或目的的各种设备组成。当数据由某个设备发送到其他外部设备时，都与计算机有直接的联系，此过程就是输入-输出过程。当数据从本地向远端设备或从远端设备向本地设备传输时，就形成了传送过程，也就是数据通信过程。

（2）数据存储功能

计算机存储数据的功能主要实现将所有需要计算机加工的数据都保存在计算机的存储介质上，包括计算机运行所需的系统文件数据。

（3）数据处理功能

计算机数据处理的功能主要完成数据的组织、加工、检索及其运算等任务。这些数据能够以多种形式获取，处理的需求也非常广泛。

（4）控制功能

在计算机系统内部，由控制单元管理计算机的资源并且协调其功能部分的运行以响应指令的要求，其处理数据功能、数据存储功能、数据传输功能都是由计算机指令提供控制的。

总之，就像面点师能够把面粉加工成人们需要的各种美食一样，计算机可以把人们看不懂的数据处理为人们需要的有意义的信息，像网页、邮件、照片和电影等。

2.1.3 计算机的诞生

2.1.3.1 计算机的雏形

伴随着人类社会的发展和进步，计算工具也经历着一个从简单到智能的过程，从古老的"结绳记事"，到算盘、计算尺、差分机，直到1946年第一台通用电子计算机诞生。

19世纪30年代，英国数学家、发明家查尔斯·巴贝奇设计了分析机（Analytical Engine），如图2.2所示。在分析机的设计中，巴贝奇第一次将计算机分为输入器、输出器、存储器、运算器、控制器5个部分，有它自己设计独特的"键盘""显示器"等现代计算机的关键部件。从这一点上，我们可以说巴贝奇的分析机

图2.2 分析机的实验模型

是现代计算机结构模式的最早构思形式，具有现代电子计算机的全部特征，只是不用电源而已。图2.2是分析机部分组件的实验模型，它由蒸汽机驱动，大约有30m长、10m宽，使用打孔纸带输入，采取最普通的十进制计数，由巴贝奇自制，现藏伦敦科学博物馆。

虽然巴贝奇设计的是一种机械式通用计算机，但其采用的一些计算机思想沿用至今。因而，巴贝奇设计的分析机算得上是世界上第一台计算机，是现代通用计算机的雏形，查尔斯·巴贝奇也被后人称为"计算机之父"。

非常遗憾的是，从1837年巴贝奇首次提出这种机器的设计，一直到他去世的1871年，由于种种原因，这种机器并没有被真正地制造出来。但它本身的设计逻辑却非常先进，是后来通用电子计算机的先驱。巴贝奇为计算机科学留下了一份极其珍贵的精神遗产，包括30种不同设计方案、近2000张组装图和50000张零件图……，更包括他那种在逆境中自强不息、为追求理想奋不顾身的拼搏精神。

2.1.3.2 世界上第一台电子计算机

20世纪20年代后，电子技术和电子工业的迅速发展为研制电子计算机提供了可靠的物质支持。在许许多多科学家的不懈努力下，1946年由美国宾夕法尼亚大学莫奇利和埃克特领导的研究小组研制的"ENIAC"（Electronic Numerical Integrator and Calculator，即电子数值积分和计算机，中文俗称"埃尼阿克"）问世，它被人们习惯地认为是世界上第一台电子计算机。如图2.3所示。

图2.3 世界上第一台电子计算机——ENIAC

第一台电子计算机的诞生源于军事计算的需求。第二次世界大战期间，敌对双方都使用了飞机和火炮，猛烈轰炸对方军事目标。要想打得准，就必须精确计算并绘制出"射击图表"。经查表确定炮口的角度，才能使射出去的炮弹正中飞行目标。当年，美国设在马里兰州阿伯丁试验基地的弹道研究室每天要为陆军提供6张"射击图表"，每张表都要计算几百条弹道。而当时一个熟练的计算人员用手摇机械计算机计算一条飞行时间60s的弹道就得需要20多小时，

为此阿伯丁实验室聘用了 200 多名计算人员。可见，改革当时机械计算机的结构，提高计算速度，已迫在眉睫。这种需求成为电子计算机诞生的推动力。

世界上第一台电子计算机——ENIAC 是个庞然大物：重 30 余吨，占地约 170m^2，里面装有 1.8 万多个电子管，耗电功率约 150kW，每秒钟可进行 5000 次加法运算，比当时的机械计算机快 1000 倍。虽然今天看来，ENIAC 是一个高功耗、低效率的庞然大物，但在当时却具有划时代的意义，这台计算机的问世，标志着电子计算机时代的开始。很快，人们发现 ENIAC 也存在着诸多严重不足。

① 无程序存储功能。ENIAC 为外插接型计算机，所以计算的控制需要通过手工与其面板开关和插接导线来完成。

② 使用十进制。十进制不但造成数据存储困难（因为很难找到具有 10 种不同稳定状态的电气元件），而且十进制运算电路比较复杂，严重影响了计算速度。

③ 故障率高。由于机器运行产生的高热量使电子管很容易损坏，因此只要有一个电子管损坏，整台机器就不能正常运转，于是就得先从这 1.8 万多个电子管中找出哪个是损坏的，再换上新的，这是非常麻烦的，维护工作量巨大。

针对 ENIAC 的不足，科学家们开始考虑对其进行改造。时任阿伯丁弹道实验室顾问的著名数学家冯·诺依曼（J. Von Neumann，1903—1957）也参加了为改进 ENIAC 而举行的一系列专家会议，并且逐步创立了电子计算机的系统设计思想。冯·诺依曼认为 ENIAC 致命的缺陷是程序与计算相分离。冯·诺依曼决定重新设计一台计算机，于是起草一份新的设计报告，命名为 EDVAC（Electronic Discrete Variable Automatic Calculator，即离散变量自动电子计算机，中文俗称"埃德瓦克"），人们通常称它为冯·诺依曼机。EDVAC 较之前任 ENIAC 有三个重大改进。

① 明确规定了计算机由计算器、控制器、存储器、输入设备、输出设备 5 部分组成；

② 用二进制替代十进制运算，以充分发挥电子器件的高速度；

③ 程序存储的思想，即程序设计者可以事先按一定的要求编制好程序，把它和数据一起存储在存储器中，实现全部运算自动执行。

在冯·诺依曼提出的 EDVAC 方案中，正式提出了存储程序的概念，因此存储程序式计算机也被称为冯·诺依曼结构计算机。冯·诺依曼结构开启了现代计算机系统结构发展的先河，即便是目前世界上最先进的计算机仍都采用的是冯·诺依曼体系结构。所以冯·诺依曼是当之无愧的电子（数字）计算机之父。

然而，设计组内部对发明权的争议，致使 EDVAC 机器无法被立即研制出来。在此期间，英国剑桥大学的计算机科学家莫里斯·威尔克斯（M. V. Wilkes，1913—2010）带领的研究小组捷足先登，受冯·诺依曼的 EDVAC 的启发，在 EDVAC 方案的基础上，于 1949 年 5 月研制成功了世界上第一台存储程序计算机——EDSAC（Electronic Delay Storage Automatic Calculator，即电子延迟存储自动计算机，中文俗称"埃德沙克"），如图 2.4 所示。而冯·诺依曼提出的 EDVAC 直到 1952 年才面世。

在计算机诞生的初期，绝大多数计算机都是独一无二的，直到 1951 年 3 月，由 ENIAC 的主要设计者莫奇利和埃克特设计的第一台通用自动计算机 UNIVAC（Universal Automatic Computer，即通用自动电子计算机，中文俗称"尤尼瓦克"）的问世，首开用同一设计方案生产多台计算机的先河。UNIVAC 的外观如图 2.5 所示，它不仅能做科学计算，而且能做数据处理。第一台 UNIVAC 卖给了美国人口普查部，之后又售出 46 台。自 UNIVAC 的问世后，开始出现企业竞相使用计算机的景象。

图2.4　世界上第一台存储程序计算机——EDSAC　　图2.5　世界上第一台通用计算机——UNIVAC

2.1.4　计算机的发展

自从 1946 年第一台电子计算机问世以来，计算机得到快速发展。计算机发展年代的划分很难以精准的日期来标识，准确地说，应该将计算机的发展史大致分成几个阶段，而且这几个阶段的分界线也不是泾渭分明的。但是，每个阶段都有自己鲜明的特色，都有重大、标志性的事件作为里程碑。一般来说，人们往往根据计算机所使用逻辑器件（元件）的不同，将计算机的发展大致分为四个阶段。

2.1.4.1　第一阶段：电子管计算机时代（1946～1957 年)

此阶段的计算机也称为第一代计算机，其主要特征是逻辑器件使用了电子管（又称为真空管，如图 2.6 所示），用穿孔卡片机作为数据和指令的输入设备，用磁鼓或磁带作为外存储器，使用机器语言编程。

第一代计算机体积大、运算速度慢、存储容量小、可靠性低，几乎没有什么软件配置，主要用于科学计算。在这个时期，计算机的造价成本高，只有大的商用机构才能负担得起，也只有计算机专家

图2.6　电子管

们才能有机会使用。它们被锁在房子里，限制操作者和计算机专家以外的人员进入。尽管如此，第一代计算机却奠定了计算机的技术基础，其代表机型有 ENIAC、IBM650（小型机）、IBM709（大型机）等。

2.1.4.2　第二阶段：晶体管计算机时代（1957～1964 年)

此阶段的计算机也称为第二代计算机，其主要特征是逻辑器件使用了晶体管（如图 2.7 所示），磁芯作为主存储器，外存多用磁盘，程序使用高级语言和编译系统。

在第二代计算机中，用晶体管代替了电子管，不但使计算的速度从电子管的每秒几千次提高到几十万次，同时质量、体积、功耗也大幅减小，并节省了开支，从而使得中小型企业也可以负担得起。所以说晶体管计算机的出现是计算机技术发展史上的一

图2.7　晶体管

次伟大革命。第二代计算机除应用于科学计算外，还开始应用在数据处理和工业控制等方面，其代表机型有 IBM7090、IBM7094、CDC7600 等。

2.1.4.3　第三阶段：中小规模集成电路计算机时代（1964～1972 年)

此阶段的计算机也称为第三代计算机,其主要特征是使用了中、小规模集成电路（晶体管、导线以及其他部件做在一块单芯片上，如图 2.8 所示）和半导体存储器作为主存储器，这使得计算机的体积和耗电量显著减小，而计算速度和存储容量却有较大的提高，可靠性也大大加强。在软件方面则广泛地引入多道程序、并行处理、虚拟存储系统和功能完备的操作系统，同时还提供了大量的面向用户的应用程序。计算机开始走向标准化、模块化、系列化。此外，计算机的应用进入了许多科学技术领域。其代表机型有 IBM360 系列（如图 2.9 所示）、富士通 F230 系列等。IBM360 系列计算机，在

图 2.8　中小规模集成电路

性能、成本、可靠性等方面都比以往计算机更进步，是迄今历史上获得最大成功的一个通用计算机系列，对全世界计算机产业的发展产生了深远而巨大的影响，以至被认为是划时代的杰作。

第三代计算机发展的另一个标志是小型机的发展。20 世纪 60 年代中期，集成电路出现以后，小型机因其维护简单、可靠性较高等特点而得到较大发展。美国数字计算机设备公司（Digital Equipment Company，DEC)于 1965 年研制成功的 PDP-8 计算机（如图 2.10 所示）是第三代小型机的代表。

图 2.9　IBM360 计算机

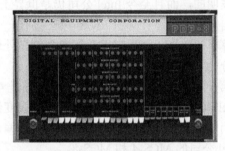

图 2.10　小型计算机 PDP-8

2.1.4.4　第四阶段：大规模、超大规模集成电路计算机时代（1972 年至今）

此阶段的计算机也称为第四代计算机，其主要特征是使用了大规模、超大规模集成电路，主存储器采用半导体存储器，但容量已远超第三代计算机的水平，作为外存的软盘和硬盘的容量成百倍增加，并开始使用光盘，输入/输出设备升级换代的频率更快，完善的系统软件、丰富的系统开发工具和商品化应用程序的大量涌现，以及通信技术和计算机网络的飞速发展，使得用户操作更加简洁、灵活、高效，计算机进入了一个快速发展的阶段。

第四代计算机以 Intel 公司研制的微处理器（Micro Processing Unit，MPU)——Intel 4004（见图 2.11）为标志，使计算机沿着两个方向飞速向前发展。一方面，利用大规模集成电路制造多种逻辑芯片，组装出大型、巨型计算机，推动了许

图 2.11　Intel 4004

多新兴学科的发展。另一方面,利用大规模集成电路技术,将运算器、控制器等部件集成在一个很小的集成电路芯片上,构成中央处理单元,从而出现了微处理器。

2.1.4.5 微型计算机的发展

1971 年,Intel 公司发明了具有划时代意义的微处理器——Intel 4004,并以它为核心组成了世界上第一台微型计算机 MCS-4,开创了微型计算机的时代。

微处理器的发明使计算机在外观、处理能力、价格以及实用性等方面发生了深刻的变化。微型计算机简称"微型机"或"微机",其主要特点是采用微处理器作为计算机的核心部件,并由大规模、超大规模集成电路构成。微型计算机的诞生是超大规模集成电路应用的直接结果,微型计算机的"微"主要体现在它的体积小、重量轻、功耗低、价格便宜。

1977 年,Apple(苹果)计算机公司成立,先后成功开发了 APPLE-Ⅰ型和 APPLE-Ⅱ型微型计算机。从 1981 年开始,IBM 连续推出系列 PC 机(Personal Computer,即个人计算机)。时至今日,Intel 奔腾(Pentium)系列和酷睿(Core)微处理器应运而生,使得现在的微型计算机体积越来越小、性能越来越强、可靠性越来越高、价格越来越低。

微型计算机的升级换代主要有两个标志:微处理器的更新和系统组成的变革。微处理器从诞生的那一天起就朝着更高的频率、更小的制造工艺和更大的高速缓存的方向发展。1965年,时任 Intel 公司主席的戈登·摩尔(Gordon Moore)预言:一个集成电路板上能够容纳的元件数量每 18~24 个月增长一倍,性能也就提高一倍,价格降低一半。这就是著名的摩尔定律。

微型计算机的发展与 Intel 公司是密不可分的,这不仅是因为第一台微型处理器是 Intel公司发明的,而且至今 Intel 公司仍是世界上最大的微处理器厂商。

自第一台微型计算机 MCS-4 诞生后,一直到现在,微型计算机的发展非常迅速。对于微型计算机的发展,一般以字长和典型的微处理器芯片作为划分标志,将微型计算机的发展大致划分为六个阶段。

第一阶段(1971~1973 年):采用的是 4 位和低档 8 位微处理器,产品主要是 Intel 公司的 Intel 4004 和 8008。第一代微型机集成度低(4000 个晶体管/片),系统结构和指令系统都比较简单,主要采用机器语言或简单的汇编语言,指令数目较少(20 多条指令)。代表机型有 Intel 公司的 MCS-4 和 MCS-8。

第二阶段(1974~1977 年):采用的是 8 位微处理器,产品主要是 Intel 公司的 Intel8080/8085、摩托罗拉(Motorola)公司的 MC6800、Zilog 公司的 Z80 等。第二代微型机相比第一代集成度提高约 4 倍,运算速度提高约 10~15 倍,指令系统比较完善,软件方面除了汇编语言外,还有 BASIC、FORTRAN 等高级语言和相应的解释程序和编译程序,在后期还出现了操作系统。

第三阶段(1978~1985 年):采用的是 16 位微处理器,产品主要是 Intel 公司的 Intel8086/8088/80286、摩托罗拉公司的 MC68000、Zilog 公司的 Z8000 等。第三代微型机集成度和运算速度都比第二代提高了一个数量级。指令系统更加丰富、完善,并配置了软件系统。代表机型有 IBM 公司生产的 PC 系列机,包括 IBM PC、PC/XT 和 PC/AT 三个具体型号;Apple公司推出的 Macintosh 机(CPU 为 M68000)。

第四阶段(1985~1992 年):采用的是 32 位微处理器,产品主要是 Intel 公司的 Intel80386/80486、摩托罗拉公司的 MC68020/68040 和 Apple 公司的 PowerPC 等。这一代微型机的特点是集成度高达 100 万个晶体管/片,具有 32 位地址线和 32 位数据总线。每秒钟可完成 600 万条指令(Million Instructions Per Second,MIPS)。微型计算机的功能已经达到甚至超过小型计算机,完全可以胜任多任务、多用户的作业。

第五阶段(1993~2005 年):采用的是 64 位微处理器,产品主要是 Intel 公司的奔腾(Pentium)系列芯片及与之兼容的 AMD(美国超威半导体公司)的 K6 系列微处理器芯片。随着 MMX(MultiMedia eXtensions,即多媒体扩展)微处理器的出现,使微机的发展在网络化、多媒体化和智能化等方面跨上了更高的台阶。

第六阶段(2006 年至今):采用的是多核心、64 位微处理器,产品首推 Intel 公司的酷睿(Core)系列微处理器。"酷睿"是一款领先节能的新型微架构,设计的出发点是提供卓然出众的性能和能效,提高每瓦特性能,也就是所谓的能效比。其创新特性为微型机带来更出色的性能、更强大的多任务处理性能和更高的能效水平,各种平台均可从中获得巨大优势。

2020 年 9 月,Intel 正式发布了代号为"Tiger Lake"的第 11 代酷睿处理器。

2.1.4.6 新一代计算机

CPU 和大规模集成电路的发展正在接近理论极限,人们正在努力研究超越物理极限的新方法,现在很多国家正在研制新一代计算机。新一代计算机可能会打破计算机现有的体系结构,将是微电子技术、光学技术、超导技术、生物技术等多学科相结合的产物,能进行知识处理、自动编程、测试和排错,以及用自然语言、图形、声音和各种文字进行输入和输出。目前世界各国正在研制的新一代计算机有很多类型,比较有代表性的有如下几个。

(1)神经网络计算机

神经网络计算机能够具有人类的思维、推理和判断能力,使用它不需要输入程序,可以直观地做出各种判断,像人脑拥有高度的自我学习和联想创造的能力,以及更为高级地寻找最优方案和各种理性的、感性的功能。

(2)生物计算机

生物计算机又称为 DNA 计算机或者仿生计算机,主要原材料是生物工程技术产生的蛋白质分子,并以此作为生物芯片来替代半导体硅片,利用有机化合物存储数据。运算速度要比当今最新一代计算机快 10 万倍,它具有很强的抗电磁干扰能力,并能彻底消除电路间的干扰。能量消耗仅相当于普通计算机的十亿分之一,且具有庞大的存储能力。

(3)光子计算机

光子计算机是以光子代替电子,用光子作为信息载体,通过对光子的处理来完成对信息的处理。光的并行、高速,天然地决定了光子计算机的并行处理能力很强,具有超高运算速度。光子计算机还具有与人脑相似的容错性,系统中某一元件损坏或出错时,并不影响最终的计算结果。光子在光介质中传输所造成的信息畸变和失真极小,光传输、转换时能量消耗和散发热量极低,对环境条件的要求比电子计算机低得多。随着现代光学与计算机技术、微电子技术相结合,或许在不久的将来,光子计算机将成为人类普遍的工具。

(4)量子计算机

经典的电子计算机是通过硬件电路的关和开(即 0 和 1)进行计算的,而量子计算机则是以量子的状态作为计算形式。量子力学允许一个物体同时处于多种状态,0 和 1 同时存在,就意味着很多个任务可以同时完成,即量子计算机是利用量子天然具备的叠加性施展并行计算的,因此其具有超强的运算能力。

量子计算机将计算机科学和物理科学联系到一起，采用量子力学规律实现运算和存储等。它以量子态为记忆单元和信息储存形式，以量子动力学演化为信息传递与加工基础的量子通信与量子计算，在量子计算机中其硬件的各种元件的尺寸达到原子或分子的量级。量子计算机其实就是一个物理系统，目前的量子计算机使用的是如原子、离子、光子等物理系统，不同类型的量子计算机使用的是不同的粒子。

量子计算机的特点主要有运行速度快、处置信息能力强、应用范围广等。与一般计算机比较起来，信息处理量愈多，对于量子计算机实施运算也就愈加有利，也就愈能确保运算的精准性。

我国在量子计算机方面的研究走在世界前列。2020 年 12 月，中国科学技术大学潘建伟团队与中科院上海微系统所、国家并行计算机工程技术研究中心合作构建了一台 76 个光子的量子计算机"九章"（见图 2.12），它处理"高斯玻色取样"的速度比目前世界上最快的超级计算机"富岳"快一百万亿倍。也就是说，超级计算机需要一亿年完成的任务，"九章"只需 1min。同时，"九章"也等效地比谷歌 2019 年发布的 53 个超导比特量子计算机原型机"悬铃木"快一百亿倍。从外观上看，"九章"是一堆光路和接收装置，是一台敞开式的运算系统。

图 2.12　量子计算机"九章"

随着新兴技术的不断发展，以量子计算机为代表的量子技术正在不断带来创新。从网络安全到金融、医药以及先进制造等行业，在量子技术的加持下，将发生颠覆性的变化。除了对产业的进步带来的影响，站在国家安全的角度来看，掌握了这些先进技术，就意味着在产业竞争力与国家网络安全方面占据了优势。于是，在这种情况下，各国开始不遗余力地发展量子技术，纷纷将量子计算纳入国家战略。可以说，"未来，量子计算可能颠覆世界"已经成为全球共识。各国相继出台量子信息国家战略，抢占下一轮科技发展的"制高点"。我国在这一领域处于世界第一梯队，既是我国综合国力的体现，也是广大科技工作者努力付出的结果。我们也应该意识到，社会的发展、国家的进步离不开科技，科教兴国是每位年轻人的责任。

2.1.5　计算机的未来

在短短的 70 多年里，计算机从一个笨拙、昂贵的庞然大物发展到今天可信赖的、通用的、遍布现代社会的每一个角落的便携设备，是人类攀登科学高峰的回报。有人说"55 岁的摩尔定律已经过时了，未来计算机的发展将趋于缓慢"，但科学家们更多地认为"摩尔定律是关于人类创造力的定律，而不是物理学定律"，因而作为一种追求科学的信仰，摩尔定律永不过时，它将激励着无数科学家不断地提升计算机的性能，从多个方面促进未来的计算机发展。目前计算机的主要发展趋势可归结在如下几个方面。

（1）巨型化

巨型化是指研制速度更快、存储量更大和功能更强大的超级计算机。这类计算机用于处理庞大而复杂的问题，例如国防军事、航天工程、石油勘探、天气预报、人类遗传基因等国家重大工程，是衡量一个国家的科技实力和综合国力的重要标志。因此，超级计算机的研制是各国在高科技领域竞争的热点，国际 TOP500 组织每年发布 2 次全球超级计算机 500 强排名。

（2）微型化

微型化是指利用微电子技术和超大规模集成电路技术，使得计算机的体积进一步缩小，价格进一步降低，性能更强，可靠性更高，适用范围更广。各种笔记本电脑和 PDA 的大量面世，是计算机微型化的一个标志。

（3）智能化

智能化是指让计算机具有模拟人的感觉和思维过程的能力。智能计算机具有思考问题、逻辑推理、自然语言的生成和理解、自我学习的功能。目前，已研制出各种"机器人"，有的能代替人劳动，有的能与人下棋，等等。智能化使计算机突破了"计算"这一初级的含义，从本质上扩充了计算机的能力，可以越来越多地代替人类脑力劳动，但与人脑相比，其智能化和逻辑能力仍有待提高。

（4）网络化

网络是现代通信技术与计算机技术相结合的产物，互联网将世界各地的计算机连接在一起，物联网将万物互联，网络化彻底改变了人类世界。未来，计算机将更加网络化，在这个动态变化的网络环境中，实现软件、硬件、数据资源的共享，从而让用户享受可灵活控制的、智能的、协作式的信息服务，并获得前所未有的使用方便性。

（5）多媒体化

多媒体化是指用计算机来处理文本、声音、动画、图形、图像、音频、视频等多种类型信息的技术。多媒体技术具有高效性、交互性、集成性和实时性等特点，它已被广泛地应用于教育教学、商业广告、影视创作、人机交互、虚拟现实等领域。未来，随着 5G 技术和智能化技术的普及，多媒体化也是计算机发展的必然趋势之一。

2.1.6 计算机的特点

虽然每个阶段的计算机都有自己的特征，但相对于一般的机器设备，计算机有很多独特的地方，主要体现在如下几点。

（1）运算速度快

运算速度是衡量计算机性能的重要指标之一，计算机的运算速度通常是指每秒钟所执行的指令条数。现在普通的微机每秒可完成 2 亿次运算之上，而超级计算机则可达每秒几十亿亿次甚至百亿亿次。例如，截止到 2021 年 6 月，世界上最快的计算机是日本的富岳，根据相关数据显示，富岳超算的运行速度为 415.5PFlops（$1PElops=10^{15}$ 次/s），峰值速度高达 1000PFlops。计算机超高的运算速度使得复杂的科学计算问题得以解决，而且随着科技发展，此速度仍在提高。

（2）计算精确度高

科学技术的发展特别是尖端科学技术的发展，需要高度精确的计算。例如，计算机控制的导弹之所以能准确地击中预定的目标，是与计算机的精确计算分不开的。一般的计算工具精确度只能达到几位有效数字，而计算机对数据处理结果精确度可达到十几位、几十位有效数字，根据需要甚至可达到任意的精度，这是任何计算工具所望尘莫及的。由于计算机采用二进制表示数据，因此其精确度主要取决于计算机的字长，字长越长，有效位数越多，精确度也越高。

（3）存储容量大

计算机的存储器具有存储、记忆大量信息的功能，这使计算机有了"记忆"的能力。目前一般微型计算机的存储量已达 TB（1TB=1024GB）级，一般巨型机的容量也已超过 PB（1PB=1024TB）级。而且随着大数据的发展，计算机的存储容量仍在提高，这也是现代信息处理和信息服务的基本要求。

（4）具有逻辑判断能力

计算机不仅能进行算术运算，同时也能进行各种逻辑运算，具有逻辑判断能力。自 EDVAC 开始，计算机就具备了逻辑判断能力，这是计算机必备的基本条件，也是计算机处理逻辑推理的前提。

（5）自动化程度高

由于计算机具有存储记忆能力和逻辑判断能力，因此人们可以将预先编好的程序存入计算机，在程序控制下，计算机可以连续、自动地工作，不需要人的干预。这个思想是由"电子计算机之父"冯·诺依曼提出的，被称为"存储程序和程序控制"的思想。我们也因此把迄今为止的计算机称为冯·诺依曼式计算机。这是计算机区别于其他计算工具的本质特点。

（6）应用领域广泛

迄今为止，几乎人类涉及的所有领域都不同程度地应用了计算机，并发挥了它应有的作用，产生了应有的效果。这种应用的广泛性是现今任何其他设备无可比拟的，而且这种广泛性还在不断地延伸，永无止境。

2.1.7 计算机分类

从世界上的第一台电子计算机 ENIAC 到现如今的超级计算机，计算机厂商为我们制造出了各种各样的计算机，我们不妨从不同的角度认识和区分一下这些计算机。按照不同分类标准，计算机一般有如下分类。

2.1.7.1 按计算机处理的数据类型分类

如果根据计算机处理的数据类型的不同，计算机分为数字计算机、模拟计算机和混合计算机。

数字计算机处理的是数字信号，即用不连续的数字量——"0"和"1"来表示信息，其基本运算部件是数字逻辑电路。这类计算机精度高、存储量大、通用性强，是当今世界计算机行业中的主流。

模拟计算机处理的是模拟信号，即用连续变化的模拟量——电压来表示信息，其基本运算部件是电子线路。这类计算机处理问题的精度差；所有的处理过程均需模拟电路来实现，电路结构复杂，抗外界干扰能力极差，通用性差，一般只用在科学研究中。

混合计算机是综合了数字和模拟两种计算机的长处设计出来的，出现于 20 世纪 70 年代。那时，数字计算机是串行操作的，运算速度受到限制，但运算精度很高；而模拟计算机是并行操作的，运算速度很高，但精度较低。把两者结合起来可以互相取长补短，因此混合计算机主要适用于一些严格要求实时性的复杂系统的仿真。例如在导弹系统仿真中，连续变化的姿态动力学模型由模拟计算机来实现，而导航和轨道计算则由数字计算机来实现。

2.1.7.2　按计算机的用途分类

如果根据计算机用途的不同，计算机可分为通用计算机和专用计算机。

通用计算机是面向多种应用领域，在各种行业、各种工作环境下都能使用的具有较强通用性的计算机。其特点是它的系统结构和计算机软件能适合不同用户的需求，一般的计算机多属此类。

专用计算机是针对某一特定应用领域或面向某种算法，为解决某一特定问题而专门设计的计算机。其特点是系统结构及专用软件对所指定的应用领域是高效的，对其他领域则效率低甚至无效，一般拥有固定的存储程序，此类计算机大多用于过程控制。如控制轧钢过程的轧钢控制计算机，计算导弹弹道的专用计算机、下国际象棋的"深蓝"计算机等。一般地，相对于通用计算机来说，专用计算机速度更快、可靠性更高，且结构也相对简单。

2.1.7.3　按照计算机的性能分类

按照计算机的运算速度、字长、存储容量等综合性能指标，可以将其分为巨型机、大型机、小型机、微型机等。但是，计算机在飞速发展，各种型号的计算机性能指标都在不断地改进和提高，以至于过去一台大型机的性能可能还比不上今天的一台微型计算机，所以这种分类有其时间的局限性，它是动态变化的。

（1）巨型机

巨型机又称高性能计算机或超级计算机（Super Computer），简称超算它是所有计算机中性能最高、功能最强、速度极快、存储量巨大、结构复杂、价格昂贵的一类计算机。其浮点运算速度目前已达每秒百亿亿次。

目前国际上对高性能计算机的较为权威的评测是全球超级计算机 Top500 排行榜，该排行每半年更新一次。在 2016 年 6 月至 2017 年 11 月的全球超算榜单上，中国超级计算机"神威·太湖之光"和"天河二号"连续四次分列冠亚军；在 2021 年 6 月最新的全球超算榜单上，神威·太湖之光排名第四。由此看出我国高性能计算机的研究和发展水平位于世界前列。

超算多用在国防军事、航空航天、海洋科学、新药创制、先进制造、新材料、核能等国家高科技领域和国防尖端技术中。例如：借助超算，以清华大学为主体的科研团队首次实现了百万核规模的全球 10km 高分辨率地球系统数值模拟，将全面提高中国应对极端气候和自然灾害的减灾防灾能力；国家计算流体力学实验室使用超算对"天宫一号"返回路径的数值模拟，为"天宫一号"顺利回家提供精确预测；上海药物所借助超算开展的药物筛选和疾病机理研究，大大加速了白血病、癌症、禽流感等方向的药物研制进度。

（2）大型机

大型机，或者称大型主机，国外习惯上将其称为主机（Mainframe），是计算机中性能仅次于巨型机的一类计算机。大型机使用专用的处理器指令集、操作系统和应用软件，具有比较完善的指令系统和丰富的外部设备，很强的管理和处理数据的能力，一般用在大型企业、金融系统、高校、科研院所等。在大型机的制造企业中，IBM 处于霸主地位。

（3）小型机

小型机（Mini Computer）是指采用精简指令集处理器，性能和价格介于 PC 服务器和大型主机之间的一种高性能 64 位计算机。小型机性能较好、结构简单、价格便宜、使用和维护方便，备受中小企业欢迎，主要用于科学计算、数据处理和自动控制等，是应用领域非常广泛的一类计算机。

在中国，小型机习惯上用来指 UNIX 服务器。1971 年贝尔实验室发布的多任务多用户操作系统 UNIX，随后被一些商业公司采用，成为后来服务器的主流操作系统。该服务器类型主要用于金融证券和交通等对业务的单点运行具有高可靠性的行业。

（4）微型机

微型机以其设计先进（总是率先采用高性能微处理器）、软件丰富、功能齐全、体积小、价格便宜、灵活性好等优势而拥有广大的用户。目前，微型机已广泛应用于办公自动化、信息检索、家庭教育和娱乐等，是应用领域最广泛、发展最快、人们最感兴趣的一类计算机，我们日常使用的台式计算机、电脑一体机、笔记本计算机、PAD 平板电脑等都属于微型计算机。

（5）工作站

工作站是一种高端的通用微型计算机系统。它为用户提供比个人计算机更强大的性能，通常配有大容量的主存、高分辨的大屏幕显示器，具备强大的数据运算及图形与图像处理能力，且兼有微型机的操作便利和良好的人机界面等优点。因此，工作站主要用于图像处理和计算机辅助设计等领域。

（6）服务器

服务器是指在网络环境下为网上多个用户提供资源共享、数据传输等各种服务的一种高配置的计算机。一般都配置多个 CPU，有较高的运行速度、长时间的可靠运行，并具有超大容量的存储设备和丰富的外部接口。

（7）嵌入式计算机

嵌入式计算机是指嵌入对象体系中，实现对象体系智能化控制的专用计算机系统，这个"专用"，是指针对某个特定的应用，可以是网络、通信、音频、视频、工业控制等。也就是说，嵌入式计算机系统是以应用为中心，以计算机技术为基础，并且根据应用需求可对软、硬件裁剪，适用于应用系统对功能、可靠性、成本、体积、功耗有严格要求的专用计算机系统。它一般由嵌入式微处理器、外围硬件设备、嵌入式操作系统以及用户的应用程序 4 个部分组成，用于实现对其他设备的控制、监视或管理等功能。嵌入式计算机主要应用于工业控制、智能控制、国防应用、家用电器等领域，几乎所有具有数字界面的设备都使用了嵌入式计算机，可以说在数字化、智能化的今天，嵌入式计算机是无处不在的，如在手机、汽车、数字机床、飞行器等设备中都有嵌入式计算机的身影。

2.1.8　计算机的应用

计算机对于处于现代社会的我们来说已经很熟悉了，可以说计算机已经渗透到我们生活、工作和学习的方方面面，在科学研究、国防军事、工农业生产、生物医学、教育教学等领域发挥着极其重要的作用。计算机能干的事情数不胜数，而按照计算机各种应用的性质分类，计算机的应用可以分为以下几方面。

（1）科学计算

科学计算也称为数值计算，是指用于完成科学研究和工程技术中大量复杂的数学计算。早期的计算机主要用于科学计算，目前，科学计算仍然是计算机应用的一个重要领域，像在飞行器控制、气象预报、石油勘探、潮汐规律、高能物理、地震预测等科学研究中，如果没有这些高速度、高精度的计算机，人类很难解决各种计算量大、公式复杂、步骤烦琐的计算问题。

（2）数据处理

数据处理又称信息处理或非数值计算。这里的数据是指计算机能接收和存储的一切符号，包括数值、文字、表格、图形、图像、声音、视频和动画等各种类型。数据处理是对数据进行采集、传输、存储、加工和应用等工作。

从数值计算到非数值计算，是计算机应用中的一个飞跃。在当今的信息社会，从国家经济、科技情报、人口普查、银行储蓄到企业管理等，均需要数据处理技术的支持，因而，在计算机应用普及的今天，计算机已经不再只是进行科学计算的工具，而是更多地应用在数据处理方面，例如我们平时用到的购物软件、人事管理软件、办公软件、学习软件、游戏娱乐软件等属于计算机在数据处理方面的应用。

（3）自动控制

自动控制也称为实时控制或过程控制，它是指计算机对被控制对象实时地进行数据采集、检测和处理，按最佳状态来控制或调节被控对象的一种方式。它主要用于生产过程中的自动控制，例如，卫星的发射、铁路交通上的行车调度、马路上交叉路口的红绿灯、智能温室的环境参数、工厂里高温或高压等都由计算机进行自动控制、实时监测。

自动控制借助微机体积小、成本低和可靠性高的特点，在电力、冶金、石油化工、机械制造、农业生产等领域得到了广泛应用，这不仅可以大大提高生产率，减轻人类的劳动强度，改善人们的工作条件，更重要的是可提高控制精度，提高产品质量和合格率，降低生产成本，缩短生产周期。

（4）计算机辅助工作

计算机辅助工作就是发挥计算机的优势，辅助人类来完成工业设计、工业制造和教育教学等工作。具体来说，计算机辅助设计（Computer Aided Design，CAD）就是用计算机帮助或代替人们进行最优化设计，进行设计方案的选择、比较和修改等。例如，计算机辅助设计用于设计飞机、桥梁、家具等；计算机辅助制造（Computer Aided Manufacture，CAM）是指用计算机进行生产设备的管理、控制和操作的过程，计算机辅助制造广泛应用于船舶、飞机和各种机械制造业上；计算机辅助教学（Computer Aided Instruction，CAI）是在计算机辅助下进行的各种教学活动，以对话方式与学生讨论教学内容、安排教学进程、进行教学训练的方法与技术，CAI 能有效地缩短学习时间，提高教学质量和教学效率，实现最优化的教学目标。计算机辅助工作进一步解放了人类的生产力，改变了产品设计和制造的方式，提高了产品质量，降低了生产成本。

（5）人工智能

人工智能又称为智能模拟。计算机可以模拟人的感觉和思维，从事逻辑判断、智能学习等高级思维活动，如人机博弈、专家系统、机器人等。人工智能是计算机科学研究领域前沿的学科，近几年来已具体应用于无人驾驶、医疗诊断、工业流水线等方面。

2.1.9 中国的计算机

中国的计算机（主要指电子计算机）事业起步于 20 世纪 50 年代中期，与国外同期的先进计算机水平相比，起步晚了约 10 年，在计算机的发展过程中，中国经历了各种困难，走过了一段不平凡的历程。正是广大科研人员的坚持不懈的努力和忘我的付出才慢慢缩小了中国与国外计算机研制的差距，直至达到国际前沿水平。中国自主研发的计算机为国防和科研事业做出了重要贡献，并且推动了计算机产业的蓬勃发展。与国外计算机发展历程相同，国内计算机的发展也经历了从早期的电子管、晶体管计算机，到中小规模集成电路计算机，一直到超大规模集成电路计算机的过程。

2.1.9.1　第一代电子管计算机研制（1958～1964 年）

1956 年 8 月 25 日，我国第一个计算技术研究机构——中国科学院计算技术研究所筹备委员会成立，著名数学家华罗庚任主任。这就是我国计算技术研究机构的摇篮。

1957 年，哈尔滨工业大学研制成功中国第一台模拟式电子计算机。同一年，中科院计算所开始研制通用数字电子计算机，1958 年 8 月 1 日该机研制成功，可以表演短程序运行，标志着我国第一台电子计算机的诞生。该机字长 32 位，平均每秒运算 2500 次，采用磁鼓内部存储器，内存为 1KB。为纪念这个日子，该机定名为"八一型数字电子计算机"。后来，该机在 738 厂开始小批量生产，改名为 103 型（即 DJS-1 型）计算机，如图 2.13 所示，共生产了 38 台。103 型计算机虽然体积庞大，而且起初运算速度不高，但它宣告了中国人制造的第一台通用数字电子计算机的诞生，成为中国计算技术这门学科建立的标志。目前，有一台 103 型计算机在曲阜师范大学中国教师博物馆保存着。

1958 年 5 月，我国开始第一台大型通用电子计算机（即 104 机）的研制，在苏联专家的指导和帮助下，中科院计算所、四机部、七机部和部队的科研人员与 738 厂密切配合，于 1959 年国庆 10 周年前完成了研制任务。该机运算速度为每秒 1 万次，该机字长 40 位，采用磁芯存储器，容量为 2～4KB，并配备了磁鼓外部存储器、光电纸带输入机和 1/2in（1in=2.54cm）磁带机。我国的首颗原子弹的设计模型都是在 104 机上完成的。

图 2.13　我国第一台电子计算机　　　　图 2.14　我国自行研制的 119 型计算机

在研制 104 机的同时，中国科学院夏培肃领导的科研小组首次自行设计，并于 1960 年 4 月研制成功一台小型通用电子计算机，即 107 机，同时编写了中国第一本电子计算机原理讲义。

1964 年我国第一台自行研制的大型通用数字电子管计算机（119 型）在中科院计算所诞生，如图 2.14 所示。其运算速度每秒 5 万次，字长 44 位，内存容量 4KB。我国在该机上完成了第一颗氢弹研制的计算任务。

2.1.9.2　第二代晶体管计算机研制（1965～1972 年）

中国在研制第一代电子管计算机的同时，已开始研制第二代晶体管计算机。

1964 年 11 月，在当时国际环境非常困难的情况下，解放军军事工程学院（简称哈军工，现为国防科技大学）研制成功了 441-B 机，该机是用国产半导体元器件研制成功的中国第一台晶体管通用电子计算机。计算速度为 8000 次/s，样机连续工作 268h 未发生任何故障。

1965 年 6 月中国科学院研制成功了 109 乙晶体管大型通用数字计算机，运算速度达到定点运算 9 万次/s，浮点运算 6 万次/s，所用器材全部为国产。与此前研制的 119 型电子管计算机相比，它不仅运算速度提高，机器的器件损坏率和耗电量均降低很多，计算机的平均连续稳定时间也有延长。该机在国民经济和国防部门得到广泛应用。随后，对 109 乙机加以改进，2 年后又推出 109 丙机，为用户运行了 15 年，有效算题时间在 10 万小时以上，在我国两弹试验中发挥了重要作用，被用户誉为"功勋机"。

在晶体管计算机研制时期，中国计算机研制进入高速追赶国际先进水平的阶段。全国各界都在进行学习、研制，特别是中国工业部门在第二代晶体管计算机研制与生产中已发挥重要作用。

2.1.9.3　第三代基于中、小规模集成电路的计算机研制（1973 年～20 世纪 80 年代初）

国际上，1964 年 4 月 7 日 IBM 发布了 360 系统，它解决了计算机产业发展的一系列难题：模块化、系列化、标准化、兼容性、扩展性、可升级性。这也成了中国计算机走过的发展道路。1968 年 7 月至 1971 年 5 月，中科院计算所研制成功中国第一台小规模集成电路通用数字电子计算机 111 机；1973 年，北京大学与北京有线电厂等单位合作研制成功运速度为 100 万次/s 的大型通用计算机；1974 年清华大学等单位联合设计，研制成功 DJS-130 小型计算机，以后又推 DJS-140 小型机，形成了 100 系列产品；1976 年 11 月，中科院计算所研制成功了大型通用集成电路通用数字电子计算机 013 机；20 世纪 70 年代后期，电子部 32 所和国防科大分别研制成功 655 机和 151 机，速度都在百万次级。

进入 20 世纪 80 年代，我国高速计算机特别是向量计算机有新的发展。1983 年中国科学院计算所完成我国第一台大型向量机 757 机，计算速度达到 1000 万次/s。同年 12 月，中国第一台每秒钟运算一亿次以上的"银河-Ⅰ"巨型计算机（见图 2.15），由国防科技大学计算机研究所在长沙研制成功。它填补了国内巨型计算机的空白，中国成为继美国、日本之后，第三个能独立设计和制造巨型计算机的国家。"银河-Ⅰ"的问世标志着中国进入了世界研

图 2.15　"银河-Ⅰ"巨型计算机

制巨型计算机的行列，是我国高速计算机研制的一个重要里程碑。

2.1.9.4　第四代基于超大规模集成电路的计算机研制（20 世纪 80 年代中期至今）

与国外一样，我国第四代的计算机研制也是从微机开始的。20 世纪 80 年代初，我国很多单位也开始采用 Z80、X86 和 M6800 芯片研制微机。1983 年 12 月电子部六所研制成功与 IBM PC 机兼容的 DJS-0520 微机。

1992 年，国防科技大学成功研制了"银河-Ⅱ"通用并行巨型机，峰值速度达 4 亿次/s 浮点运算（相当于 10 亿次/s 基本运算操作），总体上达到 20 世纪 80 年代中后期国际先进水平。

1997 年，国防科技大学成功研制"银河-Ⅲ"百亿次并行巨型计算机系统，采用可扩展分布共享存储并行处理体系结构，由 130 多个处理节点组成，峰值性能为 130 亿次/s 浮点运算，系统综合技术指标达到 20 世纪 90 年代中期国际先进水平。

2011 年，国家智能计算机研究开发中心与曙光公司合作推出浮点运算速度为 1271 万亿次/s 的"曙光 6000"超级服务器。

2013 年 6 月，在全球超级计算机 TOP500 排行榜上，我国国防科大研制的"天河二号"超级计算机位列榜首，开启了我国超级计算机的辉煌。

2016 年 6 月，在全球超级计算机 TOP500 排行榜上，由国家并行计算机工程技术研究中心研制、安装在国家超级计算无锡中心的"神威·太湖之光"（见图 2.16）超级计算机系统登顶榜单之首。

图 2.16　神威·太湖之光

"神威·太湖之光"超级计算机安装了 40960 个中国自主研发的"申威 26010"众核处理器，该众核处理器采用 64 位自主申威指令系统，峰值性能为 125.4PFlops，是第一个完全基于中国设计、制造的处理器而打造出来的超级计算机。

在 2020 年 11 月全球 TOP500 超级计算机榜单中，"神威·太湖之光"位列第四，"天河二号"位列第六，榜单中中国超算的总量为 217 台，占总体份额超过 43%，中国超算数量自 2017 年 11 月以来一直位居 TOP500 排行榜的榜首。截至 2020 年 6 月，中国厂商联想、曙光、浪潮是全球前三的超算供应商。

中国的计算机的发展史就是中国科技人员艰苦卓绝、百折不挠的奋斗史，特别是在计算机发展的起步阶段，发达国家对中国实施技术封锁，正是靠着国家"集中力量办大事"的社会制度和广大科技工作者为国献身的精神走出了一条不平凡的道路。目前，中国既研制出众多的高性能超级计算机，也成为世界上最大的微机生产基地和主要市场。与此同时，中国计算机事业的发展呈现出多元化的发展趋势，与国外发达国家基本同步地形成了一系列新的学科，这些学科也获得了快速的发展，很多领域在技术研发或产业化上，达到甚至超越了同期国外水平。

2.2　计算思维

自从有了人类，就有了计算，也就有了计算思维。人类运用其所制造的工具不断影响、改变着人类社会形态、思维方式。作为计算工具，被人类所制造出的计算机日益"强大"，它在很多应用领域中所表现出的智能也日益突出，成为人脑的延伸，对人类的学习、工作和生活都产生了深远的影响，同时也大大增强了人类的思维能力和认识能力。早在 1972 年，图灵奖得主 Edsger Dijkstra 就曾说："我们所使用的工具影响着我们的思维方式和思维习惯，从而也深刻地影响着我们的思维能力"，这就是著名的"工具影响思维"的论点。计算思维就是相关学者在审视计算机科学所蕴含的思想和方法时被挖掘出来的，成为与理论思维、实验思维并肩的 3 种科学思维之一。

科学理论、科学实验、科学计算是人类认识世界的三大方法论。与之相应的理论科学、实验科学和计算科学作为科学发现的三大支柱，正推动着人类文明进步和科技发展。一般而论，三种科学对应着三种思维，分别是：理论思维（又称推理思维，以推理和演绎为特征，以数学学科为代表)、实验思维(又称实证思维,以观察和总结自然规律为特征,以物理学科为代表)和计算思维(又称构造思维,以设计和构造为特征,以计算机学科为代表)。

计算思维是数字化计算时代的产物,应当成为这个时代每个人都具备的一种基本能力。

2.2.1 计算思维的概念

2006 年 3 月,时任美国卡内基·梅隆大学(CMU)计算机科学系主任、后任美国基金会(MSP)计算机和信息科学与工程部(CISE)主任的周以真(Jeannette M.Wing)教授,在美国计算机权威刊物《Communications of the ACM》上,首次提出了计算思维(Computational Thinking)的概念:"计算思维是运用计算机科学的基础概念去求解问题、设计系统和理解人类的行为。它包括了涵盖计算机科学之广度的一系列思维活动。"她在 2010 年给出了计算思维的正式定义:计算思维是与形式化问题及其解决方案相关的一个思维过程,其解决问题的表示形式应该能有效地被信息处理代理执行。

周教授指出:计算思维能为问题的有效解决提供一系列的观点和方法,它可以更好地加深人们对计算本质以及计算机求解问题的理解,计算思维是每个人的基本技能,不仅仅属于计算机科学家。为此,周教授撰写了针对大学所有新生的"计算思维"讲义,并以此作为"怎样像计算机科学家一样思维"课程的主要教材。

2.2.2 计算思维的特性

与许多概念一样,计算思维在学术界存在一定的共识,但也有不少争议。在取得共识的层面,多数研究者认可的计算机思维的特性如下。

① 计算思维是一种使用工具高效解决问题的思路方法,它不是知识和工具本身,是一种思维过程,可以脱离计算机、互联网、人工智能等技术独立存在。

② 计算思维是概念化思维,不是程序化思维。计算机科学不是计算机编程,计算思维应该像计算机科学家那样去思维,意味着远不止能为计算机编程,还要求能够在抽象的多个层次上思维。

③ 计算思维是人的思维,而不是计算机的思维,是人用计算思维来控制计算设备,从而更高效、快速地完成单纯依靠人力无法完成的任务,解决计算时代之前无法想象的问题,例如基因组测序、探月工程等。

④ 计算思维是数学和工程思维的互补与融合。计算机科学在本质上源自数学思维,又从本质上源自工程思维,因为我们建造的是能够与实际世界互动的系统,基本计算设备的限制迫使计算机科学家必须计算性地思考,不能只是数学性地思考。

⑤ 计算思维是未来世界认知、思考的常态思维方式,是人类在未来社会求解问题的重要手段,是面向所有的人、所有的领域。正如同我们每个人都具备阅读、写作和算术(Reading、wRiting aRithmetic-3R)技能一样,计算思维也是必备的能力。

因而,计算思维关注于教育,这种教育并非出于培养计算机科学家或工程师,而是为了启迪每个人的思维,教会人们该如何清晰地思考这个由数字计算所创造的世界,无论学不学编程,计算思维都是我们思考并解决生活中某类实际问题的一种方式。

2.2.3 计算思维的核心元素

计算思维经过多年的研究、扩展、归并,大致明确为四个核心元素(步骤):分解问题、模式识别、抽象问题和算法设计。

（1）分解问题

分解问题是在分析问题后，将数据、过程或问题分解成更小的易于管理的部分，就是指将一个复杂的问题拆分成多个简单问题。比如：99×9=（100-1）×9=900-9=891，就是利用了一种简单的方式解决复杂的算术题，这就是分解。当把这些便于执行操作的小问题逐步地处理完毕后，原本很复杂的大问题也就迎刃而解了。

生活中我们也经常用到了分解问题的思想。比如：想要泡茶喝，这个过程分解为烧水、冲茶、喝茶三个步骤。再比如：旅行问题就可以分解为路径规划、景点选择、城市交通问题、汽车导航等小问题。

（2）模式识别

观察数据，从中找出相同的模式、趋势和规律，识别出它是哪一类问题，找出各个部分之间的异同，帮助我们理解问题，思考解决方案，这个过程就是模式识别。

例如我们解决一个数学问题：把1～200的整数相加。如果按部就班地加，时间会很长。那么我们观察这个式子，发现1+200=201，2+199=201，等等，这样就可以得到100个201，那么201×100=20100就是要求的结果。1+200=201，2+199=201等就是一种模式和规律，它们以一种顺序得到了一个有规律的结果，即按照顺序，两头对称部位的数相加结果一样，都是201。

（3）抽象问题

抽象是从众多的事物中抽取出共同的本质性的特征，而舍弃其非本质的特征的过程。具体地说，在模式识别的基础上找出模式形成背后的反映事物的本质的规律。

抽象思维要求我们从大局看待整个问题，把重要的和不重要的部分区分出来，抛弃无关紧要的细节，建立系统中的一个模型。

比如上面的例子，把1～200的整数相加这样算，那么把100～900之间的整数相加呢？从把m到n（$n>m$）之间的整数相加呢？分析后得到一个可应用于更普遍情况的公式：把m到n（$n>m$）之间的整数相加，结果等于$(m+n)×(n-m+1)/2$。

这个过程就是抽象。

（4）算法设计

算法是为解决某一类问题撰写一系列详细步骤，针对这些相似的问题提供逐步解决的方案。为了不做无用功，我们需要将之前已经识别处理的问题变成一种通用模式，找出算法之后，并不等于解决了问题，还需要根据实际问题和场景对算法进行适应性调整——通过优化已有问题的解决方案来针对性提高。

我们也可以把算法设计过程理解为给某件事情找一个最简单的步骤，并把它整理成一份手册，这样所有人都可以用这份手册来最快地完成目标任务。

比如：针对上面"从把m到n（$n>m$）之间的整数相加"的问题，简单的算法就是输入m和n（$n>m$）的值，代入公式$(m+n)×(n-m+1)/2$即可。根据实际问题和场景对算法进行适应性调整为：定义变量sum，初始值为0，依次把m，$m+1$，$m+2$，…，n累加到sum上，变量sum里所保存的值即为所求结果。

2.2.4　计算思维的本质

计算思维的本质是抽象和自动化，也就是要确定合适的抽象，选择合适的计算机去解释执行该抽象，后者就是自动化。

在计算思维中，抽象思维最重要的用途是产生各种各样的系统模型，以此作为解决问题的基础。计算思维中的抽象完全超越物理的时空观，可以完全用符号来表示。

自动化就是可以按预先设计好的程序或系统自动运行，这需要一组预定义的指令及预定义的执行顺序，一旦执行，这组指令就可根据安排自动完成某个特定任务。自动化不仅体现在计算机程序中，在社会事务的处理方面也很常见，例如各种应急预案就是针对特定事件的产生而"自动执行"的快速反应机制。自动化技术正在改变人们的生产、生活和学习方式，也正改变着人们的思维方式。

计算思维中的抽象最终是要能够机械地一步一步自动执行。为了确保机械的自动化，就需要在抽象过程中进行精确和严格的符号标记和建模，同时也要求计算机系统或软件系统生产厂家能够向公众提供各种不同抽象层次之间的翻译工具。我们从英国化学家约翰·波普开发 Gaussian 软件的工作来看计算思维的本质。

1998 年，约翰·波普（John Pople）因主导开发了 Gaussian 量子化学综合软件包而获得诺贝尔化学奖，Gaussian 软件基于量子力学而开发，它致力于把量子力学理论应用于实际问题，将分子的特性以及某一化学反应输入计算机后，输出的将是对该分子的性质以及化学反应发生情况的描述，其结果常被用来解释各种类型的实验结果，大大降低了理论计算的门槛，这一软件使得化学领域研究者能够轻松使用 Gaussian 研究和分析各种科学问题。

从约翰·波普所开发的 Gaussian 软件包可以看出，是用计算思维解决了复杂的化学计算问题，计算思维对其工作的影响主要体现在以下方面。

① 符号化、计算化、可视化思维的影响：包括如何将分子及其特性表达为计算机可以处理、显示的符号，将分子等转化为"计算对象"。

② 算法思维的影响：包括如何计算分子轨道，如何计算密度，如何计算库仑能，如何计算分子的各种特性，需要各种算法，如初始轨道猜测算法、密度拟合近似算法、库仑能算法等。

③ 系统思维的影响：包括如何形成完整的工具与系统，如何通过语言、模型来让研究者表达分子及其特性，表达其所要进行的研究内容，通过编译器、执行引擎，即调用计算机程序来按计算机语言表达的内容进行分析与计算等。

④ 聚集数据成"库"的思维：将信息聚集成"库"，基于"库"所聚集的大量信息进行分析与研究，可发现规律和性质。

⑤ 物理世界与信息世界的转换思维：这是信息处理的一般思维，计算机不能直接处理现实世界的具体事务，通过采集、转换、存储、显示数据的方式，实现物理世界与信息世界的转换。

前两项体现了抽象的过程，后三项体现了自动化的过程。可以说，任何一个计算手段的研究都离不开计算思维的本质。

2.2.5　计算思维对不同学科的影响

当前计算思维不仅仅是计算机界广为关注的一个概念，也是整个教育领域重点研究的课题。不少专家、学者讨论计算思维对不同学科的影响，所涉及的领域已延伸到统计学、经济学、生物学、地理学、物理、医学、艺术、广告、机械、建筑等。

（1）统计学中的计算思维

面对全球每天产生的多尺度、多维数的海量数据，传统的统计学有点束手无策，机器学习的应用改变了这一现状，并因此孕育了一门新的学科——数据科学。

数据科学是利用计算机的运算能力对数据进行处理，从数据中提取信息，进而形成"知识"，已经在金融、医学、自动驾驶等领域得到广泛使用。传统意义上的数据处理是用统计方法实现的，而概率论是统计的基础。随着计算机处理能力的增强，一些需要大量运算的数据分析方法得到快速发展，从数据中提炼知识是机器学习的主要目的，这与统计推断密切相关。因此，从传统的概率和统计出发，用计算机思维改变了统计学的计算方式。

（2）生物学中的计算思维

计算机科学家们对生物科学的兴趣是由他们坚信生物学家能够从计算思维中获益的信念驱动的。计算机科学对于生物学的贡献决不限于其能够在海量时序数据中搜索寻找模式规律的本领。计算思维正在改变着生物学家的思考方式，由此诞生了生物信息学、计算生物学等学科。

生物信息学是研究生物信息的采集、处理、存储、传播、分析和解释等的一门学科，它通过综合利用生物学、计算机科学和信息技术而揭示大量而复杂的生物数据所赋有的生物学奥秘。由此可以看出生物信息学是以计算机为工具对生物信息进行存储、检索和分析的科学。它是当今生命科学和自然科学的重大前沿领域之一，同时也将是 21 世纪自然科学的核心领域之一。

计算生物学是指将数据分析及理论的方法、数学建模、计算机仿真技术等，用于生物学、行为学和社会群体系统研究的一门学科。当前，生物学数据量和复杂性不断增长，每 14 个月基因研究产生的数据就会翻一番，单单依靠观察和实验已难以应付。因此，必须依靠大规模计算模拟技术，从海量信息中提取最有用的数据。

相对于生物信息学，计算生物学的层次更高。生物信息学侧重于生物数据的提取、挖掘，而计算生物学侧重对生物数据的处理、运用。计算生物学的最终目的不局限于生物序列的片段拼接、基因识别和蛋白质结构预测等，而是运用计算机的思维解决生物问题，用计算机的语言和数学的逻辑构建和描述并模拟出生物世界。

（3）地理学中的计算思维

计算机用于处理海量地理数据产生了地理信息系统（Geographic Information System，GIS），它是在计算机硬、软件系统支持下，对整个或部分地球表层（包括大气层）空间中的有关地理分布数据进行采集、存储、管理、运算、分析、显示和描述的技术系统。因而 GIS是一种基于计算机的工具，使用计算思维解决地理学中的计算问题。

古往今来，几乎人类所有活动都是发生在地球上，都与地球表面位置（即地理空间位置）息息相关。随着计算机技术的日益发展和普及，GIS 以及在此基础上发展起来的"数字地球""数字城市"在人们的生产和生活中起着越来越重要的作用。它可以对空间信息进行分析和处理，简而言之，是对地球上存在的现象和发生的事件进行成图和分析。

同样，计算思维还深深地影响其他很多学科，由此还发展了很多新型学科或研究领域，像纳米计算、量子计算、计算博弈论、计量经济学、计算社会学、计算广告学等。在美国总统信息技术咨询委员会（PITAC）2005 年 6 月给美国总统提交的报告《计算科学：确保美国竞争力》中曾预测：21 世纪科学上最重要的、经济上最有前途的前沿研究都有可能通过先进的计算技术和计算科学而得到解决，可见对计算思维重要性的评价之高。作为肩负着未来科技创新的新时代大学生应更多地训练这种"思维"。

本章小结

　　计算机的诞生源于计算，但今天的人们更多地使用计算机去求解人类社会的各种问题。本章介绍了计算机基础知识和计算思维的概念，包括计算机的定义、诞生、发展、特点、分类和应用以及我国计算机的发展等，重点阐述了计算机的发展史、计算机对人类社会的影响和计算思维的重要性。在当今信息化、网络化的时代，计算机已经深深地融入了人类社会的方方面面，也正在把人类带向一个未知世界，因此作为新时代的大学生必须全面深入地理解和掌握计算机的本质，明白培养计算思维能力的重要性。

思考题

1. 结合自身的认识，给计算机下个定义，并列举你所知道的计算机。
2. EDVAC 较之前任 ENIAC 有哪些重大改进？
3. 计算机的发展主要经历了哪几个阶段？各阶段的主要特征是什么？
4. 计算机有哪些特点？计算机有哪些应用？
5. 查阅文献，列举出 5 位为我国计算机的发展做出重大贡献的科学家。
6. 什么是计算思维？其有哪些主要特性？本质是什么？
7. 计算思维核心元素有哪些？
8. 举例说明计算思维对不同学科的影响。

第3章 数据的表示

学习目标：
① 了解数据、信息和信息技术的概念；
② 掌握数制及其转换方法；
③ 掌握数据在计算机中的表示；
④ 掌握信息处理的一般性思维方法。

数据像计算机的血液，在计算机内不停地流淌着。计算机能完成的一切工作，归根结底是对不同类型的数据处理。例如：我们每天使用计算机处理各种公文，收发电子邮件，网上购物……，那完成这些活动中用到的文字、数字、照片、声音等数据在计算机内部是如何描述和处理的呢？

3.1 数据与信息概述

3.1.1 数据与信息

数据（data）是指对客观事件进行记录并可以鉴别的符号，是对客观事物的性质、状态以及相互关系等进行记载的物理符号或这些物理符号的组合。数据是事实或观察的结果，是对客观事物的逻辑归纳，是用于表示客观事物的未经加工的原始素材。例如："computer""119""2021-01-01"和"男"等都是数据。

在计算机科学中，数据是指所有能输入计算机并被计算机存储和处理的一切符号的总称。计算机存储和处理的对象十分广泛，数据可以是数值、字母、汉字、声音、图像、视频、动画等，也可以是网络上的订单、博客、邮件等更复杂的数据。

信息是人们以特定方式对数据进行解释、加工处理后的结果，是对客观世界中各种事物的运动状态和变化的反映。

物质、能量和信息构成现实世界的三大要素。只要事物之间存在着相互联系和相互作用，就有信息发生。人类社会的一切活动都离不开信息，信息早就存在于客观世界，只不过人们首先认识了物质，然后认识了能量，最后才认识了信息。

数据与信息既有联系，又有区别。数据是信息的载体，是原始的未经分析和组织且不相关的材料；而信息依附于数据，是有意义、有价值、可感知、可传递、可处理的东西。数据经过加工处理之后，就产生了信息；而信息需要经过数字化转变成数据才能存储和传输。

例如，对于"身高""119""火警电话""房间号"这些不相关的数据，加工处理后可以获取的信息有"火警电话 119""房间号 119""身高 119cm"。

数据和信息是我们经常使用的不同通用术语，这些术语之间通常交织在一起，具有互换性。

3.1.2 信息技术

在现实生活中，我们时时刻刻都在与信息打交道：电视、报纸和网页上的各种各样的新闻、天气预报、家庭收入、电话铃声……，这些用文字、数字、图像、声音、视频等各种媒介所记录的内容都传递着信息。

人类的生产和生活很大程度上依赖于信息，有价值、有用的信息促进社会生产，加快社会进步。人们获取信息并对它进行加工处理，使之成为有用信息并发布出去的过程，称为信息处理。信息处理的过程主要包括信息的获取、存储、加工、发布和表示。自从有了信息，就有了信息处理。

人们在信息的获取、整理、加工、存储、传递和利用过程中所采用的技术和方法统称为信息技术（Information Technology，IT）。信息技术包含微电子技术、通信技术、计算机技术和传感技术等四种核心技术。

微电子技术是研究如何利用芯片内部的微观特性以及一些特殊工艺，在一个微小体积中制成一种或多种功能完整的电路或器件。微电子技术对信息时代具有巨大的影响，可以毫不夸张地说，没有微电子就没有今天的信息产业，就不可能有计算机、现代通信、网络等产业的发展。因此，许多国家都把微电子技术作为重要的战略技术加以高度重视，并投入大量的人力、财力和物力进行研究和开发。

通信技术是研究信息如何快速、安全、高效地进行传递的技术，是计算机网络中必不可少的技术，主要包括卫星通信、微波通信和光纤通信等。通信技术极大地提高了信息传递的速度，扩展了人的神经系统传递信息的功能。

计算机技术是处理、存储信息的技术，是信息技术的核心，它扩展了人的思维器官处理信息和决策的功能。

传感技术是指高精度、高效率、高可靠性地采集各种形式信息的技术，比如气体感知、光线感知、温湿度感知、人体感知等，它扩展了人的感觉器官收集信息的能力，是信息技术之源。

传感技术、通信技术和计算机技术构成了信息技术系统的"感官""神经"和"大脑"，被称为现代信息技术的三大基础。

信息技术促进了人类文明的进步。信息技术在全球的广泛使用，不仅深刻地影响着经济结构与经济效率，而且作为先进生产力的代表，对社会文化和精神文明同样产生着深刻的影响。信息技术推广应用的显著成效，促使世界各国致力于信息化，而信息化的巨大需求又驱使信息技术高速发展。

3.2 数制及其转换

3.2.1 进位计数制的概念

我们的日常生活中，在表示成绩、薪水、价格等数值时，用得最多的是十进制，它也是中国的一大发明，在商代时，中国已采用了十进制。十进制的计数法是古代世界中最先进、最科学的计数法，对世界科学和文化的发展起着不可估量的作用。正如李约瑟（Joseph Terence

Montgomery Needham，1900—1995，中国科学院外籍院士、英国近代生物化学和科学史学家)所说的："如果没有这种十进制，就不可能出现我们现在这个统一化的世界了。"

除了十进制外，现实生活中，我们还用到了其他进制，如一天有 24 小时，用的是二十四进制；一周有 7 天，用的是七进制；一年有 4 季，用的是四进制……

进位计数制简称数制或进制，是一种人为定义的带进位（有不带进位的计数方法，比如原始的结绳计数法，唱票时常用的"正"字计数法等）的计数方法。

对于每个数制都可以用有限的基本符号表示出所有的数值。例如：十进制是用 0, 1, …, 9 共 10 个符号表示出所有的十进制数值；二进制是用 0 和 1 共 2 个符号表示出所有的二进制数值；对于任何一种进制（R 进制）就是用 0, 1, …, R-1 共 R 个符号表示出所有的 R 进制数值。我们称某个进制中可使用的基本符号的个数称为该进制的基数或底数。例如：十进制的基数为 10；R 进制的基数为 R。

数制中每一固定位置对应的单位值称为"位权"，简称"权"，它是基数的整数次幂。例如：十进制个位的位权是 10^0，即 1；十位的位权是 10^1，即 10；百位的位权是 10^2，即 100；小数部分的第一位的位权是 10^{-1}，即 0.1。对于 R 进制数，整数部分第 i 位的位权为 R^{i-1}（$i>0$），而小数部分第 j 位的位权为 R^j（$j>0$）。

对于 R 进制来说，其进位原则是"逢 R 进一"。例如：十进制是"逢十进一"，二进制是"逢二进一"，八进制是"逢八进一"，十六进制是"逢十六进一"。

3.2.2　数制的表示

在现实生活中十进制广泛使用，而在计算机内所有的数据都是以二进制代码的形式存储、处理和传送，但是在输入/输出或书写时，为了用户的方便，也经常用到八进制和十六进制。所以在计算机学科领域中，常用的进制有：十进制、二进制、八进制和十六进制，它们的基数、位权、基本符号和数制字母如表 3.1 所示。

表 3.1　各种进制的基数、位权、基本符号和数制字母

进制	十进制	二进制	八进制	十六进制
基本符号	0,1,2,…,9	0,1	0,1,2,…,7	0,1,…,9,A,B,…,F
进位规则	逢十进一	逢二进一	逢八进一	逢十六进一
基数	10	2	8	16
位权	10^i	2^i	8^i	16^i
数制字母	D（Decimal）	B（Binary）	O（Octal）	H（Hexadecimal）

同一个数可以表示不同的进制。例如：110 既可以代表十进制的数值，也可以代表二进制的数值。为了区分不同的数制，一般用两种方法来表示。

（1）下标法

下标法是指用小括号将所表示的数括起来，然后在括号外的右下角写上数制的基数 R。例如：$(110.011)_2$、$(657)_8$、$(123)_{10}$、$(E11A)_{16}$ 分别表示一个二进制数、八进制数、十进制数和十六进制数。

（2）字母法

字母法是指在所表示的数的末尾写上相应数制字母。有时为减少误会，也可以用小括号将数制字母括起来。例如：110.011B、657（O）、123D、E11A（H）分别表示一个二进制数、

八进制数、十进制数和十六进制数。

注意：由于生活中常用的数制为十进制，因此，当一个数的后面没有任何进制表示的时候，我们还是默认其为十进制数。

3.2.3　常用数制间的基本关系

常用的十进制、二进制、八进制和十六进制数制之间的基本关系如表 3.2 所示。

表 3.2　常用数制间的基本关系

十进制	二进制	八进制	十六进制
0	0	0	0
1	1	1	1
2	10	2	2
3	11	3	3
4	100	4	4
5	101	5	5
6	110	6	6
7	111	7	7
8	1000	10	8
9	1001	11	9
10	1010	12	A
11	1011	13	B
12	1100	14	C
13	1101	15	D
14	1110	16	E
15	1111	17	F

3.2.4　数制之间的转换

不同数制的数可以相互转换，常用的十进制、二进制、八进制和十六进制的数之间转换可总结为三种情况。

（1）任意进制转为十进制

对于任意 R 进制的数 N，转换为十进制的具体转换方法：相应位置的数码乘以对应位的权，再将所有的乘积进行累加，即得对应的十进制数，这种方法称为按权展开法，即：

$N=a_{n-1}\times R^{n-1}+a_{n-2}\times R^{n-2}+\cdots+a_0\times R^0+a_{-1}\times R^{-1}+\cdots+a_{-m}\times R^{-m}$

例如：$678.34D=6\times10^2+7\times10^1+8\times10^0+3\times10^{-1}+4\times10^{-2}$

$10101.11B=1\times2^4+1\times2^2+1\times2^0+1\times2^{-1}+1\times2^{-2}=21.75$

$101(O)=1\times8^2+1\times8^0=65$

$101A(H)=1\times16^3+1\times16^1+10\times16^0=4122$

（2）十进制转为任意进制

对于十进制的数转换为任意 R 进制，分为整数部分的转换和小数部分的转换。

整数部分的转换方法是：除以 R 取余法。即用十进制整数除以要转换的进制数的基数 R，依次取出余数，直到商为零为止。取出的余数从整数部分的低位向高位依次排列（取出的第一个余数靠小数点最近）。

小数部分的转换方法是：乘以 R 取整法。即将十进制小数乘以要转换的进制数的基数 R，依次取出整数，直到小数点后为零或达到所要求的精度为止。取出的整数从小数部分的高位向低位依次排列（取出的第一个整数靠小数点最近）。

例如：将 100.345(D)转换为二进制数，精确到小数点后 4 位。

整数部分

小数部分

```
2 | 100
2 |  50      0              0.345
2 |  25      0           ×      2
2 |  12      1              0.690        0
2 |   6      0           ×      2
2 |   3      0              1.380        1
2 |   1      1           ×      2
    0        1              0.760        0
                         ×      2
                            1.520        1
```

所以，100.345(D)=1100100.0101（B）。

（3）二进制数、八进制数、十六进制数之间的转换

八（8=2^3）进制数和十六（16=2^4）进制数是从二进制数演变而来的，从表 3.2 中反映出：一位八进制基本符号（0～7）对应三位二进制数（000～111）；一位十六进制基本符号（0～F）对应四位二进制数（0000～1111）。

二进制数转换成八（十六）进制数的方法（以小数点为界）：

整数部分：从右向左按三（四）位进行分组，位数不足，高位补零；

小数部分：从左向右按三（四）位进行分组，位数不足，低位补零；

然后，参照表 3.2，由三（四）位二进制数合并为成一位八（十六）进制数。

例如：将 1101101110.11001(B)分别转换为八进制和十六进制的数。

<u>001</u> <u>101</u> <u>101</u> <u>110</u>.<u>110</u> <u>010</u>(B)

　1　　5　　5　　6 . 6　　2

所以，1101101110.11001(B)=1556.62(O)

同理，<u>0011</u> <u>0110</u> <u>1110</u>.<u>1100</u> <u>1000</u>(B)

　　3　　6　　E . C　　8

所以，1101101110.11001(B)=36E.C8(H)

反之，如果将八（十六）进制数转换成二进制数的方法：参照表 3.2，将一位八（十六）进制数扩为三（四）位二进制数。

例如：37.62(O)=<u>011</u> <u>111</u>.<u>110</u> <u>010</u>(B)=11111.11001(B)；

5A1.D7(H)=<u>0101</u> <u>1010</u> <u>0001</u>.<u>1101</u> <u>0111</u>(B)=10110100001.11010111(B)。

3.3 二进制运算

3.3.1 二进制逻辑运算

逻辑运算（Logical Operators）又称布尔运算。乔治·布尔（George Boole，1815—1864

年，19 世纪最重要的数学家之一）用数学方法研究逻辑问题，成功地建立了逻辑演算。20 世纪 30 年代，逻辑运算在电路系统上获得应用，随后，由于电子技术与计算机的发展，出现各种复杂的大系统，它们的变换规律也遵守布尔所揭示的规律。逻辑运算通常用来测试真假值。

计算机常用的逻辑运算有"与""或""非"和"异或"等。逻辑运算是按位进行的，位与位之间不像加减运算那样有进位或借位的联系。

（1）"与"运算

逻辑"与"（AND）运算通常用运算符号"$\wedge$"或"·"来表示。逻辑"与"运算规则如下：

$$0\wedge0=0 \quad 0\wedge1=0 \quad 1\wedge0=0 \quad 1\wedge1=1$$

不难看出，在只有参与"与"运算的两个逻辑值都同时取值为 1 时，其结果才等于 1，否则为 0。例如，两个 8 位二进制数的"与"运算结果如下：

$$
\begin{array}{r}
10110111 \\
\wedge\ 11100001 \\
\hline
10100001
\end{array}
$$

（2）"或"运算

逻辑"或"（OR）运算通常用运算符号"$\vee$"或"+"来表示。逻辑"或"运算规则如下：

$$0\vee0=0 \quad 0\vee1=1 \quad 1\vee0=1 \quad 1\vee1=1$$

从上式可见，在只有参与"或"运算的两个逻辑值都同时为 0 时，其结果才为 0，否则结果为 1。例如，两个 8 位二进制数的"或"运算结果如下：

$$
\begin{array}{r}
10110111 \\
\vee\ 11100001 \\
\hline
11110111
\end{array}
$$

（3）"非"运算

逻辑"非"（NOT）运算，也称为"取反"运算，通常用运算符号"—"来表示。逻辑"非"运算规则如下：

$$\overline{0}=1 \qquad \overline{1}=0$$

从上式可见，参与"非"运算的逻辑值只有一个。例如，一个 8 位二进制数的"非"运算结果如下：

$$\overline{10110111}=01001000$$

（4）"异或"运算

逻辑"异或"（EOR）运算通常用运算符号"$\oplus$"来表示。逻辑"异或"运算规则如下：

$$0\oplus0=0 \quad 0\oplus1=1 \quad 1\oplus0=1 \quad 1\oplus1=0$$

从上式可见，如果参与"异或"运算的两个逻辑值相异，则其结果为 1，否则结果为 0。例如，两个 8 位二进制数的"异或"运算结果如下：

$$
\begin{array}{r}
10110111 \\
\oplus\ 11100001 \\
\hline
01010110
\end{array}
$$

以上是有关二进制的四种基本逻辑运算，是一种比较简单的运算。由于计算机中的基本电路都是两种状态的电子开关电路，因此这种简单的逻辑运算正是描述电子开关电路工作状态的有力工具。

3.3.2 二进制算术运算

二进制数的算术运算包括：加、减、乘、除四则运算，其运算的方法与十进制算术运算基本相同，唯一的区别是二进制数算术运算的基本规则是"逢二进一，借一当二"。

（1）二进制数的加法

根据"逢二进一"规则，二进制数加法的法则为：

$$0+0=0 \quad 0+1=1 \quad 1+0=1 \quad 1+1=10（逢二进一）$$

例如，两个二进制数 1011 和 101 做加法运算时，与十进制类似，把两个数右边第一位对齐，依次相应数位对齐，每个数位满二向高位进一。

$$
\begin{array}{r}
1011 \\
+\quad 101 \\
\hline
10000
\end{array}
$$

所以，1011+101=10000。

（2）二进制数的减法

根据"借一当二"规则，二进制数减法的法则为：

$$0-0=0 \quad 1-1=0 \quad 1-0=1 \quad 10-1=1（借一当二）$$

例如，两个二进制数 1011 和 101 做减法运算时，也要两个数右边第一位对齐，依次相应数位对齐，同一数位不够减时，从高位借一。

$$
\begin{array}{r}
1011 \\
-\quad 101 \\
\hline
110
\end{array}
$$

所以，1011−101=110。

（3）二进制数的乘法

由于二进制数只有 0 或 1，所以二进制乘法更为简单。二进制数乘法的法则为：

$$0×0=0 \quad 0×1=0 \quad 1×0=0 \quad 1×1=1$$

例如，两个二进制数 1011 和 101 做乘法运算的过程如下：

$$
\begin{array}{r}
1011 （被乘数）\\
×\quad 101 （乘数）\\
\hline
1011 \\
0000 \\
1011 \\
\hline
110111
\end{array}
$$

所以，1011×101=110111。

从执行乘法的过程可知，从乘数的低位开始每一位与被乘数相乘得到一个部分积，乘数的相应位是 0 时，部分积为 0，乘数的相应位是 1 时，部分积为被乘数，每一次的部分积均依次左移一位，部分积的个数是乘数的位数，将各部分积累加起来就得到最终乘积。

（4）二进制数的除法

二进制数的除法运算法则：

$$0÷0=0 \quad 0÷1=0 \quad 1÷1=1$$

例如，两个二进制数 1011 和 101 做除法运算的过程如下：

$$
\begin{array}{r}
0010 \\
101\overline{)\,1011} \\
101 \\
\hline
01 \\
0 \\
\hline
1
\end{array}
$$

（除数）　　101 ⟌ 1011 （被除数）

1 （余数）

所以，1011÷101=10 余 1

　　二进制数除法与十进制数除法很类似。可先从被除数的最高位开始，将被除数（或中间余数）与除数相比较，若被除数（或中间余数）大于或等于除数，则用被除数（或中间余数）减去除数，商为 1，并得相减之后的中间余数，否则商为 0。再将被除数的下一位移下来补充到中间余数的末位，重复以上过程，就可得到所要求的各位商数和最终的余数。

3.4　数据在计算机中的表示

　　自从冯·诺依曼把二进制引入计算机系统后，至今在计算机内部一切数据还以二进制代码 0 和 1 的形式表示。我们日常工作、学习、生活用到的数值、文字、声音、图形、图像和视频等信息都必须转换成二进制代码的形式，计算机才能识别和处理。我们把将信息转换为 0 和 1 代码的过程称为编码。

3.4.1　计算机使用二进制的优势

　　计算机采用二进制，而没有使用我们熟悉的十进制，是因为相对于其他进制，二进制的有以下几个方面的优势。

　　① 技术实现简单。计算机是由逻辑电路组成的，逻辑电路通常只有两个状态——开关的接通与断开，这两种状态正好可以用“1”和“0”表示。

　　② 抗干扰能力强，可靠性高。二进制中只使用 0 和 1 两个状态，传输和处理时不易出错，因而可以保障计算机具有很高的可靠性。

　　③ 运算规则简单。与其他进制数相比，二进制数的运算规则是最简单的，这不仅可以使运算器的结构得到简化，而且有利于提高运算速度。

　　④ 适合逻辑运算。逻辑代数是逻辑运算的理论依据，二进制只有两个数码，正好与逻辑代数中的“真”和“假”相吻合。

　　⑤ 易于实现与其他进制的转换。二进制数与十进制数之间的转换相当容易。人们使用计算机时可以仍然使用自己所习惯的十进制数，而计算机将其自动转换成二进制数存储和处理，输出处理结果时又将二进制数自动转换成十进制数，这给人们使用计算机带来极大的方便。

3.4.2　计算机中数据的单位

　　和重量、长度类似，数据也有自己的度量单位。数据在计算机中是以二进制代码 0 或 1 的形式存在的，那么一位二进制代码就是最小数据单位，称为“位”（bit），即一个比特，用小写字母“b”表示，其内容是 0 或 1，表示一位二进制信息。

　　比特确实是一个非常小的单位，在使用中为了方便，人们引入了“字节”（Byte）这个单位，用大写字母"B"表示，规定一个字节由八位二进制数字组成，即 1B=8b。字节是数据存储中的基本单位。为了表示数据存储的大小，人们还相继引入了很多数据单位，像 KB（Kilobyte，中文称为"千字节"）、MB（Megabyte，中文称为"兆字节"）、GB（Gigabyte，中文称为"吉字节"）、TB（Terabyte，中文称为"太字节"）、PB（Petabytes，中文称为"拍字节"）、EB（Exabyte，中文称为"艾字节"）、ZB（Zettabyte，中文称为"泽字节"）和 YB（Yottabyte，中文称为"尧字节"）等。有时候，在不引起歧义的情况下，把代表字节的大写字母 B 省略。常用的数据单位之间的换算关系如下：

$$1KB = 2^{10}B = 1024B$$
$$1MB = 2^{10}KB = 1024KB = 2^{20}B$$
$$1GB = 2^{10}MB = 1024MB = 2^{30}B$$
$$1TB = 2^{10}GB = 1024GB = 2^{40}B$$
$$1PB = 2^{10}TB = 1024TB = 2^{50}B$$
$$1EB = 2^{10}PB = 1024PB = 2^{60}B$$
$$1ZB = 2^{10}EB = 1024EB = 2^{70}B$$
$$1YB = 2^{10}ZB = 1024ZB = 2^{80}B$$

计算机进行数据处理时，作为一个整体进行存取、加工和传送的一串二进制数，称为一个计算机字（Word），简称字。一个字通常由一个或多个字节构成，字所包含的二进制位数称为字长，一般是字节的整数倍。

计算机的字长决定了其 CPU 一次操作处理实际位数的多少，由此可见计算机的字长越长，其性能越优越，字长是衡量计算机精度和运算速度的主要技术指标。

3.4.3 数值编码

3.4.3.1 真值与机器数

在日常生活中，我们用的数值有正数，也有负数，我们一般用符号"+"（可省略）表示正，用"−"来表示负。例如：数值−110、110B、+99、−123 等。像数学中，在数值的左边加上"+"号（可省略）或"−"号来表示数的正负，这种直接用正号"+"和负号"−"表示的数值，我们称为"真值"，如：−99D，101D，10101B，−110B。

但计算机内部，不能直接使用正号"+"和负号"−"。所以，在计算机中，约定把一个数的最高位（最左侧的一位）定义为符号位，规定正号用"0"表示，负号用"1"表示。这种连同正负号一起二进制化的数值，我们称为机器数。机器数具有如下特点：

① 用二进制表示。将真值的绝对值转换为二进制表示。

② 正负号数值化。如果真值是正的，将符号位设置为0；如果是负的，将符号位设置为1。

③ 规定小数点的位置。通常有定点表示法和浮点表示法。

④ 表示的数值范围总是有限的。这是因为机器数的位数受计算机字长的限制。例如，对于一台字长 8 位的计算机，其能表示的最大整数不超过 127。

例如：在表 3.3 中，列出了部分真值和与之对应的机器数（假如字长是 8 位）。

表 3.3 真值与对应的机器数举例

真值	机器数
−0110101B	1 0110101
+99D	0 1100011
−99D	1 1100011

3.4.3.2 原码、反码和补码

机器数有三种表达方式，分别是原码、反码和补码。

（1）三种编码的定义

原码：即机器数自身，即数值化的符号位（正号用"0"表示，负号用"1"表示）加上数的绝对值的二进制表示。例如，假如机器字长是 8 位，则有：

$$X= +91 = +1011011B, \qquad [X]_{原}=01011011$$
$$X= -91 = -1011011B, \qquad [X]_{原}=11011011$$

反码：正数的反码等于原码；负数的反码是把负数的原码，除符号位之外的各位按位取反。例如：若$[X]_{原}＝11011011$，则$[X]_{反}＝10100100$。

补码：正数的补码等于原码；负数的补码是反码和 1 做加法运算，即$[X]_{补}=[X]_{反}+1$。例如，若$[X]_{原}＝11011011$，则$[X]_{反}＝10100100$，$[X]_{补}=[X]_{反}+1=10100100+1=10100101$。

（2）三种编码的比较

下面分别用原码、反码和补码三种方式计算十进制的"1−1=0"。

因为在计算机硬件电路中，用加法器完成加法运算，其他的减、乘、除运算也要转换为加法运算，用加法器完成，所以计算"1-1"，要转换为"1+（−1）"来完成。假如机器字长为 8 位。

① 使用原码计算"1+（−1）"，则：

$$（00000001）_2 +（10000001）_2 =（10000010）_2$$

这样计算的结果是十进制的"−2"，也就是说，使用原码直接参与计算可能会出现错误的结果。所以，原码的符号位不能直接参与计算，必须和其他位分开，这样会增加硬件的开销和复杂性。

② 使用反码计算"1+（−1）"，则：

$$（00000001）_2 +（11111110）_2 =（11111111）_2$$

这样的结果是十进制的"−0"。而在人们普遍的观念中，"0"是不分正负的。

③ 使用补码计算"1+（−1）"，则：

$$（00000001）_2 +（11111111）_2 =（00000000）_2$$

这样计算的结果是十进制的"0"，这说明，直接使用补码进行计算的结果是正确的。

采用补码运算具有两个特征：一是由于补码能使符号位与有效值部分一起参与运算，从而简化了运算规则，同时它也使减法运算可以转换为加法运算来处理；二是两个用补码表示的数相加时，如果最高位（符号位）有进位，则进位被舍弃。

因为使用补码可以将符号位和数值位统一处理，方便其他运算转换为加法运算，不需要额外的硬件电路，进一步简化了计算机中运算器的电路，这使得在大部分计算机系统中，数据都使用补码形式来存储和表示。

3.4.3.3 定点数与浮点数

计算机处理的数值数据多数带有小数，但计算机不能像数学一样使用记号"."来表示小数点，即在计算机内只有概念上的小数点，而不存在物理上的小数点。小数点在计算机中通常有两种表示方法，一种是约定所有数值数据的小数点隐含在某一个固定位置上，称为定点表示法，简称定点数；另一种是小数点位置可以浮动，称为浮点表示法，简称浮点数。

（1）定点数表示法

所谓定点格式，即约定机器中所有数据的小数点位置是固定不变的。在计算机中通常采用两种简单的约定：一是将小数点的位置固定在最低位之后，称为定点整数，即纯整数；二是将小数点的位置固定在符号位之后、有效数值部分最高位之前，称为定点小数，即纯小数（绝对值均小于1）。

假定机器字长是8位，则定点整数和定点小数的格式分别如图3.1和图3.2所示。

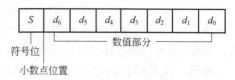

图 3.1 定点整数的格式　　　　图 3.2 定点小数的格式

例如，真值-9，采用定点数表示的形式如下：

1	0	0	0	1	0	0	1

真值-0.75 采用定点数表示的形式如下：

1	1	1	0	0	0	0	0

定点数能表示的数值范围是有限的，当数据小于定点数能表示的最小值时，称为下溢；大于定点数能表示的最大值时，称为上溢，上溢和下溢统称为溢出。

计算机采用定点数表示时，对于既有整数又有小数的原始数据，需要设定一个比例因子，数据按其缩小成定点小数或扩大成定点整数再参加运算，运算结果根据比例因子还原成实际数值。若比例因子选择不当，往往会使运算结果产生溢出或降低数据的有效精度。

用定点数进行运算处理的计算机被称为定点机。

（2）浮点数表示法

定点数表示法的缺点在于其形式过于僵硬，固定的小数点位置决定了固定位数的整数部分和小数部分，不利于同时表达特别大的数或者特别小的数。最终，绝大多数现代的计算机系统采纳了所谓的浮点数表达方式。

浮点数的思想来源于数学中的指数表示形式，例如，十进制数 $25.6=0.256\times10^2=256\times10^{-1}$，二进制的 $10110.11=0.1011011\times2^{101}=1011011\times2^{-10}$。因此计算机中还可以这样来表示数据：把一个数的有效数字和数的范围在计算机的一个存储单元中分别予以表示。这种把数的范围和精度分别表示的方法，相当于数的小数点位置随比例因子的不同而在一定范围内可以自由浮动，所以称为浮点数表示。浮点数能够表示的范围明显扩大了。

浮点表示法中的小数点位置不是固定不变的，而是浮动的。任何浮点数都可以由阶码和尾数（包括符号位）组成，其格式如图3.3所示。

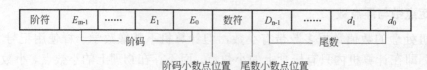

图 3.3 浮点数存储格式

其中，尾数的位数决定数的精度；数符即尾数的符号，决定浮点数的符号；阶码的位数决定阶数的范围；阶符即阶码的符号，决定了小数点的位置。

任意二进制规格化浮点数表示形式为：

$$N = 数符 \times 尾数 \times 2^{阶符 \times 阶码}$$

即：

$$N = \pm d \times 2^{\pm p}$$

其中，d 和 p 均是二进制数，纯小数 d 为尾数（绝对值大于等于 0.1 并且小于 1），整数 p 为阶码。存储形式如下：

阶符（1 位）	阶码 p	数符（1 位）	尾数 d

例如，$-0.110011 \times 2^{+11}$ 在机内的表示形式如下（假设机器字长 16 位，其中阶码占 3 位，尾数占 11 位来存储）：

0	011	1	11001100000

所以，$-0.110011 \times 2^{+11}$ 在机内的第一字节为：0011 1110，第二字节为：0110 0000。

3.4.4　文本编码

当我们用 Microsoft Word 这样的文字处理软件创建文档时，可以设置各种格式，包括字体、页边距、制表位、颜色等，还允许在文档中加入自选图形、公式和其他元素。这些信息与文本存储在一起，以便文档能够正确地显示和打印出来。我们如何解决这些字符在计算机内的表示和存储？

一种表示字符的普通方法是列出所有字符，赋予每个字符一个二进制字符串。要存储一个特定的字母，我们将保存它对应的二进制字符串。那么我们需要表示哪些字符呢？在英语中，有 26 个字母，但必须有区别地处理大写字母和小写字母，所以实际上有 52 个字母。还有数字（0～9）、各种标点符号也需要表示。即使是空格，也需要有自己的表示法。那么对于非英语的语言又如何呢？像中文、俄语等。

科学家们用字符集的方式来解决字符在计算机内的表示。字符集是多个字符的集合，包含字符和表示它们的二进制代码的清单。字符集种类较多，每个字符集包含的字符个数不同，常见字符集名称有 ASCII 字符集、GB2312 字符集、BIG5 字符集、GB18030 字符集、Unicode 字符集等。

3.4.4.1　ASCII 字符集

ASCII 是美国信息互换标准代码（American Standard Code for Information Interchange)的缩写，已被国际标准化组织（International Organization for Standardization，ISO)批准为国际标准，称为 ISO 646 标准。它适用于所有的拉丁文字字母，已在全世界通用。ASCII 码分为 7 位和 8 位两种版本。常用的是 7 位二进制编码形式的 ASCII 编码表，可以表示 128 个不同的字符，在计算机用 1 个字节（8 位二进制位）存储，其中最高位为 0。如表 3.4 所示。

ASCII 编码中分控制字符编码和有型字符编码：前 0～31（编码 00000000～00011111）和 127（编码 01111111）是控制字符（在表 3.4 中用黑色框注出），是不可显示的，如回车、换行、退格等，它们用来控制计算机某些外围设备的工作特性和某些计算机软件的运行情况；32～126 是有型字符，也称为图形字符，有确定的结构形状，可在打印机和显示器等输出设备上输出，图形字符共 95 个，其中 0～9、A～Z、a～z 均顺序排列。

常用到的 ASCII 码举例如表 3.5 所示。

表 3.4　ASCII 码表

b₃b₂b₁b₀ \ b₇b₆b₅b₄	0000	0001	0010	0011	0100	0101	0110	0111
0000	NUL	DEL	SP	0	@	P	`	P
0001	SOH	DC1	!	1	A	Q	a	Q
0010	STX	DC2	"	2	B	R	b	R
0011	ETX	DC3	#	3	C	S	c	S
0100	EOT	DC4	$	4	D	T	d	T
0101	ENQ	NAK	%	5	E	U	e	U
0110	ACK	SYN	&	6	F	V	f	V
0111	BEL	ETB	'	7	G	W	G	W
1000	BS	CAN	(	8	H	X	H	X
1001	HT	EM	)	9	I	Y	I	Y
1010	LF	SUB	*	:	J	Z	J	z
1011	VT	ESC	+	;	K	[	K	{
1100	FF	FS	,	<	L	\	L	|
1101	CR	GS	-	=	M	]	M	}
1110	SO	RS	.	>	N	^	N	~
1111	SI	US	/	?	O	_	o	DEL

表 3.5　常用的 ASCII 码

二进制	十进制	十六进制	字符	解释
00000011	3	3	0	数字字符 "0"
00001101	13	D		控制字符 "回车键"
00100000	32	20	(Space)	空格字符
01000001	65	41	A	大写字母 "A"
01100001	97	61	a	小写字母 "a"

3.4.4.2　汉字的编码

汉字是世界上使用人数最多的文字，中文也是联合国的工作语言之一。随着计算机在我国的应用和普及，解决汉字的输入、处理和输出功能是必不可少的。但由于计算机是西方人发明的，并未考虑如何用计算机来输入汉字。为了解决汉字的输入和处理问题，我国众多的科技工作者经过了长期不懈的努力，先后提出多种汉字的编码方案，使得今天的我们能够自如地在计算机上处理汉字。

为了在计算机系统的各个环节方便和确切地表示汉字，需要使用多种汉字编码。例如，由输入设备产生的汉字输入码、用于计算机内部存储和处理的汉字机内码、用于汉字显示和打印输出的汉字字形码等。在汉字的处理过程中，各种汉字编码的转换过程如图 3.4 所示。

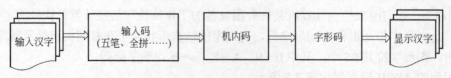

图 3.4　各种汉字编码的转换过程

（1）汉字输入码

对于用户而言，要在计算机中使用汉字首先遇到的问题就是如何使用西文键盘有效地将汉字输入到计算机中。为了便于汉字的输入，我国已推出数百种汉字输入法（输入码），如五笔字型、微软拼音、智能 ABC、搜狗等。但用户使用较多的约为十几种，按输入码编码的主要依据，大体可分为顺序码、音码、形码、音形码四类。不同的输入法对应不同的汉字输入码，如"保"字，用全拼，输入码为"BAO"；用区位码，输入码为"1703"；用五笔字型则为"WKS"。

（2）汉字机内码

汉字的机内码是在计算机内部存储和处理使用的汉字编码，是统一的。无论使用哪种输入法输入的汉字，同一个汉字的机内码是一样的。我们输入汉字后，需要将汉字输入码转换为汉字机内码。

为了统一汉字的编码方案，1980 年国家公布了 GB 2312—80（信息交换用汉字编码字符集，简称汉字标准交换码）。GB 2312—80 标准共收录 6763 个汉字，其中一级常用汉字 3755 个，二级常用汉字 3008 个，所收录的汉字已经覆盖中国大陆 99.75%的使用频率；同时还收录了包括拉丁字母、希腊字母、日文平假名及片假名字母、俄语西里尔字母在内的 682 个字符。

GB 2312—80 把所有收录的汉字和字符排在一张 94 行×94 列的表中。为了方便，GB 2312—80 中对所收汉字和字符进行了"分区"处理，表中的一行称为一个区，一列称为一个位，所以表中的行号即为区号，列号即为位号，我们将这种按位置进行的汉字编码称为区位码。

汉字的区位码就是汉字在 GB 2312—80 表中的位置，用 4 位十进制数来表示，前两位表示区号，后两位表示位号。例如，"啊"在 GB 2312—80 表中的第 16 行、第 01 列，则"啊"的区位码是 1601。

为了与 ASCII 码兼容，让汉字的编码避开 ASCII 码中的前 0～31（32 个）控制码，我们将在区位码的区号和位号各加上 32（十六进制数为 20H）后，称其为国标码。

国标码是汉字信息交换的标准编码，用两字节来表示一个汉字，第一字节称为"高位字节"，第二字节称为"低位字节"。国标码采用十六进制，它与区位码的转换关系是：

$$国标码高位字节＝区号＋20H$$
$$国标码低位字节＝位号＋20H$$

例如，"啊"字的区位码为 1601，转换成十六进制为 1001H，再加上 2020H 后，得到"啊"字的国标码为 3021H。

计算机在处理汉字时，要保证中英文的兼容，如果我们在计算机中直接使用国标码存储汉字，有时会与 ASCII 产生冲突。例如，"保"字的国标码为 31H 和 23H，而西文字符"1"和"#"的 ASCII 也为 31H 和 23H，现假如计算机中有两个字节为 31H 和 23H，这到底是一个汉字还是两个西文字符"1"和"#"？于是就出现了二义性，国标码是不可能在计算机内部直接采用的。为此，需要对国标码加以适当处理。

既然存储 ASCII 基本字符的字节最高位是 0，我们可以将国标码的两个字节的最高位由 0 改 1，其余 7 位不变，即将国标码的每个字节都加上 128（十六进制数为 80H），处理后的汉字编码称为汉字机内码。那么，汉字机内码与国标码的转换关系是：

$$机内码高位字节＝国标码高位字节＋80H$$
$$机内码低位字节＝国标码低位字节＋80H$$

因此，"啊"字的汉字机内码为 B0A1H。

（3）汉字字形码

汉字机内码解决了在计算机内部用二进制存储和处理汉字的问题，要在显示器或打印机上输出汉字，还要用到汉字的字形信息。汉字是一种象形文字，可以将汉字看成是一个特殊的图形，字形码就是描述汉字字形信息的编码，它主要分为两大类：点阵字形和矢量字形。

点阵字形是将汉字写在一个方格纸上（如图 3.5 所示），用一位二进制数（0 或 1）表示一个方格的状态，有笔画经过记为"1"，否则记为"0"，并称其为点阵。把点阵上的状态代码记录下来就得到一个汉字的字形码。显然，同一汉字用不同的字体或不同大小的点阵将得到不同的字形码。由于汉字笔画多，至少要用 16×16 的点阵（简称 16 点阵）才能描述一个汉字，这就需要 256 个二进制位，即要用 32 个字节的存储空间来存放它。若要更精密地描述一个汉字就需要更大的点阵，比如 24×24 点阵（简称 24 点阵）、48×48 点阵（简称 48 点阵）或更大。

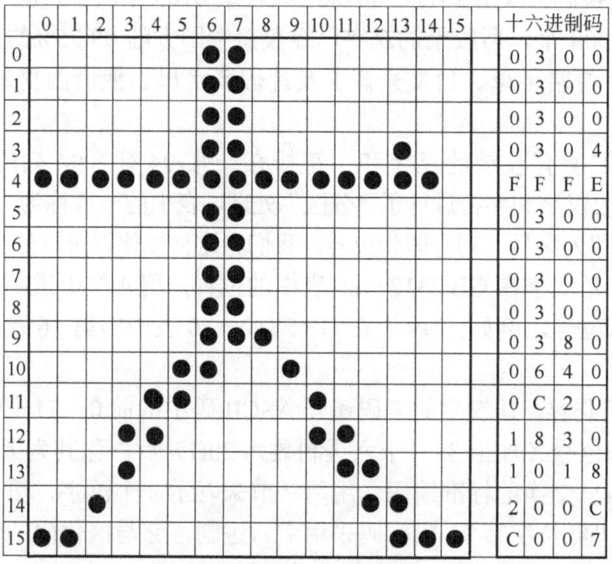

	0	1	2	3	4	5	6	7	8	9	10	11	12	13	14	15	十六进制码			
0							●	●									0	3	0	0
1							●	●									0	3	0	0
2							●	●									0	3	0	0
3							●	●						●			0	3	0	4
4	●	●	●	●	●	●	●	●	●	●	●	●	●	●	●	●	F	F	F	E
5							●	●									0	3	0	0
6							●	●									0	3	0	0
7							●	●									0	3	0	0
8							●	●									0	3	0	0
9							●	●	●								0	3	8	0
10						●	●				●						0	6	4	0
11					●	●						●					0	C	2	0
12				●	●							●	●				1	8	3	0
13				●									●	●			1	0	1	8
14			●										●	●		●	2	0	0	C
15	●	●												●	●	●	C	0	0	7

图 3.5　点阵字形示意图

计算机存储一个汉字占用字节数=点阵行数×列数/8，点阵越大，一个汉字的表示（显示或打印）质量就越高，所占的存储空间也越大。

点阵字形的优点是编码、存储方式简单，无须转换直接输出，因而显示速度快；缺点是放大后产生的效果差，一旦放大后就会发现文字边缘的锯齿，占用的存储空间大。

矢量字形则是将汉字每个笔画的形状特征信息用数学函数进行描述，在输出时依据这些信息经过运算恢复原来的字形，如 Windows 中使用的 TrueType 就是一种矢量字形。这样的字形信息缩放和变换不失真，可适应显示和打印各种字号的汉字，效果美观。因而，近年来新开发的汉字操作系统常常采用矢量汉字表示法。矢量汉字的缺点是编码、存储方式复杂；每次缩放、显示或输出需要占用较多的运算时间。

将字形信息有组织地存放起来就形成汉字字形库，简称字库。在汉字输出时，根据汉字机内码找到相应的字形码，再由字形码的 1、0 信息控制输出设备在相应位置的输出。在实际汉字系统中一般需要多种字体，如黑体、仿宋体、宋体、楷体等，对应每种字体都需要一个字库。一般在"C：\Windows\Fonts"文件夹中是本机所安装的字库集合，其中扩展名为".fon"的是点阵字形，扩展名为".ttf"的是矢量字形。

3.4.4.3　Unicode 字符集

随着计算机在世界范围内的普及，为满足不同文字之间的交流，需要建立一种统一的编码系统来容纳全世界各种语言的文字和常用符号，为了解决这个问题就诞生了 Unicode 字符集。

Unicode 采用 32 位编码空间，可以为全世界每种语言的每个字符设定一个唯一的二进制编码，以满足跨语言、跨平台进行文本转换、处理的要求。一个字符的 Unicode 编码是确定的，但是在实际传输过程中，由于不同系统平台的设计不一致，以及出于节省空间的目的，对 Unicode 编码实现方式有所不同。Unicode 编码方式就是规定了这个字符集以怎样的形式转换成二进制数据存储或者传输，称为 Unicode 的转换格式（Unicode Translation Format，UTF）。目前 Unicode 支持 3 种编码方式：UTF-8、UTF-16 和 UTF-32。

3.4.5　声音编码

在我们生活的世界里充满着各种各样的声音，如上课的铃声、节日喜庆的锣鼓声、商场人们相互之间的交谈声……这些声音虽然发声的形式各不相同，但它们有一个共同特点，即所有的声音都是由物体的振动产生的。物理学上讲，声音是随时间连续变化的波，称为声波。声音信号（又称音频信号）是一种模拟信号，主要由振幅和频率来描述，振幅反映声音的音量大小，频率反映声音振动一次的时间，如图 3.6 所示，模拟音频信号有三个基本要素：基准线、频率、振幅。

 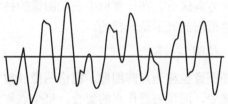

图 3.6　声波示意图

我们将模拟音频转换为数字音频（用二进制代码 0 或 1 表示）的过程，称为声音的数字化（或离散化），该过程包括采样、量化和编码，如图 3.7 所示。

（1）采样

采样是将在时间上连续的波形模拟信号按特定的时间间隔进行取样，以得到一系列的离散点。其中，每秒钟所抽取的样本次数，称

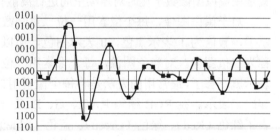

图 3.7　声音的数字化过程

为采样频率，其单位为 kHz（千赫兹）。采样频率的高低影响了声音失真程度的大小。根据奈奎斯特采样定律，只要采样频率高于信号中最高频率的 2 倍，就可以从采样中完全恢复出原始信号波形。人耳所能听到的频率范围为 20Hz～20kHz，因此在实际的采样过程中，为了达到高保真的效果，通常采用 44.1kHz 作为高质量声音的采样频率。声音的标准采样频率有三个，即 44.1kHz、22.05kHz 和 11.025kHz。采样频率越高，声音质量就越好，但所需的存储量也越多。

（2）量化

通过采样时读取的每一个样本幅度值进行分级量化，即按整个波形变化的最大幅度划分成若干个等分区段，把落在某区段的采样到的幅度值归成一类，并给出相应的量化值。

（3）编码

将量化后的样本值用若干位二进制数来表示，称为编码。

编码的位数多少反映了度量声音波形幅度的精度，称为量化位数，也称为量化精度或量化分辨率。如果量化位数是 8，也称为 8 位采样，8 位采样将采样幅度划分为 256（2^8）等份；如果量化位数是 16，也称为 16 位采样，16 位采样将采样幅度划分为 65536（2^{16}）等份。显然，量化精度越高，幅度划分的区段越多，对幅度值描述的越准确，就越接近原始的模拟波形，声音的质量越好，但存储量也会越大。

影响声音数字化的因素有：采样频率、量化位数和声道数（一次采样同时记录的声音波形个数）。未经压缩的声音数据量可由下式推算：

$$数据量＝（采样频率×量化位数×声道数×时间）/8$$

例如，1min 的声音，单声道、8 位采样位数、采样频率 11.025kHz，则该声音的数据量为：（11.025×1000×8×1×60）/（8×1024×1024）≈0.63MB

3.4.6 图像编码

图像是人类视觉的基础，是自然景物的客观反映，是人类认识世界的重要源泉。图像编码在计算机领域中一直是一个严峻的挑战，计算机图像处理就像是为计算机装上了一双人类的眼睛。

从大方向区分，在计算机中表示图像的技术有两种方式：位图和矢量图。这与前面介绍的汉字字形码的表示是一样的。

3.4.6.1 位图

位图图像也称为点阵图像、栅格图像或数字图像。在位图图像中，图像被看作点的集合，每个点称为一个像素（或像元），如图 3.8 所示，像素是数字图像的基本元素。像素是在模拟图像数字化时对连续空间进行离散化得到的。

对于黑白图像，每个像素用一位二进制数据就可以表示了，数值为 1 表示黑色，0 表示白色，所以黑白图像又称为二值图像。对彩色图像，每个像素用一位二进制数据表示就不够了，最常用的方法是将每个像素用 24 位的 RGB 编码来表示。在 RGB 编码中，R、G、B 三个字母分别代表了红色（Red）、绿色（Green）、蓝色（Blue）三个基色，将它们以不同的比例相加，可以产生多种多样的颜色，其中每种基色都占用 8 位二进制数，也就是一个字节（十进制取值 0～255），那么一个像素点也就占用 24 位，也就是三个字节。由此可知，RGB 编码能表示出约 1670 万（0～2^{24}）种不同的颜色。

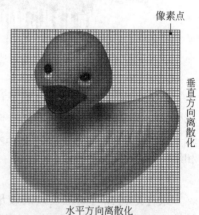

图 3.8 位图示意图

例如，一个像素，它的颜色是某种浅绿色，它的 RGB 值为（144，238，144），二进制表示为 10010000　11101110　10010000。

衡量位图图像质量的重要技术参数是分辨率和图像深度。

分辨率是指组成一幅图像的像素密度。通常以每英寸长度内的像素点数（Pixels Per Inch，PPI）来表示图像分辨率的大小。例如，300×300PPI 分辨率，即表示水平方向上和垂直方向上每英寸长度上的像素都是 300，即 $1in^2$ 内有 9 万个像素（300×300）。

对同样大小的一幅图，如果组成该图的像素数目越多，则说明图像的分辨率越高，看起来就越精细逼真，当然占用的存储空间也越大。

图像深度是指存储每个像素的颜色所用的二进位数。图像深度是对一幅位图最多能拥有多少种色彩的说明。真彩色图像是每个像素具有 24 位深度的图像。图像深度越大，位图中可以使用的颜色数就越大，图像的数据量也越大。

由上可知，位图图像的数据量与分辨率、颜色深度有关。设图像的垂直方向有 h 个像素，水平方向有 w 个像素，颜色深度为 c 位，则该图像所需数据空间大小 B 为：

$$B = hwc/8（字节）$$

例如，一张 1280×720 大小的图片，就代表着它有 1280×720 个像素点。假设每一个像素点的颜色显示都采用 RGB 编码方法，则该图片占用 1280×720×24/8/1024/1024≈2.64MB 存储空间。

位图的优点是只要有足够多的不同色彩的像素，就可以制作出色彩丰富的图像，逼真地表现自然界的景象；缺点是缩放和旋转容易失真，同时文件容量较大。制作位图的常用工具有 Photoshop、画图等应用软件。

3.4.6.2　矢量图

矢量图又常称为图形，是使用数学的方法构造一些基本几何元素，如点、线、矩形、多边形、圆和弧线等，然后使用这些几何元素来构造计算机图形，如图 3.9 所示就是一幅矢量图。

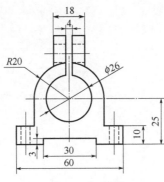

图 3.9　矢量图

矢量图通常是由计算机绘图程序编辑和产生的，可对矢量图形及图元进行移动、缩放、旋转和扭曲等变换。由于矢量图只保存算法和特征点，因此它占用的存储空间也较小。

矢量图最大的优点是文件容量较小，执行放大、缩小或旋转等操作均不会失真，缺点是不易制作色彩变化太多的图像。制作矢量图的常用工具有 Illustrator、Flash、CorelDraw 等应用软件。

本章小结

计算机的内部是一个二进制的世界，所有数据必须进行二进制编码才能存储到计算机中，被计算机程序加工和处理。本章主要介绍了进制的相关概念、不同进制之间的相互转换、二进制运算以及字符、声音和图像在计算机的表示方式。理解数据的表示，是我们深入学习计算机知识的基础。

思考题

1. 在计算机学科里，什么是数据？什么是信息？二者的关系和区别是什么？
2. 二进制数据与十进制数据是如何完成相互转换的？
3. 二进制转换为四进制的方法有哪些？
4. 计算机为什么采用二进制？如果采用人们熟悉的十进制会带来哪些麻烦？
5. 在计算机中的数据为什么采用补码方式存储和处理？
6. 汉字的区位码与机内码有什么关系？
7. 声音数字化的过程是什么？
8. 位图与矢量图有什么区别？

第4章 计算机系统

学习目标：

① 了解两种代表性的计算机体系结构，掌握冯·诺依曼模型计算机存储的思想；

② 掌握计算机系统的组成；

③ 掌握硬件系统的硬件组成部分；

④ 能够区分系统软件和应用软件；

⑤ 了解计算机的层次结构，理解计算机的工作过程。

计算机系统由硬件系统和软件系统组成，硬件系统是计算机工作的基础，如同人体的身体和躯干，软件系统如同人体的思想与灵魂，他们协同合作，可以让计算机高效地工作，完成各种实际工作。

4.1 图灵机思想与模型

阿兰·图灵（Alan Turing）是英国数学家、逻辑学家，被称为计算机科学之父、人工智能之父，是计算机逻辑的奠基者，提出了"图灵机"和"图灵测试"等重要概念。

1936年，图灵的一篇论文《论可计算数及其在判定性问题上的应用》中提出解决可计算性如何定义和度量的问题，以布尔代数为基础，将逻辑中的任意命题用一种通用的机器来表示和完成，并能按照一定的规则推导出结论。这篇论文被誉为现代计算机原理的开山之作，它描述了一种假想的可实现通用计算的机器,后人称之为"图灵机"。

"图灵机"这种虚拟的计算机器实际上是一种理想中的计算模型，它的基本思想是用机械操作来模拟人们用纸笔进行数学计算的过程。

图灵机装置如图 4.1 所示，这个装置包括：一条无限长的纸带；一个读写头（中间那个大盒子）；内部状态（盒子上的方块，比如 A、B、D、E）；还有程序（即一套控制规则）对这个盒子进行控制。这个装置就是根据控制规则及其内部状态进行磁带

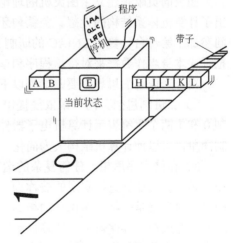

图 4.1　图灵机装置

的读写和移动。它工作的时候用读写头在纸带上读出一个方格的信息，并且根据它当前的内部状态开始在控制规则中查找对应的指令，然后得出一个输出动作，也就是往纸带上写信息还是移动读写头到下一个方格。程序（控制规则）如表 4.1 所示，也会告诉它下一时刻内部状态转移到哪一个。

表 4.1　图灵机控制规则

当前内部状态（s）	输入数值（i）	输出动作（o）	下一时刻的内部状态（s'）
B	1	前移	C
A	0	往纸带上写 1	B
C	0	后移	A
...	...	...	...

图灵机虽然结构简单，却可以描述任何人类能够完成的逻辑推理和计算过程，只要一个问题是可判定的，它的计算过程可以被符号和算法表达出来，它就可以使用图灵机来完成计算。图灵机模型证明了通用计算理论，肯定了计算机实现的可能性，同时它给出了计算机应有的主要架构；图灵机模型引入了读写与算法与程序语言的概念，极大地突破了过去的计算机器的设计理念；图灵机模型理论是计算学科最核心的理论，因为计算机的极限计算能力就是通用图灵机的计算能力，很多问题可以转换到图灵机这个简单的模型来考虑。

通用图灵机向人们展示这样一个过程:程序和其输入可以先保存到存储带上，图灵机就按程序一步一步运行直到给出结果，结果也保存在存储带上，更重要的是，从中我们隐约可以看到现代计算机主要构成，尤其是冯·诺依曼理论的主要构成。

4.2　计算机系统

4.2.1　冯·诺依曼计算机的思想和构成

4.2.1.1　冯·诺依曼计算机的思想

图灵的贡献是建立了图灵机的理论模型，奠定了人工智能的基础，而冯·诺依曼首先提出了计算机体系结构的设想。美籍匈牙利数学家冯·诺依曼曾作为美国阿拉丁试验基地的顾问参加了第一台计算机 ENIAC 的研制工作，从中受到了启发，于 1946 年提出存储程序原理，把程序本身当作数据来对待，程序和该程序处理的数据用同样的方式存储。

冯·诺依曼的思想主要归纳为以下几点:

① 二进制思想。冯·诺依曼提出计算机指令和数据均以二进制编码形式存储，用二进制 0 和 1 两个字符表示计算机电子器件的截止和饱和两个稳定状态，二进制运算规则比十进制简单，可以使计算机结构大为简化，运算速度大为提高。

② 存储程序思想。任何复杂的运算都可以分解成一系列简单的操作步骤，这些简单操作应是计算机能够直接实现的被称为"指令"的基本操作，如加法指令、减法指令等。所谓的"程序"就是一组顺序执行的指令。如果把程序和求解问题需要的数据以二进制代码的形式预先存放在内存储器中，计算机运行时可以从存储器中按照程序规定的顺序将指令从存储器中取出，并逐条执行，最终完成一个运算，这就是存储程序的基本思想。

4.2.1.2　冯·诺依曼计算机的构成

依据冯·诺依曼思想，冯·诺依曼结构应该具有以下部分：

① 应当有个主存，用来存放程序和数据；

② 应当有个自动逐条取出指令的部件；

③ 应当有具体执行指令（即运算）的部件；

④ 程序由指令构成；

⑤ 指令描述如何对数据进行处理（指令应该包括处理方式和处理的数据两部分描述信息）；

⑥ 应该有将程序和原始数据输入计算机的部件；

⑦ 应该有将运算结果输出计算机的部件；

依据这些思想构造的计算机叫冯·诺依曼计算机，其体系结构称为冯·诺依曼结构，也称作普林斯顿结构，它主要由运算器、控制器、存储器、输入设备和输出设备组成，如图 4.2 所示。

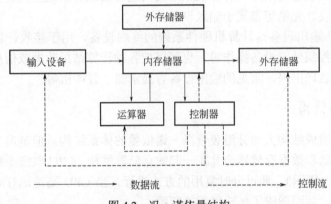

图 4.2　冯·诺依曼结构

① 运算器也称为算术逻辑单元（Arithmetic Logic Unit，ALU）。运算器在控制信号的作用下，完成加、减、乘、除等算术运算以及与、或、非、异或等逻辑运算。

运算器的处理对象是数据，所以数据的长度以及数据的表示方法对运算器的影响很大。大多数通用计算机是以 16 位、32 位、64 位二进制数据作为运算器一次处理数据的长度，能够对一个数据的所有位数同时处理的运算器称为并行运算器，一次只能对数据的一位进行处理的运算器称为串行运算器。

② 控制器又称为控制单元（Control Unit）。控制器是计算机的神经中枢和指挥中心，控制整个计算机有条不紊地工作、自动执行程序。

控制器的工作流程为：从内存中取指令、翻译指令、分析指令，然后根据指令向有关部件发送控制命令，控制相关部件执行指令所包含的操作。

控制器和运算器共同组成中央处理器（Central Processing Unit，CPU），CPU 是一块超大规模集成电路，是计算机运算核心和控制核心，CPU 的主要功能是解释计算机指令以及处理数据。

③ 存储器。存储器的主要功能是存储程序和各种数据，是有"记忆"功能的设备，采用两种稳定状态的物理器件来记录存储信息，所以计算机中的程序和数据都要转换为二进制

代码才可以存储和操作。

存储器可以分为内存储器（内存）和外存储器（外存）。

内存储器称为内存或者主存，以二进制代码的形式存储执行的程序和数据。它们均以字节（8 位）为单位存储在存储器中，一个字节占用一个存储单元，并且每个存储单元都有唯一的地址号（这里以 8 位字节为存储单元，就与上面运算器的操作数据的大小联系起来了，16、32、64 都是 8 的倍数）。

内存按工作方式的不同分为随机存储器（Random Access Memory，RAM）和只读存储器（Read-Only Memory，ROM）。RAM 可以被 CPU 随机读取，一般存放 CPU 将要执行的程序、数据，断电丢失数据；ROM 只能被 CPU 读，用来存放永久性的程序和数据，比如系统引导程序、监控程序等，掉电后不丢失。

外存储器主要来存放"暂时"用不着的程序和数据，可以和内存交换数据。一般是磁带、光盘、U 盘、硬盘等。

④ 输入设备。输入设备是向计算机输入数据和信息的设备，是计算机与用户或其他设备通信的桥梁。输入设备是用户和计算机系统之间进行信息交换的主要装置之一。键盘、鼠标、摄像头、扫描仪、光笔等都属于输入设备。

⑤ 输出设备。输出设备是计算机硬件系统的终端设备，用于接收计算机数据的输出显示、打印、声音、控制外围设备操作等。也可以把各种计算结果数据或信息以数字、字符、图像、声音等形式表现出来。常见的输出设备有显示器、打印机等。

4.2.2 哈佛体系结构

计算机的硬件组成结构大部分沿袭着冯·诺依曼的体系结构，但是冯·诺依曼结构是一种将程序指令存储器和数据存储器合并在一起的存储器结构。CPU 取指令和取操作数都在同一总线上（如图 4.3 所示），通过分时复用的方式进行。当 CPU 高速运行时，不能达到同时取指令和取操作数，从而形成了传输过程的瓶颈。

图 4.3　单总线结构

哈佛结构不同于冯·诺依曼结构，它将程序指令和数据分开存储，即程序存储器和数据存储器是两个独立的存储器，每个存储器独立编址、独立访问，目的是减轻程序运行时的访存瓶颈。如图 4.4 所示，与两个存储器相对应的是系统的 4 条总线：程序和数据的数据总线与地址总线。这种分离的程序总线和数据总线可允许在一个机器周期内同时获得指令字（来自程序存储器）和操作数（来自数据存储器），从而提高了执行速度，提高了数据的吞吐率。中央处理器首先到程序指令存储器中读取程序指令内容，解码后得到数据地址，再到相应的数据存储器中读取数据，并进行下一步的操作（通常是执行）。程序指令存储和数据存储分开，可以使指令和数据有不同的数据宽度。

改进型哈佛结构虽然也使用两个不同的存储器：程序存储器和数据存储器，但它把两个存储器的地址总线合并了，数据总线也进行了合并，即原来的哈佛结构需要 4 条不同的总线，改进后需要 2 条总线。

改进型哈佛结构以及近些年出现的并行计算机、数据流计算机以及量子计算机、DNA 计算机等系统结构，它们部分或完全不同于传统的冯·诺依曼型计算机，与冯·诺依曼结构互为补充，很大程度上提高了计算机的计算性能。

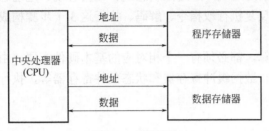

图 4.4　哈佛结构

4.3　计算机硬件系统

计算机系统由硬件系统和软件系统两部分组成，如图 4.5 所示。硬件系统是电子、机械和光电元件组成的各种计算机部件和设备的总称，如 CPU 芯片、主板、外设、总线等，是看得见摸得着的物质基础。软件系统是程序、数据、相关文档等，主要目的是方便使用计算机和提高效率，其中程序是用程序设计语言描述的适合计算机执行的语句指令序列。软件系统和硬件系统相互依赖、不可分割，共同构成了完整的计算机系统。

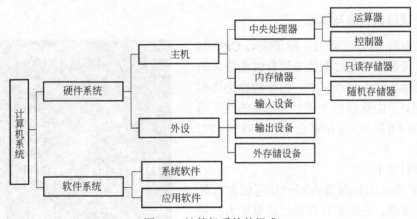

图 4.5　计算机系统的组成

计算机硬件系统结构上遵循冯·诺依曼计算机的基本结构框架，基本部件有中央处理器、存储器、输入设备、输出设备、主板、总线等。

4.3.1　中央处理器（CPU）

中央处理器是一块超大规模的集成电路，通常嵌入在电脑的主板上，是一台计算机的运算核心和控制核心。

CPU 是通过在单个计算机芯片上放置数十亿个微型晶体管来实现的，这些晶体管使它能够执行存储在系统内存中的程序，根据程序运算结果由 CPU 做出决定，然后通过总线上的信号控制、协调与之相连的输入以及输出设备。

4.3.1.1 基本结构

CPU 内部由算术逻辑单元（Arithmetic and Logic Unit，ALU）、控制器（Control Unit，CU）、寄存器组和中断系统组成，通过控制总线、数据总线、地址总线进行相连，对数据和程序进行相关的操作，反复执行取指令、解码、执行这 3 个步骤构成的循环。

（1）运算器

针对每一种算术运算，都必须有一个相对应的基本硬件配置。由此运算器内部包括算术逻辑单元、累加寄存器、数据缓冲寄存器和状态条件寄存器等，执行所有的算术运算和逻辑运算。

（2）控制器

控制器是 CPU 的指挥中枢。它根据工作程序的指令序列、外部请求等操作去指挥和协调计算机的各个部件有序工作。具体功能包括：

① 从内存中取出一条指令，并指出下一条指令在内存中的位置。

② 对指令进行译码或测试，并产生相应的操作控制信号，以便启动规定的动作。

③ 指挥并控制运算器、内存和输入/输出设备之间数据流动的方向。

④ 控制器根据事先给定的命令发出控制信息，使整个计算机指令执行过程一步一步地进行。

（3）寄存器

寄存器用来暂时保存运算和控制过程中的原始数据、中间结果、最终结果以及控制、状态信息。

4.3.1.2 处理器的性能与指标

当我们查看 CPU 产品时，除了关心 CPU 的生产厂家，我们还会通过参数来进行性能好坏的对比，当然除了性能参数 CPU 的架构也会影响 CPU 的性能。下面我们来介绍一下主要的性能指标参数。如图 4.6 所示，为 Intel 公司的酷睿 i9 CPU 的性能参数。

（1）CPU 字长

CPU 字长是指处理器内部一次可以并行处理二进制的位数。它决定计算机的运算能力，处理器内部的寄存器存储二进制的位数与 CPU 内部数据总线的宽度是一致的，字长越长，所表示的数据范围越大，精度就越高。

图 4.6　CPU 产品

根据计算机的不同，字长有固定的和可变的两种。固定字长，即字长度不论什么情况都是固定不变的；可变字长，则在一定范围内，其长度是可变的。在完成同样精度的运算时，字长较长的微处理器比字长较短的微处理器运算速度快。

注意：在计算机中，一串数码作为一个整体来处理或运算的，称为一个计算机字，简称字。字通常分为若干个字节（一般 1 字节=8 位）。在存储器中，通常每个单元存储一个字，因此每个字都是可以寻址的。字的长度用位数来表示。

　　计算机处理数据的速率，与计算机一次能加工的位数以及进行运算的快慢有关。如果一台计算机的字长是另一台计算机字长的两倍，即使两台计算机处理数据的速率相同，在相同的时间内，前者能做的工作是后者的两倍。由此，字长是衡量计算机性能的一个重要因素，也是微型机分类的主要依据之一。如图 4.7 所示，目前一般处理器的字长为 64 位。

图 4.7　系统信息

　　注意：区分字长和字节，字长是自然的存储单位。计算机是多少位的，一个字就是多少位（如 64 位的机器，一个机器字长就是 64 位）；通常字节表示存储器的存储容量，8 个二进制位作为一个字节。字节是构成信息的基本单位，并作为一个整体来参加操作，比字小，是构成字的单位。

　　（2）主机频率（主频）

　　主机频率指专门配备给处理器工作的时钟信号的频率。每一台电子计算机的中央处理器中均有一个不断地按固定频率产生时钟脉冲信号的装置，这个装置叫脉冲信号源，或叫主时钟，它所产生的频率就是主机频率。主机频率是衡量一台计算机速度的重要指标，主机频率越高，计算机的运算速度就越快。

　　随着计算机的发展，主频的量级由过去 MHz 发展到了当前的 GHz。通常来讲，在同系列处理器中，主频越高就代表计算机的速度也越快，但对于不同类型的处理器，它只能作为一个参考参数。

　　主频还和倍频、外频有关。外频是系统总线的工作频率，即 CPU 的基准频率，是 CPU 与主板之间同步运行的速度。外频速度越高，CPU 就可以同时接收更多来自外围设备的数据，从而使整个系统的速度进一步提高。倍频则是指 CPU 外频与主频相差的倍数，在相同的外频下，倍频越高，CPU 的频率就越高。一般来说主频=外频×倍频。

　　（3）缓存容量

　　CPU 缓存（Cache Memory）是位于 CPU 与内存之间的临时存储器，它的容量比内存小得多，但是交换速度却比内存要快得多。CPU 高速缓存主要是为了解决 CPU 运算速度与内存读写速度不匹配的矛盾。

　　缓存容量是 CPU 的重要指标之一，缓存的结构和容量对 CPU 速度的影响都非常大，CPU 内缓存的运行频率极高，一般是和处理器同频运作，工作效率远远大于系统内存和硬盘。

实际工作时，CPU 往往需要重复读取同样的数据块，如果缓存容量增大，可以大幅度提升 CPU 内部读取数据的命中率，而不用再到内存或者硬盘上寻找，以此提高系统性能。

如图 4.8 所示，现在的 CPU 一般设置三级缓存：一级缓存（L1 Cache）、二级缓存（L2 Cache）、三级缓存（L3 Cache）。

① L1 Cache 就是指 CPU 第一层的高速缓存，负责缓存指令和数据。一级缓存的容量与结构对 CPU 性能影响十分大，但是由于它的结构比较复杂，又考虑到成本等因素，一般来说，CPU 的一级缓存较小，通常 CPU 的一级缓存也就能做到 128～256KB。

② L2 Cache 是 CPU 第二层的高速缓存，二

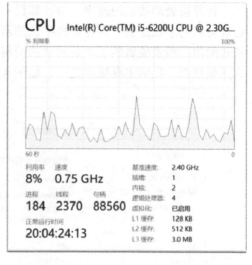

图 4.8　CPU 性能图

级缓存的容量会直接影响 CPU 的性能，二级缓存的容量越大越好。如图 4.8 所示，Intel Core i5-6200U 处理器，共有 2 个内核，二级缓存 512MB。

③ L3 Cache 指 CPU 的第三层高速缓存，其作用是进一步降低内存的延迟，同时提升海量数据量计算时的性能。和一级缓存、二级缓存不同的是，三级缓存是核心共享的，能够将容量做得相对更大一些。

（4）CPU 指令集

CPU 依靠指令来计算和控制系统，每款 CPU 在设计时就规定了一系列与其硬件电路相配合的指令系统。指令的强弱也是 CPU 的重要指标，指令集是提高处理器效率的最有效工具之一。从现阶段的主流体系结构讲，指令集可分为复杂指令集和精简指令集两部分。CPU 指令集与 CPU 的架构息息相关，一类是以 X86 为代表的复杂指令集架构，基于 X86 架构的 CPU 大量用于电脑和服务器；另一类是以 ARM 为代表的精简指令集架构，基于 ARM 架构的 CPU 大量用于移动设备。

（5）地址总线宽度和数据总线宽度

地址总线宽度决定了 CPU 能够访问到的内存空间的大小，通常 CPU 的地址总线宽度为 32 位或者 64 位。32 位的 CPU 能访问的最大的内存空间是 2^{32}B=4GB，64 位的 CPU 能够访问更大的地址空间。

数据总线宽度决定了 CPU 与内存、输入输出设备之间一次数据传输的信息量，计算机的数据总线宽度为 64 位=8×8bit，即 CPU 一次可以同时处理 8B 的数据。

除了上面列出的 CPU 的性能指标，CPU 还有很多参数，比如工作电压、核心数量、线程数量、时钟周期等。网络上最新的 CPU 性能天梯图（一系列 CPU 的基准数据，可以用来比较不同 CPU 之间的性能）可以帮助非专业人士区分 CPU 性能的高低。

4.3.1.3　CPU 的发展与 GPU

1971 年 1 月，英特尔公司的霍夫（Marcian E.Hoff）研制成功 4 位微处理器芯片 Intel 4004，标志着第一代微处理器问世，微处理器和微机时代从此开始。CPU 的发展按照其处理信息的字长可分为：4 位微处理器、8 位微处理器、16 位微处理器、32 位微处理器以及目前基本已

经普及的 64 位微处理器。

现在著名的中央处理器（CPU）制造商主要为 Intel 和 AMD。个人电脑 CPU 大多都是酷睿（Core）系列的，如常见的 i3、i5、i7、i9。企业使用的服务器上的 CPU 是英特尔至强（Xeon）系列的 CPU，如 E3、E5、E7、E9。家用电脑一般是用于办公、娱乐或者工作，处理这些内容通常需要的是 CPU 的频率快，特别是运行游戏程序更是需要 CPU 的运行频率快；而服务器因为多个用户访问的原因通常需要的是同时处理多个任务的能力，所以服务器 CPU 就需要更多的核心用来同时处理多个任务以达到提升效率的目的。

GPU（Graphics Processing Unit）是计算机显卡的处理器，GPU 作为硬件显卡的"心脏"，地位等同于 CPU 在计算机系统中的作用。GPU 可以使硬件显卡减少对 CPU 的依赖，并分担部分原本由 CPU 所担当的工作，尤其是在进行三维绘图运算时，效果更加明显。

GPU 设计目的和 CPU 截然不同。CPU 由于内核数量较少，专为通用计算而设计，因此具有复杂的控制单元；GPU 是一种特殊类型的处理器，由成千上万个微内核组成，经过优化，擅长处理大量并行计算，主要用来处理计算性强而逻辑性不强的计算任务，比如在图像应用中渲染多边形。GPU 中可利用的处理单元可以更多地作为执行单元。因此，相较于 CPU，GPU 在具备大量重复数据集运算和频繁内存访问等特点的应用场景中具有无可比拟的优势。

4.3.2　存储器

存储器历来都是计算机的重要组成部分，在计算机执行时，几乎每一条指令都涉及对存储器的访问。存储器的速度越快，越能更好地匹配处理机的速度。此外，我们还希望存储器的容量越大越好，价格越低越好，所以一般存储器都采用分层次的结构。

存储容量是指主存储器可以容纳的二进制信息量，由若干个存储单元组成。为了区分每个存储单元，给它们一个编号，即每个单元分配一个固定的地址，称为存储单元地址。存储单元的地址个数由 CPU 的地址总线宽度决定，同时也确定了内存的容量大小。

4.3.2.1　存储器的层次结构

对于通用计算机而言，存储层次至少包括最高级的寄存器、中间的高速缓存和主存、最底层的辅存，如图 4.9 所示，由上至下，价位越来越低，速度越来越慢，容量越来越大。

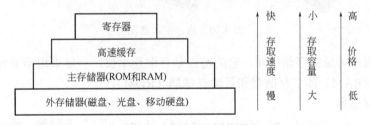

图 4.9　存储层次结构图

（1）寄存器

存储系统的顶层是 CPU 中的寄存器，它们用与 CPU 相同的材料制成，与 CPU 具有相同的速度，但是价格昂贵，因此容量通常比较小。寄存器的数量通常在几十到几百之间，每个寄存器可以用来存储一定字节（Byte）的数据。

（2）高速缓存

高速缓存是采用一种叫 SRAM（Static Random-Access Memory，即静态随机存储器）的芯片，位于寄存器和主存储器之间，只要有电，数据就可以保持存在，而一旦断电，数据就会丢失。CPU 的高速缓存分为 L1、L2、L3 三层（4.3.2 节中已有讲解），主要用于备份主存中常用的数据，减少 CPU 对主存储器的访问次数，从而提高执行速度。高速缓存的容量远大于寄存器，虽然容量比主存储器小 2～3 个数量级，但访问速度快于存储器。

（3）主存储器

主存储器又称为内存储器，简称主存或内存，是存储系统的主力。我们平时所说的主存指的是随机访问存储器（RAM），其容量增长比较迅速，所有不能在高速缓存中得到满足的访问请求都会转向主存。

（4）外存储器

外存储器又称为辅助存储器，简称外存或辅存。外存储器同 RAM 相比，成本更低，容量更大，包括硬盘、光盘、磁带等。

4.3.2.2 主存储器

主存储器采用的芯片和 CPU Cache 有所不同，它使用的是一种 DRAM（Dynamic Random Access Memory，即动态随机存取存储器）的芯片。相比 SRAM，DRAM 的密度更高，功耗更低，有更大的容量，而且造价比 SRAM 芯片便宜很多。

DRAM 存储一位数据，只需要一个晶体管和一个电容，由于存放数据的电容会不断漏电，因此需要"定时刷新"电容，才能保证数据不会被丢失，因此 DRAM 被称为"动态存储器"，只有不断刷新，数据才能被存储起来。

一般来说，计算机主存主要指计算机中的内存条，如图 4.10 所示，它是可执行存储器，不能用来永久存储数据。通常，处理机 CPU 都是从主存储器中取得指令和数据，并将其放入相应的寄存器中；或者反之，将寄存器中的数据处理结果存入主存储器。

图 4.10　内存条示意图

主存是能直接寻址的存储空间，它的特点是存取速率快，一般采用半导体存储单元，包括随机存储器（RAM）即主存储器和只读存储器（ROM）。

（1）随机存储器

随机存储器（Random Access Memory，RAM）是一种可读写存储器，特点是存储器的任何一个存储单元的内容都可以随机存取。前面提到的 CPU 缓存中的 SRAM 和主存储器中的 DRAM 都属于 RAM，我们通常说的内存容量的大小，一般指的就是 DRAM。机器电源关闭时，RAM 中的数据就会丢失。

（2）只读存储器

只读存储器（Read Only Memory，ROM）是一种内容只能读出而不能写入和修改的存储器，其存储的信息是在制作该存储器时就被写入的。计算机断电后，ROM 中的信息不会丢失。ROM 通常用来存放专用的固定的程序和数据，如计算机检测程序、ROMBIOS 等。

只读存储器除了 ROM 外，还有 PROM、EPROM、EEPROM 等类型。计算机工作时，一般由 ROM 中的引导程序启动系统，再从外存读取系统程序（如操作系统）和应用程序送到内存 RAM。

4.3.2.3　外存储器

外存储器位于存储系统的最底层，容量大、速度慢、价格低。目前广泛应用于计算机系统的辅助存储器包括磁盘、光盘、移动硬盘、固态硬盘等。

（1）硬盘

计算机系统的辅助存储介质中，最常见的就是硬盘。磁盘是用某些磁性材料薄薄地涂在金属铝或者塑料表面做成的载体上来完成信息存储的，磁盘的信息读取依靠磁头读出或者写入磁化状态完成。磁盘具有容量大、价格低、记录信息可以长期存放而不丢失、非破坏性读出等优点，这种硬盘我们也称为机械硬盘。

机械硬盘多为曼彻斯特磁盘，是一种可移动磁头固定盘片的磁盘存储器，由多个盘片组成，各个盘片固定在主轴上高速转动，转速为 5400rpm、7200rpm、10800rpm 或更高。如图 4.11 所示为磁盘驱动器构造图，信息写在磁盘的一系列同心圆上。在任意一个给定臂的位置（边缘开始有一个机械臂悬横在盘面上），每个磁头可以读取一段环形区域，称为磁道。把一个给定臂的位置上的所有磁道合并起来，组成一个柱面。每个磁道划分成多干扇区，一般扇区存储数据的大小是 512 字节。一般磁盘容量的计算为：硬盘容量＝磁头数×柱面数×扇区数×字节数/扇区。例如，一个 10GB 容量的磁盘，有 8 个双面可存储盘片，共 16 个存储面，每面有 16383 个磁道（也称柱面）、63 个扇区。

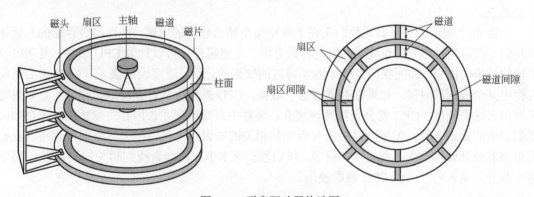

图 4.11　磁盘驱动器构造图

（2）光盘存储器

光盘存储器指的是利用光学方式进行信息存储的圆盘。它应用了光存储技术，即使用激光在某种介质上写入信息，再利用激光读出信息。光盘存储器包括只读型光盘（CD-ROM）、可擦写型光盘（CD-RW）和数字型光盘（DVD-ROM）等。

（3）移动硬盘

移动硬盘主要指采用 USB 或 IEEE1394 接口，可以随时插上或拔下，小巧而便于携带的硬盘存储器，可以用相对较高的速度与系统进行数据传输。移动硬盘在用户可以接受的价格范围内能够给用户提供较大的存储容量和不错的便携性。目前市场上的移动硬盘能提供从 GB 到 TB，最高可达 12TB 的容量，一定程度上满足了用户的需求。随着技术的发展，移动硬盘容量将越来越大，体积也会越来越小。

（4）固态硬盘

近几年固态硬盘作为了辅助存储器的一部分，固态硬盘在接口的规范和定义、功能及使用方法上与普通硬盘完全相同。不过固态硬盘的存储介质分为两种，一种是采用闪存（FLASH芯片）作为存储介质，另外一种是采用 DRAM 作为存储介质。基于闪存的固态硬盘是固态硬盘的主要类别，其内部构造十分简单，固态硬盘内主体其实就是一块 PCB 板，而这块 PCB板上最基本的配件就是控制芯片、缓存芯片（部分低端硬盘无缓存芯片）和用于存储数据的闪存芯片。固态硬盘与内存采用了相同的存储介质，但是它相比内存的优点是断电后数据还是存在的，而内存、寄存器、高速缓存断电后数据都会丢失。

（5）磁带存储器

磁带存储器是以磁带为存储介质，由磁带机及其控制器组成的存储设备，是计算机的一种辅助存储器。在一般计算机系统中，磁带存储器通常作为脱机外部存储器使用，用来备份系统软件和用户文件等。2017 年，IBM 研究院再次创下新的磁带存储世界纪录，将 330TB的未压缩数据装进了一盒手掌大小的磁带里。磁带存储一旦记录数据，就不会继续消耗电能；磁带存储器的出错率低，相当稳定；磁带存储器由于其脱机存储数据，故安全性高；磁带存储成本也较低，磁带的容量仍然在不断增长中。

4.3.2.4 存储系统的分工合作

在多级存储层次中，存储系统的基本要求是存储容量大、存取速度快和成本低。为同时满足这三个要求，计算机需有速度由快到慢，容量由小到大的 CPU 寄存器、高速缓存、主存、辅存的多层次存储器，每个存储器只和相邻的一层存储器设备打交道，它们分工合作，构建存储系统。

如图 4.12 所示，CPU 如同我们正在上课中集中精力思考的大脑，寄存器内存储的东西如同我们正在思考的内容，速度快，但是容量有限。高速缓存也可以称为 CPU 缓存，是从内存中加载过来的内容，如同我们大脑中的学习过的知识的记忆，速度也很快。当 CPU 需要访问内存中某个数据的时候，如果寄存器有这个数据，CPU 就直接从寄存器取数据即可，如果寄存器没有这个数据，CPU 就会查询高速缓存，缓存中查找不到才去内存中取数据。内存如同我们记录的知识要点，如果内存中没有查询到相关的知识点，可以到大容量的外存中（我们可以理解成到课本当中去查找相关内容，我们假设课本中一定会查找到相关知识内容），然后将它从外存调入内存，供 CPU 调取使用。

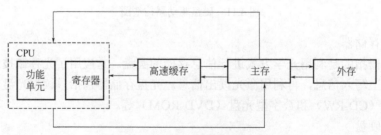

图 4.12　存储系统分工合作图

4.3.3　输入与输出设备

除了 CPU 和存储器两大模块，计算机硬件系统的关键部分之一是输入/输出（Input/Output,

简称 I/O）设备。

4.3.3.1　输入设备

输入设备（Input Device）是向计算机输入数据和信息的设备，输入的信息可以是数值型数据，也可以是各种非数值型的数据，如图形、图像、声音等，是计算机与用户或其他设备通信的桥梁。键盘、鼠标、摄像头、扫描仪、光笔、手写输入板、游戏杆、语音输入装置等都属于输入设备。

（1）键盘

键盘是常用的输入设备，它由一组开关矩阵组成，包括数字键、字母键、符号键、功能键及控制键等。每一个按键在计算机中都有它的唯一代码。当按下某个键时，键盘接口将该键的二进制代码送入计算机主机中，并将按键字符显示在显示器上。当快速输入大量字符，主机来不及处理时，先将这些字符的代码送往内存的键盘缓冲区，再从该缓冲区中取出进行分析处理。键盘工作原理：当用户按下一个键后，由硬件判断哪个键被按并将其翻译成 ASCII 码。

（2）鼠标

鼠标是一种手持式屏幕坐标定位设备，它是适应菜单操作的软件和图形处理环境而出现的一种输入设备，常用的鼠标有机械式和光电式两种。

4.3.3.2　输出设备

输出设备（Output Device）用于接收计算机数据的输出显示、打印、声音、控制外围设备操作等，也用于把各种计算结果数据或信息以数字、字符、图像、声音等形式表现出来。常见的输出设备有显示器、打印机、绘图仪、影像输出系统、语音输出系统等。

（1）显示器

显示器（Display）又称监视器，既可以显示键盘输入的命令或数据，也可以显示计算机数据处理的结果。台式机主流显示器的尺寸为 19~43in[屏幕尺寸是从屏幕的一角到其对角的长度，使用英寸（in）度量]，早期 CRT（Cathode Ray Tube，即阴极射线管）显示器已经逐渐被淘汰，现在主流显示器是 LCD（Liquid Crystal Display）液晶显示器。

屏幕尺寸：	27in	屏幕类型：	VA
屏幕比例：	16:9	屏幕亮度：	300cd/m²
可视角度：	178°/178°	分辨率：	2560×1440(2K)
静态对比度：	3000:1	响应时间：	4ms
底座：	Zero-LevelHAS	刷新率：	144Hz
线材：	Y型线缆	色数：	1.07B
接口：	HDMI+miniDP	主要功能：	灵妙双屏、画中画、不闪屏

图 4.13　LED 显示器及其性能参数

如图 4.13 所示，LCD 显示器的性能参数包括尺寸、响应时间、刷新率、分辨率、对比度、亮度等，下面介绍几种常见的性能参数。

① 分辨率　分辨率是指屏幕水平方向和垂直方向所显示的点数，是屏幕图像的精密度，

比如 1024×768 中的"1024"指屏幕水平方向的点数,"768"指屏幕垂直方向的点数,分辨率越高,图像越清晰。显示器可显示的像素越多,画面就越精细,同样的屏幕区域内能显示的信息也越多,所以分辨率是显示器重要的性能指标。如表 4.2 和表 4.3 所示为常见显示器对应的分辨率。

表 4.2　笔记本电脑各大尺寸推荐分辨率

屏幕尺寸	屏幕像素
12.1in	1280×800
13.3in	1024×600 或 1280×800
14.1in	1366×768
15.4in	1280×800 或 1440×900
15.6in	1600×900

表 4.3　台式机尺寸推荐分辨率

屏幕尺寸	屏幕像素
19in 显示器	1440×900(16:10)
22in 显示器	1680×1050(16:10)1920×1080(16:9)
23in 显示器	1920×1080(16:9)1920×1200(16:10)
24in 显示器	1920×1200(16:10)1920×1080(16:9)
26in 显示器	1920×1200(16:10)
27in 显示器	2560×1440(16:9)

② 刷新率　刷新率就是屏幕每秒画面被刷新的次数,由于人的眼睛有视觉停留效应,两幅画面间的差别很小,这样我们就感觉画面在动了,而这一幅一幅地更换画面,就是在刷新。更高的刷新率意味着画面更为流畅、自然,过去的液晶显示器刷新率通常为 60Hz,现在的显示器为 60~75Hz,许多用于电竞的显示器可以支持 144Hz 刷新率,甚至是 165Hz 的高刷新率。

③ 响应时间　显示器响应时间指的是液晶显示器对输入信号的反应速度,一般以毫秒(ms)为单位。响应时间越短,那么瞬间移动的画面就不会出现拖影现象,画面的清晰度、精度就越高。

④ 亮度　显示器屏幕亮度单位是 cd/m^2,通常亮度达到 $250cd/m^2$ 就足以日常使用了。高亮度的显示器在显示一些阴暗场景时可能更清晰,但显示正常和明亮场景时会过亮,对眼睛的刺激也更大。显示器的分辨率越高,那么亮度应该调整得越暗。

(2)打印机

打印机是计算机的输出设备之一,用于将计算机处理结果打印在相关介质上,分为针式打印机、激光打印机、3D 打印机、热敏打印机等。

① 针式打印机　针式打印机是通过打印头中的 24 根针击打复写纸,从而形成字体,在使用中用户可以根据需求来选择多联纸张。通用型针式打印机特别适用于报表处理较多的普通办公室和财务机构,随着各行业电子化的发展,专门用于银行、邮电、保险等服务部门的柜台业务使用的存折针式打印机。高速针式打印机在金融、邮电、交通运输及企业单位的批量专门处理打印数据领域占有重要的地位,其主要特点是打印速度很快。高速针式打印机的价格较高,但具有高打印质量、高打印速度、能承担打印重荷等优点。如图 4.14 所示为针式打印机。

②喷墨打印机　喷墨打印机是在针式打印机之后发展起来的，采用非打击的工作方式。喷墨打印机基本的工作原理都是先产生小墨滴，再利用喷墨头把细小的墨滴导引至设定的位置上，墨滴越小，打印的图片就越清晰。打印机头上，一般都有 48 个或 48 个以上的独立喷嘴喷出各种不同颜色的墨水。喷嘴越多，打印速度越快。不同颜色的墨滴落于同一点上，形成不同的复色。如图 4.15 所示为彩色喷墨打印机。

图 4.14　针式打印机

③ 激光打印机　激光打印机由激光扫描系统、电子照相系统和控制系统三大部分组成。它是将激光扫描技术和电子照相技术相结合的打印输出设备。其基本工作原理是由计算机传来的二进制数据信息，通过视频控制器转换成视频信号，再由视频接口/控制系统把视频信号转换为激光驱动信号，然后由激光扫描系统产生载有字符信息的激光束，最后由电子照相系统使激光束成像并转印到纸上。

激光打印机内部有一个叫光敏旋转的硒鼓的关键部件，当激光照到光敏旋转硒鼓上时，被照到的感光区域可产生静电，能吸起碳粉等细小的物质。激光打印机的工作步骤如下：打印机以一定的方式，驱动激光扫射光敏旋转硒鼓，硒鼓旋转一周，对应打印机打印一行；硒鼓通过碳粉，将碳粉吸附到感应区域上；硒鼓转到与打印纸接触，将碳粉附在纸上；利用加热部件使碳粉熔固在打印纸上面。激光打印机的耗材（需定期更换的部件）主要是碳粉盒和硒鼓，其中碳粉盒是更换频率最高的耗材。如图 4.16 所示为办公常见的激光打印机。

图 4.15　彩色喷墨打印机

图 4.16　激光打印机

④ 3D 打印机　3D 打印技术出现在 20 世纪 90 年代中期，实际上是利用光固化和纸层叠等技术的最新快速成型装置。它与普通打印工作原理基本相同，打印机内装有液体或粉末等"打印材料"，与电脑连接后，通过电脑控制把"打印材料"叠加，最终把计算机上的蓝图变成实物。这种打印技术称为 3D 打印技术。如图 4.17 所示为 3D 打印机，满足少量个性化的定制打印。

⑤ 热敏打印机　热敏打印技术最早使用在传真机上，其基本原理是将打印机接收的数据转换成点阵的信号控制热敏单元的加热，把热敏纸上热敏涂层加热显影。热敏打印机已在 POS 终端系统、银行系统、医疗仪器等领域得到广泛应用。热敏打印机只能使用专用的热敏纸，热敏纸上涂有一层遇热就会产生化学反应而变色的涂层，类似于感光胶片，不过这层涂层是遇热后会变色，利用热敏涂层的这种特性，出现了热敏打印技术。如图 4.18 所示为热敏打印机。

图 4.17　3D 打印机

图 4.18　热敏打印机

4.3.4　主板

主板也叫母板，安装在计算机主机箱内，是计算机最基本也是最重要的部件之一。俗话说"好马配好鞍"，主板制造质量的高低，决定了硬件系统的稳定性与否。主板与 CPU 关系密切，每一次 CPU 的重大升级，必然导致主板的换代。主板是计算机硬件系统的核心，几乎所有的电脑部件都需要通过主板来承载和连接，主板上布满各种电子元器件、接口、插槽和芯片等，如图 4.19 所示为机箱内主板结构图。

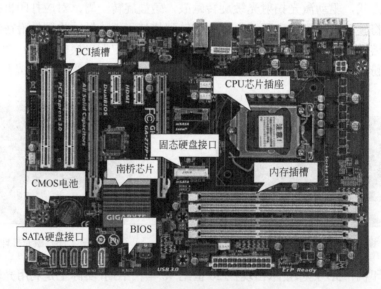

图 4.19　主板结构图

4.3.4.1　芯片组

（1）CPU 芯片

CPU 芯片插座上安装的是 CPU 芯片，CPU 插座上一般都配有 CPU 风扇，以降低 CPU 工作时的温度，防止温度过高而损坏 CPU。

（2）南北桥芯片组

在传统的芯片组构成中，沿用南桥芯片与北桥芯片搭配的方式，在主板上，可以在 CPU 插槽附近找到一个散热器，下面的就是北桥芯片。南桥芯片一般离 CPU 较远，常裸露在 PCI 插槽旁边，块头比较大。北桥芯片提供对 CPU、内存、AGP 显卡等高速部件的支持以及与总线的桥接；南桥芯片提供对键盘接口、鼠标接口、实时时钟控制器、串行口、并行口、USB接口及磁盘驱动器接口的支持，以及与 ISA 总线的桥接。随着 PC 架构的不断发展，如今北桥的功能逐渐被 CPU 所包含。

（3）BIOS

BIOS（Basic Input Output System）称为基本输入输出系统，实际是一组被固化到计算机主板一个 ROM 芯片上的，为计算机提供最低级最直接的硬件控制的程序，它是连通软件程序和硬件设备之间的枢纽。通俗地说，BIOS 是硬件与软件程序之间的一个"转换器"或者说是接口，保存着计算机最重要的基本输入输出的程序、开机后自检程序和系统启动程序，它可以从 CMOS 中读写系统设置的具体信息。

（4）CMOS 芯片

CMOS 芯片主要用来存放 BIOS 中的设置信息以及系统时间日期，CMOS 电池是计算机主板上 COMS 芯片的后备供电电池，从而确保电脑无论是处于关机状态，还是遇到系统掉电情况，BIOS 需要的设置信息都不会丢失。

4.3.4.2　扩展槽

（1）内存插槽

内存插槽是主板上必不可少的插槽，主要用来安装内存条，通常主板设置了 2～4 个插槽，以便扩容或升级时使用。

（2）PCI 插槽

PCI 插槽主要用来插接 PCI 适配卡，主流的显卡、声卡、网卡都是 PCI 适配卡，通过 PCI插槽进行连接，如图 4.20 所示，为 DVI 和 VGA 两种接口的独立显卡，如图 4.21 所示为声卡，插入 PCI 扩展插槽中。

HDMI、DVI-D　　　　　　HDMI、VGA

图 4.20　独立显卡

图 4.21　声卡

4.3.4.3　硬盘接口

硬盘接口是硬盘与主机系统间的连接部件，作用是在硬盘缓存和主机内存之间传输数据。硬盘接口分为 IDE、SATA、SCSI 和光纤通道四种。IDE 接口硬盘和 SATA 接口硬盘多用于微型机产品中，SCSI 接口的硬盘则主要应用于服务器市场，而光纤通道只用于高端服务器上，价格昂贵。如图 4.19 所示的现代主板还留有 mSATA 固态硬盘接口，方便用来连接速度更快的高速硬盘，提高系统效率。

（1）IDE 接口

IDE（Integrated Drive Electronics）接口指的是"电子集成驱动器"接口，它的本意是指把"硬盘控制器"与"盘体"集成在一起的硬盘驱动器。IDE 接口用于连接并行接口的硬盘（逐渐淘汰），数据传输速度慢，线缆长度过短，连接设备少，针脚 40～80 针，导致线路拥塞，不利于机箱内散热，如图 4.22 所示为 IDE 接口的硬盘。

（2）SATA 接口

SATA（Serial ATA）口的硬盘又叫串口硬盘，SATA 硬盘接口很小，连接线小巧，串行接口，结构简单，支持热插拔。SATA 接口的硬盘最大的优势是传输速率高，目前主流两种最新的 SATA3 传输速率可以达到 6Gb/s，而 SATA2 接口的传输速率则为 3Gb/s。理论上，SATA3.0 接口的传输速度是 SATA2.0 接口的 2 倍。如图 4.23 所示为 SATA 接口的硬盘。

图 4.22　IDE 接口硬盘　　　　　图 4.23　SATA 接口硬盘

4.3.5　总线

4.3.5.1　总线结构

总线（Bus）是连通计算机内部多个部件的传输线路，是各个部件共享的传输介质，分时和共享是总线的两个特点。计算机中常见的总线结构有单总线结构和多总线结构。

单总线结构就是使用单一的总线来连接所有的设备，这种单总线结构的优点是结构简单、容易进行系统扩展。但是这种用同一组线路连接所有设备的方法一方面会导致总线时常发生争用，另一方面不利于区分不同速度的设备，从而降低系统效率。

在多总线结构中一般把会把设备按传输速度分类，把大致同一类传输速度的设备连接在同一组总线上，以提高系统的效率和吞吐率。

系统总线是连接微型机系统各功能部件的公共数据通道，其性能直接关系到微机系统的整体性能，主要表现为它所支持的数据传送位数和总线工作时钟频率。数据传送位数越宽，总线工作时钟频率越高，则系统总线的信息吞吐率就越高，微型机系统的性能就越强。

4.3.5.2　总线分类

总线分布于计算机的不同设备之间，CPU 内部各个设备之间的连线，我们称为片内总线；计算机系统内各个功能部件之间的连线，主要指 CPU、内存和外设之间的互联通路，我们称之为系统总线；各个计算机系统之间或者计算机系统与其他系统之间的信息交换的通路，我们称之为通信总线，也称为外部总线。

利用总线，计算机各个设备之间可以进行数据、地址和控制等信息的交换。根据总线的功能分为数据总线、地址总线和控制总线，如图 4.24 所示。

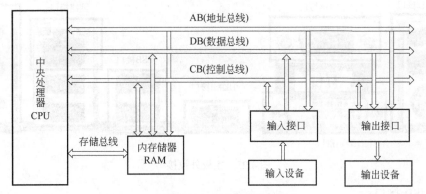

图 4.24 总线结构示意图

（1）数据总线

数据总线（Data Bus，DB）用来传送数据信息，双向传输。CPU 既可通过数据总线从内存或输入设备读入数据，又可通过数据总线将内部数据送至内存或输出设备。数据总线的宽度决定了 CPU 和计算机其他设备之间每次交换数据的位数，总线的宽度越宽，每秒钟数据传输率越大，现代计算机的数据总线的宽度以 32 位和 64 位为主。

（2）地址总线

地址总线（Address Bus，AB）是专门用来传送地址的，因地址只能从 CPU 传向存储器或 I/O 端口，所以地址总线是单向的，这与数据总线不同。地址总线的位数决定了 CPU 可直接寻址的内存空间大小。

一般来说，若地址总线为 n 位，则可寻址空间为 2^n 位。比如 8 位微机的地址总线为 16 位，则其最大可寻址空间为 2^{16}=64KB，32 位微型机的地址总线为 32 位，其可寻址空间为 2^{32}=4GB。使用 4GB 以上大内存就要用 Windows x64 位系统，所以目前主流的计算机都是 64 位的处理器，理论上可以寻址到 2^{64}=16EB 的位址，但受到主存容量和主板等的限制，实际寻址达不到 16EB 的数量级。

（3）控制总线

控制总线（Control Bus，CB）主要用来传送控制信号和时序信号。控制信号中，有的是处理器 CPU 送往内存储器和输入输出设备接口电路的，有的是其他部件反馈给 CPU 的，因此，控制总线的传送方向由具体控制信号决定，一般是双向的。控制总线的位数要根据系统的实际控制需要而定，实际上控制总线的具体情况主要取决于 CPU。

4.3.6 外部接口

外部接口是计算机和外界进行信息交换的通道，是主板上不可缺少的一部分。由于主机中的 CPU 和内存的传输速度比较快，而外部设备大都是机电装置组合而成，传输速度比较慢，因此为了缓和它们之间速度、信息格式等不匹配的矛盾，外设需要经过外设接口连接到总线上。常见的外部接口如图 4.25 所示。

（1）PS/2 接口

鼠标键盘接口，如图 4.26 左下角所示，专门用来连接鼠标键盘的接口，正在逐渐被 USB

类型的键盘鼠标接口取代。

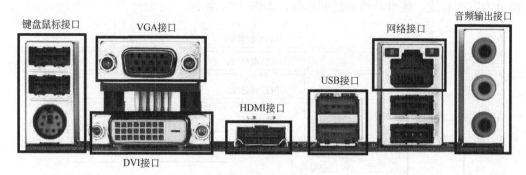

图 4.25　主板外设接口

（2）USB 接口

USB 接口是计算机中最常见也是使用率最高的外接接口。USB 经历了 USB1.0、USB2.0、USB3.0 等多个版本，通常 USB2.0 只有一排 4 针的针脚，而 USB3.0 为上 5 下 4 总共 9 针的针脚，版本越高传输速率越快，不同版本之间相互兼容，标准 USB 接口外观如图 4.26 所示。

（3）音频输出接口

音频输出接口是指集成在主板上的声卡连接口，一般为 3.5mm 模拟音频接口。如图 4.25 中音频输出接口

图 4.26　USB 接口外观

所示，从上到下：Speaker（蓝色）连接音箱、耳机等音频输出设备；Line-in（绿色）是音频线路输入口，主要用于接入录音设备等；Mic（红色）是麦克风的输入口。

如果是 5.1 声道，主板自带的声卡上有 6 个不同颜色的音频接口，声卡上不同颜色的接口分别对应了不同的功能：红色是麦克风输入，有些声卡为粉红色；蓝色是声道输入；绿色是前端扬声器；橙色是中置或低频加强声道（重低音）；黑色是后端扬声器。而需要注意的一点是，目前主流主板集成的多声道声卡，想要打开多声道模式输出功能，必须先正确安装音频驱动后，再加以正确设置，才能获得多声道模式输出。

（4）显示器接口

显示器所涉及的常用接口主要有 VGA、DVI、HDMI 等。

① VGA 接口　VGA 接口又被称为 D-Sub 接口，是目前常见的一种接口，从 CRT 时代到现在，一直都在被采用。如图 4.25 中的 VGA 接口，它是一种色差模拟传输接口，D 型口，上面有 15 个孔，分别传输着不同的信号。VGA 由于是模拟信号传输，因此容易受干扰，信号转换容易带来信号的损失，并且高分辨率的时候用户通过肉眼明显能感受到画面的损失，所以在很多高端显卡和显示器上，慢慢地取消 VGA 接口。

② DVI 接口　DVI 接口指的是数字视频接口，始于 1998 年，因为当时液晶显示器的推广，VGA 接口在转换成数字图像显示时会不可避免地造成图像细节丢失，所以当时多家科技公司一起合作推出 DVI 接口标准。

如图 4.25 中的 DVI 接口，接收数字信号和模拟信号，接口上只有 3 排 8 列共 24 个针脚。DVI 接口对比 VGA 有很多优势，可以显示更高清的画面，对动态画面处理更加稳定。

③ HDMI 接口　HDMI 接口指的是高清晰度多媒体接口，是一种数字化视频/音频接口技术，是适合影像传输的专用型数字化接口，其可同时传送音频和影像信号。

如图 4.25 中所示的 HDMI 接口，HDMI 接口也有不同版本，不同版本可以相互兼容，主要区别是传输带宽的高低，目前 HDMI2.1 版的传输速率已经可以达到 42.6Gbit/s，可以满足 4K 视频的播放。

（5）网络接口

网络接口也称为以太网接口，目前个人电脑上用的网络接口基本上都是 RJ-45 接口，传输速度最高为千兆级别。RJ-45 接口上有连接指示灯和信号传输指示灯两个指示灯。

4.4　计算机软件系统

计算机软件系统按照功能可以分为系统软件和应用软件两大类，如图 4.27 所示。

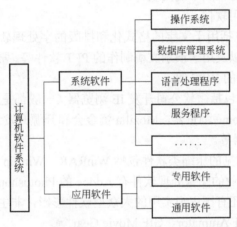

图 4.27　计算机软件系统

4.4.1　系统软件

系统软件是指控制和协调计算机及其外部设备、支持应用软件的开发和运行的一类计算机软件。系统软件一般包括操作系统、计算机语言处理程序、数据库系统和服务程序等。

操作系统是管理计算机硬件和软件资源并且协调运行的程序集合，是最基本的系统软件，是系统软件的核心，常见的操作系统包括 Windows 系列、Linux 操作系统等。

计算机语言处理程序也称为翻译程序，计算机语言处理程序包括机器语言、汇编语言和高级语言。机器语言是采用二进制的低级语言（由 0 和 1 组成的一组指令代码），是计算机唯一可以识别的机器语言。汇编语言由一组与机器语言指令一一对应的符号指令和简单语法组成。一般我们把机器语言和汇编语言称为低级语言。高级语言对机器依赖性低，如果需要在计算机上运行高级语言程序（比如 C 语言、Java 语言、C++语言等），需要将高级语言翻译为机器语言程序。

数据库是按照一定关联存储的数据集合，数据库管理系统（Data Base Management System，DBMS）是可以对数据库进行加工、管理的系统软件，主要功能是建立、删除、维护数据库以及对数据库中的数据进行增加、删除、修改和查询等操作。比如常见的数据库管理系统 Oracle、SQL Server 等。

服务程序可以提供一些常见的服务功能，为用户使用计算机和开发程序提供方便，比如计算机上经常使用的磁盘碎片整理程序、备份程诊断程序等，都是属于工具软件，也作为系统软件的一部分。

4.4.2 应用软件

应用软件一般可分为通用软件和专用软件两类。通用软件是指为满足用户不同领域、不同问题的应用需求而提供的那部分软件，专用软件是指为特定领域开发并为特定目的服务的一类软件。

4.4.2.1 通用软件

通用软件是为实现某种特殊功能而经过精心设计的结构严密的独立系统，是一套满足同类通用需要的软件。通用软件适应信息社会各个领域的应用需求，每一领域的应用具有许多共同的属性和要求，具有普遍性。通用软件范围很广，文字处理类软件、网页制作类软件、绘图类软件、游戏类软件等都属于通用软件。

以下是常见的几种通用软件。

① 办公处理软件：包括用于文字的格式化和排版的字处理软件，数据的录入、计算、统计分析的电子表格软件以及用于演示文稿制作的 PPT 软件等。常用的办公处理软件包括微软公司的 Word、金山公司的 WPS 等。

② Web 浏览器软件：包括微软公司开发 IE 浏览器（一般都是预装到 Windows 操作系统中），谷歌公司开发的 Chrome 浏览器，Mozilla 资金会和开源开发者一起开发的 Firefox 浏览器，360 公司的 360 浏览器等。

③ 解压缩类软件：常见的压缩类软件包括 WinRAR、WinZip 等。

④ 图像处理软件：专业的图像处理软件有 Adobe 的 Photoshop 系列；基于应用的处理管理、处理软件 Picasa 等，还有国内很实用的大众型软件彩影，非主流软件有美图秀秀；动态图片处理软件有 ULead GIF Animator、GIF Movie Gear 等。

⑤ 媒体播放类软件：这类软件比较多，像常见的暴风影音、Windows 自带的 Media Player 等。

4.4.2.2 专用软件

与通用软件相比，专用软件是为了解决用户一个特殊问题而设计的，这类软件更具有针对性，其使用范围限定在某些特定的单位和行业。例如，火车站或汽车站的票务管理系统、人事管理部门的人事管理系统和财务部门的财务管理系统等。

4.5 计算机工作原理

计算机工作的基本原理是存储程序和程序控制。预先把计算机如何进行操作的指令序列和原始数据通过输入设备输送到计算机内存中；然后程序控制计算机从哪个地址取数，进行什么操作，送到什么地址去；依此进行下去，直至遇到停止指令。

4.5.1 指令和程序

4.5.1.1 指令

指令是指计算机执行的各种操作的命令，一台计算机所能执行的各种不同指令的集合称为计算机的指令系统，不同硬件结构的计算机均有自己的特定的指令系统，其指令内容和格式有所不同。指令通常包括具体做什么操作、操作对象的来源、操作结果的存放位置。

（1）指令格式

指令是计算机中传输控制信息的载体，每条指令代表某个基本的信息处理操作及操作的对象，一般的指令包括操作码和操作数两部分。

操作码指出执行什么操作，如加减乘除、存数、取数等，CPU 中有专门电路来解释操作码，从而执行相应的操作。一般来说，一个包含 n 位的操作码最多能表示 2^n 条指令。

操作数指示具体操作的内容，指出该指令所要操作（处理）的数据或者数据所在的存储单元的地址。如果操作数给出的是地址信息，那么这部分也称为"地址码"。

（2）指令类型

一台计算机可能有几十条至几百条指令，每一条指令都有一个相应的操作码，计算机通过识别该操作码来完成不同的操作。这些指令按照功能可以分成以下几种类型。

① 数据传送类指令：是最基本的指令类型，主要用于实现寄存器与寄存器之间、寄存器与主存单元之间的数据传送。

② 运算类指令：包括算术运算指令、逻辑运算指令、移位指令、比较指令等。

③ 程序控制类指令：用于控制程序的执行顺序，并使程序具有测试、分析与判断的能力，包括转移指令、子程序调用和返回指令等。

④ 输入输出类指令：用来实现主机与外部设备之间的信息交换，广义上也可以归为数据传输类指令。

4.5.1.2　程序

单独的一条指令只能完成计算机的一个基本功能，程序是为完成某一任务而由指令系统中的若干指令组成的有序集合。用机器指令编写的程序，计算机可以直接识别和执行，称为目标程序。用助记符编写的程序称为汇编语言源程序，需要用汇编程序汇编成目标程序后才能被计算机执行。通用性更强的高级语言，一条语句可能被翻译成一条或多条计算机指令，需要经过编译、链接生成目标程序，才能被计算机识别和运行。

4.5.2　计算机的工作过程

冯·诺依曼提出的计算机存储程序工作原理奠定了计算机的基本结构和工作原理的技术基础。计算机的工作过程就是执行程序的过程。

在运行程序之前，首先通过输入设备，将程序和原始数据输送到计算机内存储器中，计算机在运行时，先从内存中取出第一条指令，通过控制器的译码，按指令的要求，将内存中取出数据进行算术或逻辑运算，保存结果并与指令匹配的组合操作；接着取出第二条指令，在控制器的指挥下完成规定操作；依此进行下去，直至遇到停止指令。如图 4.28 所示，计算机反复执行取指令、解码、执行这三个步骤。

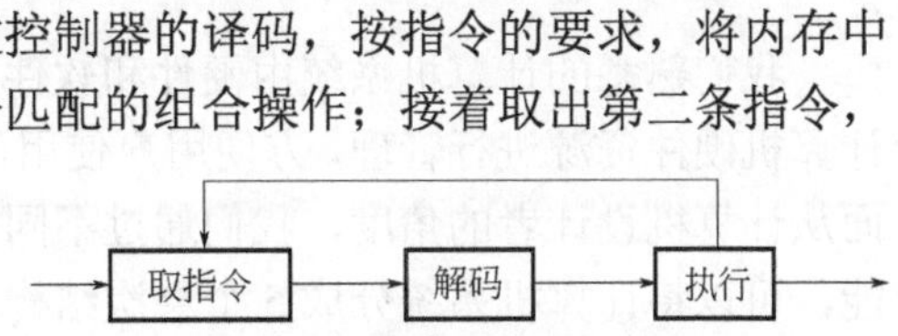

图 4.28　指令的执行过程

下面以计算 SUM=A+B 为例，说明一下计算机的工作原理和过程。让计算机输出 A+B 的结果，首先要编写好计算机程序，程序比较简单，编译后的指令描述如下。

① MOV AL,A　从存储器中取出 A 送到运算器的寄存器 AL 中

② ADD AL,B 将 B 计算器中的内容与 AL 寄存器中的数值相加，放入寄存器 AL 中

③ MOV SUM,AL 将寄存器 AL 中的内容送到 SUM 存储单元中

④ HLT 停机

具体的工作过程如下。

① 取第一条指令并执行。

a. 取指令。在控制器的控制下，从首地址中取出第一条指令"MOV AL,A"的机器码送入指令寄存器，同时为取下一条指令准备好新的地址。

b. 解码指令。被取出指令的操作码部分经过指令译码器分析产生传送操作的信号，执行传送操作。

c. 执行指令。控制器接收指令译码器的译码信号"取数和传递"，并在时钟周期内将 A 的数值送入寄存器 AL。指令执行完毕，转入执行第二条指令。

② 取第二条执行并执行。

a. 取指令。从存储单元中取出第二条指令"ADD AL，B"的机器码并送入指令寄存器，同时为取下一条指令准备好地址，使其指向第三条指令。

b. 解码指令。指令寄存器中的操作码部分经译码器译码产生 ADD 的有效信号，同时寻址目标操作数寄存器 AL。

c. 执行指令。控制器接收来自指令译码器的译码信号"相加寄存器操作数和存储器操作数"。转入执行第三条指令。

③ 取第三条指令并执行。

第三条指令与第一条指令相似，完成的都是数据传送，但传送的方式不同，完成的是存储器的写操作，将 AL 寄存器中的内容写到 SUM 的存储单元中。

④ 取第四条指令并执行。

第四条指令是停机指令，可在取指令机器周期内完成。

综上所述，计算机工作原理可以概括如下：

① 计算机的自动处理过程就是执行编制好的计算机程序的过程。

② 计算机程序是指令的结合。因此，计算机执行程序的过程就是一条一条指令的执行过程。

③ 指令执行的过程由硬件实现。

4.6 计算机的层次结构

我们熟悉的计算机系统由硬件和软件两大部分所构成，在硬件的基础之上，系统软件对计算机硬件资源进行管理，方便用户使用，应用软件使用各种计算机语言解决各种应用问题。而从计算机设计者的角度，我们通过不同的层次来构建计算机系统，每个层次都有特定的功能，可以将计算机系统分成 5 个层次结构。把计算机系统按功能分为多级层次结构，有利于正确理解计算机系统的工作过程，明确软件、硬件在计算机系统中的地位和作用。

如图 4.29 所示给出了从高级语言、汇编语言、操作系统程序、机器语言和微程序设计所看到的计算机的不同编程工具。各层次之间的关系十分密切，高层是低层功能的扩展，低层是高层实现的基础。不过层次的划分不是绝对的，计算机系统的层次结构会随着软件硬化和硬件软化而动态变化。

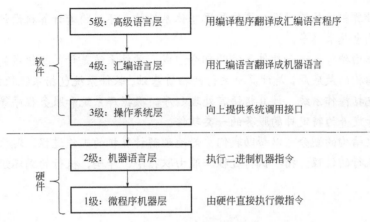

图 4.29 计算机层次结构图

第 1 级是微程序机器层，这是一个实际的硬件层，它由机器硬件直接执行微指令。

第 2 级是机器语言层，它也是一个实际的机器层，它由微程序解释机器指令系统。面向计算机体系结构设计者，在这一层次上使用的是机器可以直接识别的语言。（注：最早的计算机只有机器语言，计算机能直接执行用机器语言所编的程序。机器语言由二进制代码表示的计算机机器指令和数据组合而成。机器语言是最低级的语言，它是面向机器的，其指令和数据都用二进制表示，使用机器语言编制程序的工作量很大，使用困难。）

第 3 级是操作系统层，它由操作系统程序实现。操作系统程序由机器指令和广义指令组成，这些广义指令是为了扩展机器功能而设置的，它是由操作系统定义和解释的软件指令，所以这一层也称为混合层，负责对用户程序使用的各种资源（CPU、内存、I/O 设备等）进行管理和分配，协调各任务的运行。

第 4 级是汇编语言层，它为用户提供一种符号化的语言，借此可编写汇编语言源程序。这一层由汇编语言支持和执行。高一层的高级语言首先被翻译成汇编语言，再进一步翻译成机器可以识别的机器语言。

第 5 级是高级语言层，它是面向用户的，为方便用户编写应用程序而设置的。常见的高级语言如 C、C++、C#、Java、Web 编程语言等。该层需要高级语言编译支持和执行，翻译成机器可以理解的语言。

在高级语言层之上，还可以有应用层，由解决实际问题和应用问题的处理程序组成，如文字处理软件、数据库软件、多媒体软件和办公自动化软件等。

没有配备软件的硬件系统称为"裸机"。第 3～5 层称为虚拟机，简单来说，就是软件实现的机器。虚拟机只对该层的观察者存在，这里的分层和计算机网络的分层类似，对于某层的观察者来说，只能通过该层次的语言来了解和使用计算机，至于下层是如何工作的就可以不必关心。

本章小结

本章介绍了计算机系统的相关知识。"图灵机"是一种理想中的计算模型，它的基本思想是用机械操作来模拟人们用纸笔进行数学计算的过程，给冯·诺依曼结构计算机的产生奠定了基础。冯·诺依曼计算机由控制器、运算器、存储器、输入设备和输出设备五部分构成，现代的大部分计算机依然遵循冯·诺依曼思想体系结构，不过随着计算机设计理念的提出，新的计算机结构也越来越多。

计算机系统由硬件系统和软件系统两部分组成。硬件系统是计算机组成的重要部分，位于计算机层次结构的最底层，是计算机运行的物质基础。软件系统包括系统软件和应用软件。系统软件一般包括操作系统、计算机语言处理程序、数据库系统和服务程序等。应用软件是指为特定领域开发并为特定目的服务的一类软件。

计算机层次结构的划分可以帮助我们更好地理解计算机的工作过程。现代计算机的运行过程就是指令执行的过程，指令执行过程一般由取指令、译码、执行的循环组成。

思考题

1. 冯·诺依曼的主要思想是什么？
2. 冯·诺依曼结构的五大组成部分是什么？
3. 哈佛体系结构和冯·诺依曼结构有什么不同？
4. 计算机系统的组成部分有哪些？
5. 中央处理器 CPU 的性能指标主要有哪些？
6. 举例说明哪些软件是系统软件，哪些软件是应用软件。
7. 理解计算机层次结构划分的意义。
8. 存储层次结构如何进行划分的？各有什么作用？
9. 什么是指令？什么是程序？
10. 简述计算机的工作过程。

第5章 操作系统

学习目标：

① 理解计算机语言的概念、特点；

② 了解操作系统的功能；

③ 了解当前主流的操作系统；

④ 理解操作系统中的计算思维。

多数计算机使用者对 Windows、Linux 及 Mac OS 等操作系统有一定的使用经验，但是很多时候对操作系统本身及运行原理并没有较深入的认识。与用户直接打交道的大多数是各种应用程序，或者说是应用软件。软件形式多样，比如浏览器的网页、图像处理软件、办公软件等。虽然这部分软件不属于操作系统，但是离开操作系统这些软件将无法工作，操作系统完成其与底层复杂硬件层面的交互工作。我们在学习中可以带着以下问题来理解操作系统：①计算机系统资源由谁来管理？②计算机系统如何执行程序？③计算机系统如何为用户提供服务？④计算机操作系统是什么？⑤如何设计一个操作系统？

5.1 什么是操作系统

通常，我们把没有配置操作系统和其他软件的电子计算机称为裸机（Bare Machine）。如图 5.1 所示操作系统是在裸机上增加的第一层系统软件，对硬件功能进行了首次扩充，屏蔽了硬件的复杂性，并为用户提供一个容易理解和便于使用的接口。在操作系统层上每增加一层软件都会使计算机系统功能增强，比如增加编译程序，可以把用户用高级语言设计的程序翻译成机器语言程序，从而得以在计算机上运行；增加文字处理软件，用户就可以对文字进行编辑、排版。计算机系统的顶层是用户层，用户可以通过系统软件、应用软件提供的操作接口使用计算机，让计算机为用户服务。底层是硬件层，对处理器、内存、外设等进行资源管理。操作系统是位于底层硬件与用户之间的"桥梁"，也是对各类资源进行管理的"管家"。

引入操作系统，提高了系统的资源利用率和系统吞吐量，方便了用户使用，也给计算机系统的功能扩展提供了开放式的支撑平台。一般可以从以下几方面对操作系统进行观察。

① 从资源管理的观点，操作系统作为资源的管理者和控制者。

计算机系统中资源种类繁多，数量很大，特性各异，必须利用操作系统才能加以有效地管理。操作系统的主要任务就是合理地管理计算机中的硬件、软件资源，并跟踪资源使用状况，以满足用户对资源的需求，控制和协调多道并发活动，实现信息的存储和保护，提高设备利用率，为用户提供简单、有效的资源使用方法。

② 从系统结构观点，操作系统是扩展机或虚拟机。

通常把覆盖了软件的机器称为扩充机器或虚拟机，操作系统为计算机系统功能扩展提供了支撑平台，使硬件系统与应用软件产生了相对独立性，提供一种抽象，可以在一定范围内对硬件模块进行升级和添加新硬件，系统效率会提高，功能会增强。

③ 从用户观点，操作系统是用户和计算机之间的接口。

如图 5.2 所示，一方面，操作系统向程序开发和设计人员提供高效的程序设计接口（系统调用），编程人员使用它们请求操作系统服务；另一方面，它向使用计算机系统的用户提供灵活、方便、有效地使用计算机的接口（图形接口和命令接口），为用户提供了一个良好的交互界面，使用户不必了解相关硬件和系统软件的细节，就能方便地使用计算机。

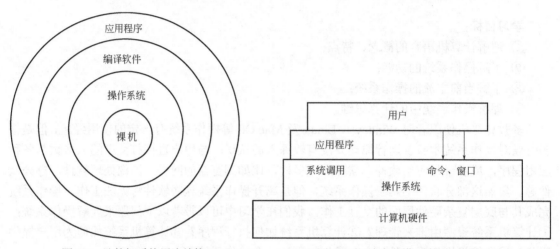

图 5.1　计算机系统层次结构　　　　图 5.2　用户与操作系统之间的接口

因此，操作系统是一个大型的系统软件，负责计算机的全部软、硬件资源的管理，控制和协调多道程序并发执行，实现信息的存储和保护，为用户使用计算机系统提供方便的用户界面，从而使计算机系统实现高效率和自动化。操作系统可以非形式地定义为：操作系统（Operating System，OS）是一个程序的集合，管理硬件和软件资源，合理地对各类资源进行管理和分配，方便用户使用。

5.2　操作系统的发展

自 1946 年第一台计算机 ENIAC 诞生至今，计算机经历了电子管时代、晶体管时代、集成电路时代和大规模/超大规模集成电路时代，操作系统也经历了无操作系统、单道批处理操作系统、多道批处理操作系统到分时、实时操作系统。微机操作系统、分布式操作系统、网络操作系统以及嵌入式操作系统也在随着现代计算机的进步不断发展。

5.2.1　批处理操作系统

在 20 世纪 50 年代中期以前是没有操作系统的，计算机资源昂贵，所有的资源都需要人工干预。此时的特点是：用户独占全机，资源利用率极低；CPU 等待用户，计算前，手工装入纸带或卡片；计算完成后，手工卸取纸带或卡片；CPU 利用率低。人机矛盾越来越大，为了解决人机矛盾及 CPU 与 I/O 设备之间速度不匹配的矛盾，出现了批处理系统。

5.2.1.1 单道批处理操作系统

批处理是指计算机系统对一批作业自动进行处理的技术。单道是指内存中始终保持一道作业。将一批作业以脱机方式输入到磁带或磁盘上，并在系统中配上监督程序（Monitor），在它的控制下使这批作业一个接一个地连续、自动处理，直至磁带上的所有作业全部完成。但是此时由于内存中仅存放一道作业，每当运行期间发出输入/输出请求后，高速的 CPU 等待低速的输入/输出请求完成。20 世纪 60 年代中断技术的出现，解决了输入/输出等待计算的问题，为了进一步提高资源利用率，引入了多道程序技术。

5.2.1.2 多道批处理操作系统

多道程序设计技术是指同时把多个作业（程序）放入内存并允许它们交替执行，共享系统中的各类资源。装入内存的多个程序交替在 CPU 中运行，共享系统中的软硬件资源。此时，当一道程序因为输入/输出请求而暂停运行时，CPU 便立即转去运行另一道程序。让系统的各个部件尽可能地"忙碌"起来，整体单位时间内的效率得以提高。

【例 5.1】设内存中有三道程序 A、B、C，它们按 A、B、C 的优先次序执行。它们的计算和 I/O 操作的时间如表 5.1 所示。

表 5.1　三道程序 A、B、C 的计算和 I/O 操作的时间表　　　单位：ms

操作 \ 程序	A	B	C
计算	30	60	20
I/O 操作	40	30	40
计算	10	10	20

假设三道程序使用相同设备进行 I/O 操作，即程序以串行方式使用设备，试画出单道运行和多道运行的时间关系图（调度程序的执行时间忽略不计），比较在两种情况下，完成这三道程序各花多少时间。

① 单道运行关系如图 5.3 所示，完成这三道程序需要花费 260ms。

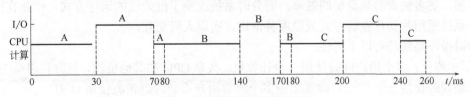

图 5.3　单道运行时间关系图

② 假设多道时 CPU 按照 A、B、C 的优先级抢占，多道运行关系如图 5.4 所示，当 A 去 I/O 的时候 B 可以使用 CPU，在 70ms 处 A 完成 I/O 回来抢占 CPU，当 A 在 80ms 处完成所有任务，然后 B 继续使用 CPU。多道运行方式使资源尽可能处于忙碌状态，完成三道作业花费 190ms，效率比单道运行有了很大的提高。

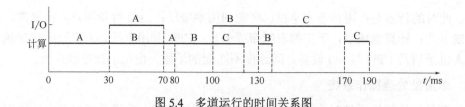

图 5.4　多道运行的时间关系图

多道程序设计方式下，内存中同时运行多道相互独立的程序，它们先后开始各自的运行，微观上交替使用 CPU，这时必然存在的问题就是如何分配处理器、如何分配内存等问题。将多道程序设计技术应用到批处理系统中，就形成了多道批处理操作系统，操作系统正式诞生了。

多道批处理操作系统的优点是资源利用率高，多道程序共享计算机资源，系统吞吐量大（单位时间内运行的作业数）；缺点是自动化处理缺乏与人的交互性，用户响应时间长，不能了解自己程序的运行情况，有时有错也不能在运行中及时更正。

5.2.2　分时操作系统

多道批处理操作系统更多考虑的是效率，为了增加交互性，在操作系统中引入分时技术，形成了分时系统。所谓分时技术就是把处理器的运行时间分成很短的时间片（就是分配给进程运行的一段时间），按时间片轮流分配给各个终端用户使用。

如图 5.5 所示，分时系统是指在一台主机上连接了多个终端，同时允许多个用户通过自己的终端，以交互方式使用计算机，共享主机中的资源。每个用户在时间片内获得主机服务，如果给定时间片内没有完成相关任务，则暂停运行，等待下一轮再继续运行。由于计算速度很快，时间片比较小，因此每个用户都能得到快速的响应（响应时间一般指从键盘命令进入到开始在终端上显示应答的时间间隔），每个终端用户感觉自己独占一台计算机。

图 5.5　分时系统

分时系统也是支持多道程序设计的系统，但是多道批处理系统实现作业自动控制而无须人工干预，更多侧重的是系统的效率；而分时系统改变了批处理的运行方式，作业直接进入内存，系统采用时间片轮转方式处理服务请求，实现人机交互。

分时操作系统具有以下特性：

① 多路性：多个用户同时使用一台计算机，共享 CPU 和其他资源，充分利用系统资源。宏观上是同时使用一个 CPU，微观上是多个终端用户不同时刻轮流使用 CPU。

② 独立性：用户感觉不到计算机为其他人服务，各用户独立操作，互不干扰。

③ 及时性：通过时间片技术和轮转调度算法保证及时响应。

④ 交互性：系统及时响应用户的请求，显著提高调试和修改程序的效率。

5.2.3　实时操作系统

虽然分时操作系统较好地解决了人机交互的问题，获得了较为满意的资源利用率和响应时间，但是在一些特殊的场合（比如高精尖行业的自动控制、飞机订票及情报检索等系统），需要系统对外部信息在更短的时间内给予响应做出处理。实时系统应需而生。如果某个任务必须绝对地在规定的时刻（或规定的时间范围）发生或者完成，则称为硬实时任务（一般在工业过程控制、航空、军事等类似的应用中使用）。相对地，软实时系统虽然不希望发生任务错过问题，但是如果违反时间要求也不会引起永久的损害，多媒体系统、智能手机等都是软实时系统。

所谓"实时"，即及时性和高可靠性，实时操作系统是一种能在限定时间内对输入进行快速处理并做出响应的计算机处理系统。分时系统和实时系统虽然都具有及时性，但也有区别，主要区别有以下两点。

① 分时系统的目标是提供一种通用性很强的系统，有较强的交互能力；而实时系统则大都是具有特殊用途的专用系统，交互能力略差。

② 分时系统对响应时间虽有要求，但一般来说，响应时间由人所能承受的等待时间来确定；而实时系统对响应时间要求更高，一般由控制系统或信息处理系统所能接受的延迟时间来决定。

5.2.4 操作系统的进一步发展

通常，我们把批处理系统、分时系统和实时系统称为三大基本操作系统。批处理系统：用户可以把作业一批批地输入系统，直到作业运行完毕后，才根据输出结果分析作业运行情况。分时操作系统：将 CPU 的时间划分成时间片，轮流接收和处理各个用户从终端输入的命令。实时操作系统：对信号的输入、计算和输出都能在一定的时间范围内完成。一个实际的操作系统可能兼有三者或者其中两者的功能。

（1）个人计算机操作系统

随着大规模集成电路的发展，个人计算机（微型计算机）时代到来了。1974 年第一代通用 8 位 CPU 出现，第一个配置在 8 位机上的基于磁盘的操作系统 CP/M（Control Program for Microcomputer）诞生。个人计算机操作系统按照字长可以分为 8 位机、16 位机、32 位机和64 位机，我们现在使用的操作系统基本以 64 位字长为主。

按照操作系统的运行方式还可以分为单用户单任务操作系统、单用户多任务操作系统和多用户多任务操作系统。单用户单任务操作系统指只允许一个用户上机，且只允许用户程序作为一个任务运行，20 世纪 80 年代到 90 年代初的 MS-DOS 操作系统是微软公司早期为 PC机（Personal Computer 的缩写，个人计算机）编写的操作系统，它采用字符界面，一般通过键盘输入命令，命令以英文单词或缩写为主，属于单用户单任务操作系统。DOS 操作系统是16 位单用户单任务操作系统标准。

单用户单任务指只允许一个用户上机，但允许用户把程序分成多个任务，它们并发执行，从而有效地改善了系统的性能。微软公司的 Windows 家族的 Windows 95、Windows 98、Windows XP、Windows 7、Windows 10、Windows Server 等都是典型的单用户多任务操作系统，不仅图形界面友善，还支持多任务和扩展内存等功能。多用户多任务操作系统允许多个用户通过各自的终端使用同一台机器，共享主机系统中的各种资源，而每个用户程序又可进一步分成几个任务，并发执行，提高系统资源利用率。典型的多用户多任务操作系统是 UNIX操作系统，以及跟 UNIX 操作系统一脉相承的 Solaris OS 和 Linux OS。

（2）网络操作系统

网络操作系统是向网络计算机提供服务的一种特殊操作系统，借助网络来达到传递数据与信息的目的。网络操作系统中，通过配置的网络接口控制器以及一些远程登录和远程文件访问，可以通过网络登录到一台远程机器上并进行相关操作，每台计算机又运行有自己本地的操作系统。

网络操作系统与单处理器的操作系统没有本质区别，只是需要网络接口控制器及底层软件来驱动。

（3）分布式操作系统

分布式操作系统通过通信网络将物理上分布的具有同等地位的计算机系统互联起来，可以把一个大任务划分成很多可以并行执行的子任务，并按一定的调度策略将它们动态地分配给各个计算机执行，实现信息交换和资源共享，协作完成任务。

分布式操作系统通常允许一个应用在多台处理器上同时运行，用户不知晓自己的程序在何处运行，这些都由分布式操作系统自动和有效地处理。

（4）嵌入式操作系统

嵌入式操作系统是指用于嵌入式系统的操作系统，通常包括与硬件相关的底层驱动软件、系统内核、设备驱动接口、通信协议、图形界面、标准化浏览器等。这种系统不是一般意义上的计算机，一般不需要用户安装软件，应用于智能家电、智能交通控制、智能机器人等各个领域。目前在嵌入式领域广泛使用的操作系统有：嵌入式实时操作系统 μC/OS-Ⅱ、嵌入式 Linux、Windows Embedded、VxWorks 等。

（5）服务器操作系统

服务器操作系统在服务器上运行，服务器可以是大型的个人计算机、工作站甚至大型机。它们通过网络同时为若干个用户服务，并且允许用户共享硬件和软件资源。Internet 提供商运行着许多服务器机器，为用户提供支持，使 Web 站点保存 Web 页面并处理请求。典型的服务器操作系统有 Solaris、FreeBSD、Linux 和 Windows Server。

（6）多处理器操作系统

多处理机是指系统具有两个或两个以上处理机，通过高速互联网络连接起来，获得大量联合计算能力。它们需要专门的操作系统，不过通常采用的操作系统是配有通信、链接和一致性等专门功能的服务器操作系统的变体。

个人计算机中已经出现多核芯片，许多主流操作系统包括 Windows 和 Linux 都可以运行在多核处理器上。

（7）移动计算机系统

随着系统越来越小型化，平板电脑、智能手机和其他掌上计算机系统安装的操作系统，这部分主要以谷歌的 Android 系统和苹果的 iOS 系统为主，大多数设备基于的是多核 CPU、GPS、摄像头和其他的传感器、大量内存和精密的操作系统，它们都有数不清的第三方应用（APP）。

5.3　主流操作系统简介

5.3.1　Windows 操作系统

Windows 是 Microsoft 公司于 1985 年 11 月推出的基于图形用户界面（Graphic User Interface，GUI）、具有多窗口及多任务功能的操作系统。其主要特点是界面形象生动，操作简单，是微机装机普及率最高的操作系统。从 Windows 3.1 版本开始，发展到 1995 年推出的 Windows 95 以及 1998 年推出的 Windows 98，Windwos 操作系统使得访问 Internet 资源就像访问本地硬盘一样方便，从而更好地满足了人们越来越多的访问 Internet 资源的需要。

2000 年推出的 Windows 2000/Windows NT（New Technology 新技术）系统是真正的 32 位操作系统，与普通的 Windows 系统不同，它主要面向商业用户，有服务器版和工作站版之分。之后，Microsoft 公司又相继推出了 Winodws XP、Vista、Windows 7/8/10 等。目前，Windows 主要有两个系列，一个是面向个人消费者和客户机开发的 Windows 7/8/10 系列，另一个是面向服务器开发的 Windows Server 2008/2012/2016。

Windows 系列操作系统的主要优点是图形界面良好，拥有良好的集成开发环境，操作简单，提供了一个可伸缩的高性能平台。主要缺点是系统更新不及时，漏洞较多，不稳定，易受病毒和木马的攻击。

5.3.2 UNIX 操作系统

UNIX 操作系统是一个强大的多用户、多任务操作系统，支持多种处理器架构，按照操作系统的分类，属于分时操作系统，源自 20 世纪 70 年代开始在美国 AT&T 公司的贝尔实验室开发的 AT&T Unix。由于 UNIX 具有技术成熟、可靠性高、网络和数据库功能强、伸缩性突出和开放性好等特色，可满足各行各业的实际需要，特别能满足企业重要业务的需要，因此一直作为商用服务器操作系统的首选。其中，在 UNIX 的各发行版中，Open Solaris 是唯一一个由商业版转为开放源代码的个例；Oracle Solaris 是 UNIX 商业版中非常优秀的操作系统。

5.3.3 Linux 操作系统

1991 年初，芬兰赫尔辛基大学的大学生 Linus Torvalds 开始在一台 386sx 兼容微机上学习 Minix 操作系统。通过学习，他逐渐不满意 Minix 系统的现有性能，开始酝酿开发一个新的免费操作系统。1991 年 10 月，Linux 第一个公开版 0.01 版发布。1994 年 3 月，Linux 1.0 版发布，Linux 的标志是可爱的企鹅。

Linux 是一款免费的操作系统，用户可以通过网络或其他途径免费获得内核源代码，这是其他的操作系统所做不到的。正是由于这一点，来自全世界的无数程序员参与了 Linux 的修改、编写工作，程序员可以根据自己的兴趣和灵感对其进行改变。这让 Linux 吸收了无数程序员的成果精华，不断壮大。Linux 遵循世界标准规范，特别是遵循开放系统互联（OSI）国际标准，凡遵循 OSI 国际标准所开发的硬件和软件都能彼此兼容，可方便地实现互联。Linux 不仅支持多用户多任务，还具有丰富的网络功能，并且采取了许多安全技术措施，其中有对读写进行权限控制、审计跟踪、核心授权等技术，这些都为安全提供了保障。Linux 由于需要应用到网络服务器，这对稳定性也有比较高的要求，因此 Linux 也是优秀的网络操作系统。并且 Linux 可以运行在多种硬件平台上，如具有 x86、SPARC、Alpha 等处理器的平台，也可以作为一种嵌入式操作系统，运行在掌上电脑、机顶盒或游戏机上。

仅有内核而没有应用软件的操作系统是无法使用的，所以许多公司开发出了基于 Linux 内核的图形界面，同时配上很多功能强大的应用软件，使我们能像使用 Windows 一样便捷地使用 Linux。一个操作系统内核加上图形界面加上应用软件，这样一套完整的软件环境统称一个发行版本。相对于 Linux 操作系统内核版本，厂商发行版本的版本号各不相同，与 Linux 系统内核的版本号是相对独立的。 这其中最著名的便是 Red Hat 公司开发的 Red Hat 系列

（RedHat、Fedora、CentOS）以及社区组织开发的 Debian 系列发行版本（Debian、Ubuntu）。

　　Linux 内核 ＋ 各种自由软件 ＝ 完整的操作系统，厂商提供的辅助安装、软件包管理等程序，发行版的名称、版本由发行厂商决定。比如 Red Hat Enterprise Linux 7，由 Red Hat 公司发布；Suse Linux 11，由 Novell 公司发布；Debian Linux 7.5，由 Debian 社区发布。

5.3.4　Mac 操作系统

　　Mac 操作系统是苹果机专用系统，是基于 UNIX 内核的图形化操作系统，在首个在商用领域成功的图形用户界面操作系统。2011 年 7 月 20 日 Mac OS X 已经正式被苹果改名为 OS X。2016 年，OS X 改名为 Mac OS。

　　Mac 操作系统的主要特点是：全屏模式，减少多个窗口带来的困扰；任务控制，可用窗口和全屏模式查看各种应用；快速启动面板，工作方式与 iPad 完全相同，用户可以很容易地找到各种应用。Mac OS 具有较强的图形处理能力，广泛应用于出版、印刷、影视制作和教育等领域。但它与 Windows 缺乏较好的兼容性，影响了它的普及。

5.3.5　Android 操作系统

　　Android（安卓）操作系统是一种以 Linux 为基础的开放源码操作系统。2005 年 8 月由 Google 收购注资。2007 年 11 月，Google 与 84 家硬件制造商、软件开发商及电信营运商组建开放手机联盟共同研发改良 Android 系统。随后 Google 以 Apache 开源许可证的授权方式，发布了 Android 的源代码。Android 操作系统的开放性允许任何移动终端厂商加入到 Android 联盟中来，有大量的用户和丰富的应用，是全球市场份额最大的移动终端操作系统。

5.3.6　鸿蒙操作系统

　　2019 年 8 月 9 日，华为在东莞举行华为开发者大会，正式发布操作系统鸿蒙 OS（HarmonyOS）。它是一款"面向未来"、面向全场景（移动办公、运动健康、社交通信、媒体娱乐等）的分布式操作系统，适配多种终端形态的分布式理念，能够支持手机、平板、智能穿戴、智慧屏、车机等多种终端设备。

　　对消费者而言，HarmonyOS 能够将生活场景中的各类终端进行能力整合，可以实现不同的终端设备之间的快速连接、能力互助、资源共享，匹配合适的设备，提供流畅的全场景体验。

　　对应用开发者而言，HarmonyOS 采用了多种分布式技术，使得应用程序的开发实现与不同终端设备的形态差异无关。这能够让开发者聚焦上层业务逻辑，更加便捷、高效地开发应用。

　　对设备开发者而言，HarmonyOS 采用了组件化的设计方案，可以根据设备的资源能力和业务特征进行灵活裁剪，满足不同形态的终端设备对于操作系统的要求。

5.4　操作系统对资源的分工与协作

5.4.1　操作系统对资源的分工

　　操作系统作为资源的管理者，可以最大限度地提高系统中各种资源的利用率，并且保证多任务有条不紊地高效运行，最终方便用户的使用。为此，操作系统除了具有处理机管理、存储器管理、设备管理和文件管理等基本功能，还应该向用户提供方便的用户接口。

5.4.1.1　处理机管理

对于一台普通的单处理器的计算机来说，我们可以一边听音乐，一边写文章，同时还可以利用即时通信软件进行交流，这是因为操作系统在利用处理机管理功能交替为这些程序服务。当它们存放在硬盘上的时候称为程序，当它们进入内存运行起来以后我们称之为进程（或线程），如图 5.6 所示，打开 Windows 操作系统的任务管理器，我们发现运行在机器上的都是进程。在多道程序环境下，处理机的分配和运行常常以进程为单位。

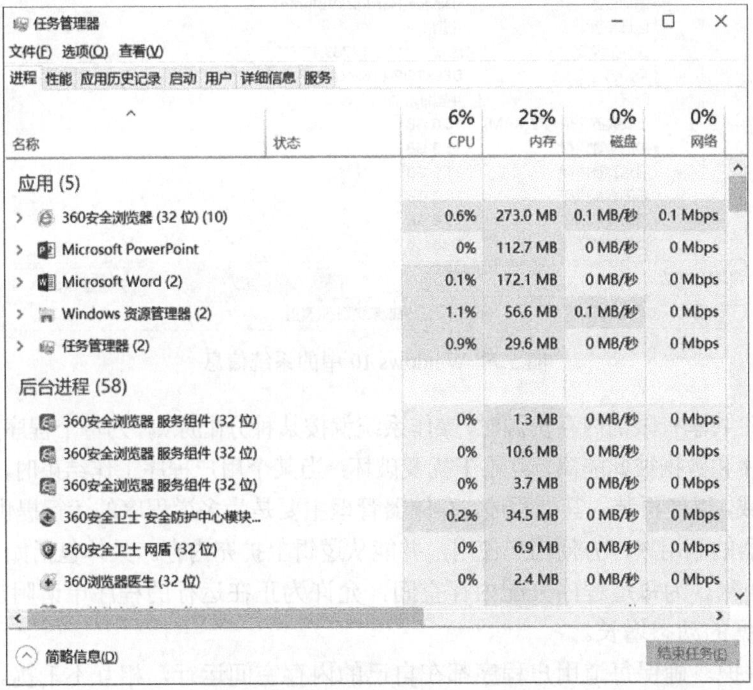

图 5.6　Windows 10 中的任务管理器

进程是操作系统中最基本、最重要的概念之一。进程是程序的一次执行过程，是一个程序与其使用的数据在处理机上顺序执行时发生的活动，即进程是程序在一个数据集合上的运行过程。进程是系统进行资源分配和调度的一个独立单位。

处理机管理的主要功能包括创建和撤销进程，对诸进程的运行进行协调，实现进程之间的信息交换以及按照一定的算法把处理机分配给进程。

① 进程控制。为静态的程序创建一个或多个进程，分配必要的资源，进程运行过程中因为中断等原因造成的状态转换以及进程结束后的撤销。

② 进程同步。为使系统中的进程有条不紊地运行，系统必须设置进程同步机制，以协调系统中各进程的运行。

③ 进程通信。进程之间有时候需要完成一个共同任务，需要进行信息的交换。

④ 调度。调度包括从外存到内存的作业调度和内存就绪队列中获得处理机的进程调度。

5.4.1.2　存储器管理

这里的存储器主要指的是内存（RAM），虽然内存的容量不断地增大，但如帕金森定律指出的"不管存储器有多大，程序都可以把它填满"，所以存储器依然是需要管理的重要资源。

通过 Windows 10 操作系统的"控制面板"中的"管理工具"下的"系统信息"（如图 5.7 所示），可以查看当前系统的物理内存。

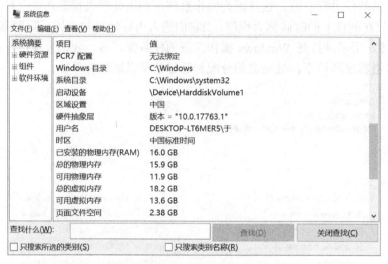

图 5.7　Windows 10 中的系统信息

当多个程序共享有限的内存资源时，操作系统就按某种分配原则，为每个程序分配内存空间，使各用户的程序和数据彼此隔离，互不干扰及破坏；当某个用户程序工作结束时，要及时收回它所占的内存区域，以便再装入其他程序。存储器管理主要是为多道程序的运行提供良好的运行环境，提高存储器的利用率，方便用户使用，并能从逻辑上扩充内存。具体包括如下几方面。

① 内存分配。为每道程序分配内存空间，允许为正在运行的程序申请附加的内存空间，适应程序和数据的动态增长。

② 内存保护。确保每道用户程序都在自己的内存空间运行，相互不干扰。

③ 地址映射。操作系统对硬件进行了抽象，内存也不例外，程序员可以不直接使用物理地址，操作系统完成逻辑地址到物理地址的转换。

④ 内存扩充。借助虚拟存储技术，从逻辑上扩充内存容量，让更多的用户程序并发运行。如图 5.8 所示，虚拟内存是硬盘的一块空间，内存管理使用请求调入和置换功能使用户感觉内存容量比实际内存容量大很多。

5.4.1.3　设备管理

操作系统将 CPU 管理抽象为对进程的管理，将对内存的管理抽象为地址空间的管理，操作系统还要控制计算机的所有输入/输出（I/O）设备，比如键盘、鼠标、显示器、打印机等。Windows 10 设备管理器中的常见输入/输出设备如图 5.9 所示。

设备管理的主要任务是完成用户提出的 I/O 请求，为用户分配需要的 I/O 设备，提高 CPU 和 I/O 设备的利用率，以及为设备提供简单易于使用的接口。具体包括以下几个方面。

① 缓冲管理。在内存中设置缓冲区，缓和高速的 CPU 和低速的外设之间速度不匹配的矛盾。

② 设备分配。系统根据资源情况按照某种分配策略为用户分配响应的设备，设备使用完后，系统再进行回收。

③ 设备处理。设备处理程序又称设备驱动程序，对于未设置通道的计算机系统，其基本

任务通常是实现 CPU 和设备控制器间的通信，即由 CPU 向设备控制器发出 I/O 指令，要求它完成指定的 I/O 操作，并能够接收由设备控制器发来的中断请求，给予及时的响应和处理。

图 5.8　Windows 10 中虚拟内存的设置　　　　图 5.9　Windows 10 中的设备管理器

④ 设备独立性和虚拟设备。设备独立性是指应用程序独立于物理设备，使用户编程与实际的物理设备无关。虚拟设备就是将一台物理设备映射为多台逻辑上的设备。

5.4.1.4　文件管理功能

文件就是将逻辑上有完整意义的信息资源（程序和数据）存放在外存储器（磁盘、磁带）上的集合，一个源程序、一个表格、一份公文等，都可以构成一个文件。为了检索和存储方便，文件都有一个名字，包括文件名和扩展名两部分。

存储在文件中的信息必须是持久的，不会因为进程的创建与终止而受到影响，所以有进程的简化描述就是程序的一次动态运行。一个文件只能在其所有者明确删除它的情况下才会消失。

文件是一种抽象机制，提供一种在磁盘上保存信息而且方便以后读取的方法，用户可以不用了解具体存储的位置、方法等细节。有关文件的构造、命名、访问、使用、保护、实现和管理方法都由操作系统文件管理进行处理，我们把操作系统处理文件的部分称为文件系统（File System）。如图 5.10 所示，Windows 10 中采用的是 NTFS（New Technology File System），这是一个特别为网络和磁盘配额、文件加密等管理安全特性设计的磁盘格式，提供长义件名、数据保护和恢复，能通过目录和文件许可实现安全性，并支持跨越分区。在 Windows XP、Windows 7 等操作系统和一些 U 盘当中兼容 FAT32 的文件系统，FAT 文件系统限制使用"8.3"的文件命名规范，在一个文件名中，句点之前部分的最大长度为 8 个字符，句点之后部分的扩展名最大长度为 3 个字符。FAT 文件系统中的文件名必须以字母或数字开头，并且不得包含空格。此外，FAT 文件名不区分大小写字母。NTFS 文件系统弥补了 FAT 文件系统的缺陷，并且加强了容错性和安全性。

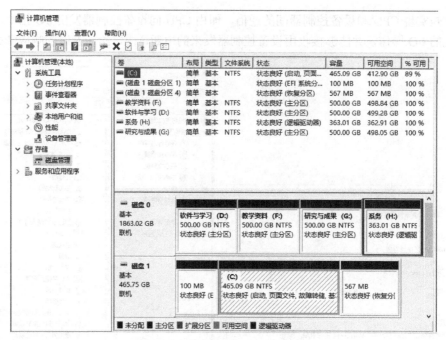

图 5.10　Windows 10 中的磁盘管理

文件管理主要包括以下几方面。

① 文件存储空间管理。文件系统对文件的存储空间实施统一管理，为每个文件分配必要的外存空间。文件存储空间管理的目标是提高文件存储空间的利用率，并提高文件系统的工作效率。如图 5.11 所示，Windows 10 中提供了磁盘优化和碎片整理功能，对磁盘碎片情况分析，并进行磁盘碎片整理，提高磁盘利用率。

② 目录管理。为方便用户在文件存储器中找到所需文件，通常由系统为每一文件建立一个目录项，包括文件名、属性以及存放位置等，若干目录项又可构成一个目录文件。目录

图 5.11　Windows 10 中的磁盘属性

管理的任务是为每个文件建立目录项，并对目录项施以有效地组织，以方便用户按名存取。

③ 文件读/写管理。根据用户的请求，从外存中读取数据，或将数据写入外存。

④ 文件保护。为了防止系统中的文件被非法窃取或破坏，在文件系统中应建立有效的保护机制，以保证文件系统的安全性。

5.4.1.5　用户接口

操作系统除了对资源进行管理，还为用户提供相应的接口，用户通过使用这些接口达到方便使用计算机的目的。操作系统为用户提供的接口如下：

（1）命令接口

命令接口也称作业级接口，分为联机命令接口和脱机命令接口。

联机命令接口是为联机用户提供的，它由一组键盘命令及其解释程序组成，当用户在终

端或控制台输入一条命令后，系统便自动转入命令解释程序，对该命令进行解释并执行。在完成指令操作后，控制又返回到终端或控制台，等待接收用户输入下一条命令，这样用户可通过不断键入不同的命令达到控制作业的目的。

脱机命令接口是为批处理系统的用户提供的，在批处理系统中，用户不直接与自己的作业进行交互，而是使用"作业控制语言"的语句，将用户对其作业控制的意图写成作业说明书，然后将作业说明书连同作业一起提交给系统。当系统调度该作业时，通过解释程序对作业说明书进行逐条解释并执行。这样，作业一直在作业说明书的控制下运行，直到遇到作业结束语句时系统停止该作业的执行。这种工作方式已被批处理命令所替代。

联机命令更加注重交互性，脱机命令即批处理更加注重效率，对应批处理程序，完成相关作业。

如图 5.12 所示为 Windows 中联机命令窗口，系统通过命令进行命令解释。

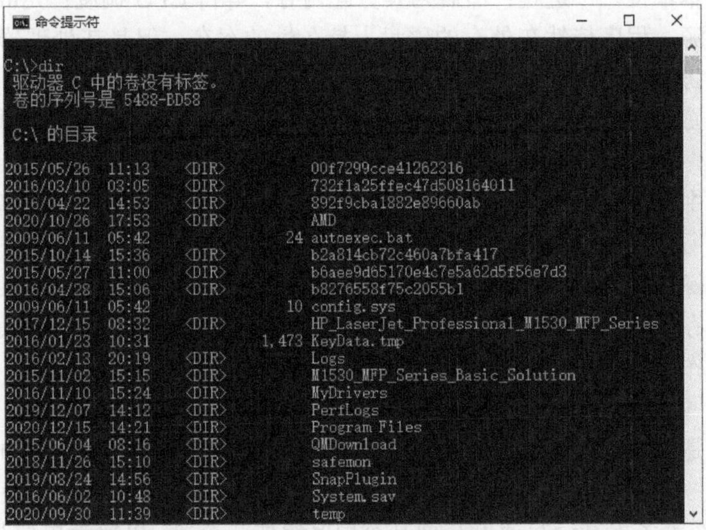

图 5.12　命令提示符窗口图

（2）程序接口

程序接口是应用程序获取操作系统服务的唯一途径。程序接口由一组系统调用组成。每一个系统调用都是一个完成特定功能的子程序。

为了提高系统的安全性和稳定性，现代操作系统将操作系统核心代码（内核）与应用程序、用户运行的服务程序分离。应用程序或者用户运行的服务程序需要操作系统核心（内核）为其提供服务时，通过程序接口（系统调用）来完成。用户程序通过系统调用命令向系统请求内核服务，如申请分配和回收内存以及各种控制要求等。

（3）图形接口

图形接口（GUI）通过鼠标或键盘，在图形界面上单击或者使用快捷键，就可以方便地使用操作系统。用户不需要记忆命令，大大减免了用户记忆的工作量，是最为流行的用户使用方式。GUI 图形接口最终是通过调用程序接口实现的。

5.4.2　操作系统对资源的协作

操作系统通过处理器管理完成多个程序的同时运行；通过内存管理让多任务在内存中并

发运行并且相互不影响，可以开着聊天程序，写着文档，听着音乐，还可以浏览网页；通过设备管理，在我们使用磁盘设备进行存储的时候不需要关心具体存放的位置；通过文件管理可以方便地持久化存储并且还能进行便捷地查询。但是操作系统的各功能之间并非是完全独立的，分工是指独立管理复杂环境中的每个部件，操作系统具有 CPU 管理、内存管理、设备管理、文件管理等部件管理程序；协作是指这些分工管理程序之间需要合作以共同完成"执行存放在外存上的应用程序"这样一个任务。"分工-协作"体现了一种观察复杂问题的视角，可以使复杂的系统变得简单，是解决复杂系统问题的一种重要的思维模式。我们以操作系统中的几个任务协作为示例，简单看一下操作系统对资源如何进行协作管理。

① 协作 1：如何让处理器执行存在磁盘上的程序？

完成这个任务需要在操作系统对各类资源分工的基础上进行协作。存放在磁盘上的程序首先要经过存储器的管理将它调入内存，调入内存以后就要通过进程管理将它变为一个处理机可以调度的基本单位——进程；然后为其分配内存，等待 CPU 调度；完成相应任务后，回收内存并释放资源。程序依然在外存的磁盘上持久性的存在，但是在处理器管理、存储器管理和文件管理的协作下完成了我们提出来的任务。

② 协作 2：如何在内存有限的前提下增大系统的并发度（简单说就是内存中如何能运行更多的作业）？

计算机系统中的内存资源是有限的，由系统上所有运行的进程竞争共享。当系统运行多个应用程序时，所有进程分配的内存总量会超过系统内存的容量。通过内外存之间的协作，借助虚拟技术，操作系统便可以使用外存（如硬盘）上的后备存储空间，保存临时不用的或暂时无法放到内存中的进程的部分内容。CPU 只能访问内存中的地址，当执行中的进程内容不在内存时，操作系统必须在磁盘后备存储空间和内存之间交换数据。

③ 协作 3：文件有大有小，在磁盘中是如何存储的？

磁盘管理的是信息，信息说到底就是 01 码，小的可能几个字节，大的可能几个吉字节（GB）。磁盘被划分成盘面、磁道和扇区，扇区是一次读写的基本单位，一般大小为 512 个字节，现代操作系统为了提高读写速度会把几个扇区组成一个簇，以簇为单位与内存交换信息。文件管理中采用的文件系统（比如 Fat32、NTFS 等）负责记录管理相应的文件信息，组织好离散的扇区和簇。

5.5 操作系统的特性

虽然不同功能的操作系统各有侧重功能，但它们具有并发、共享、虚拟和异步四个共同特性。

（1）并发

并发性是指两个或者多个事件在同一时间间隔内发生，它是一个较为宏观的概念。并发性与并行性既相似，又有区别。并行性是指两个或者多个事件在同一时刻发生，是一个具有微观意义的概念，即在物理上这些事件是同时发生的。而在多道程序环境下，并发性是指在一段时间内有多道程序在同时运行，但在单处理机的系统中，每一时刻仅能执行一道程序，故微观上这些程序是在交替执行的。

应当指出，我们把存在外存磁盘上的文件称为程序，程序是一个静态实体，是不能并发执行的。为了使程序能并发执行，系统必须分别为每个程序建立进程。进程，又称任务，简单来说，是指在系统中能独立运行并作为资源分配的基本单位，它是一个动态的实体。多个进程之间可以并发执行并能交换信息。一个进程在运行时需要一定的资源，如 CPU、存储空间及 I/O 设备等。在操作系统中引入进程的目的是使程序能并发执行，从而提高系统运行的效率。

（2）共享

共享指系统中的资源可供内存中多个并发执行的进程共同使用。系统中的某些资源，如打印机、磁带机，虽然它们可以提供给多个进程使用，但为使打印或记录的结果不造成混淆，一段时间内只允许一个进程访问该资源，这种资源我们称之为互斥共享资源。系统中还有一类资源，允许在一段时间内由多个进程"同时"对它们进行访问。"同时"是单处理机环境下宏观意义的同时，微观上它们交替使用，分时共享。典型的可供多个进程"同时"共享的资源是磁盘设备。

并发和虚拟是操作系统两个最基本的特征，两者互为依存条件。

（3）虚拟

虚拟是指把一个物理上的实体变成若干逻辑上的对应物。操作系统利用虚拟化技术将物理资源（如处理器、内存或磁盘）转换成更通用、更强大且易于使用的虚拟形式，这也是我们为什么有时将操作系统称为虚拟机。

将虚拟技术用于处理器中，是通过多道程序设计技术，让多道程序并发执行，分时使用一个处理器。此时，虽然只有一个处理器，但是它能同时为多个用户服务，每个终端用户都感觉有一个中央处理器专门为自己服务。利用多道程序设计技术，把一个物理上的 CPU 虚拟为多个逻辑的 CPU，称为虚拟处理器。利用虚拟技术，将内存 RAM+硬盘变成虚拟存储器，从逻辑上扩充存储器的容量，称为虚拟存储器。利用虚拟设备技术，将一台物理设备虚拟为多台逻辑设备（比如利用 SPOOLING 技术将一台打印机虚拟为多台逻辑上的打印机）。

（4）异步

在多道程序环境下，允许多个程序并发执行，由于资源有限，进程的执行不是一贯到底的，而是走走停停，以不可预知的速度向前推进，我们称之为异步性，也称为不确定性。尽管如此，只要运行环境相同，作业经过多次运行，都会获得完全相同的结果，因此，异步运行方式是可行的。

5.6 计算机的启动

认识了操作系统后，我们思考一个问题，从电源键被按下，到显示器出现操作系统桌面，计算机是如何启动的呢？实际上开机过程就是启动操作系统的过程，每个平台的细节都有不同，整体来说，启动过程经历了如下几个主要环节。

（1）加电

计算机启动从硬件加电被激活开始。按动电源键，电流通过主板连通了计算机各主要硬件，主板的定时器芯片接收到电源发送信号后执行例行程序，其中 POST（Power-On Self-Test）加电自检程序主要是对 CPU、内存等硬件设备进行检测和初始化 CPU 开始工作。

（2）BIOS（Basic Input/Output System，基本输入输出系统）自检，中央处理器（CPU）初始化硬件

BIOS 是由计算机制造商初始化在 ROM 存储器中的指令，一般称之为固件，能为电脑提供最低级、最直接的硬件控制与支持，是联系最底层的硬件系统和软件系统的桥梁。

ROM 中固化的东西可以对计算机的各个部件进行检测，调整硬件的工作状态，比如键

盘、显示器、内存等是否可以工作。假如在测试的早期阶段发现错误，会产生一串蜂鸣声（或蜂鸣码）。接着，BIOS 校验和测试评估视频显示 BIOS ROM 以及其他可能存在的 BIOS ROM。一旦检测到缺陷的 ROM，系统初始化将中止；否则，初始化会继续进行。早期的 BIOS 存储在 ROM 中，并且其大小不会超过 64KB；而目前的 BIOS 大多有 1～2MB，会被存储在闪存（Flash Memory）中。

（3）系统引导

BIOS 检测主引导扇区的引导程序，利用跳转指令将操作系统加载到内存中。一般将硬盘的 0 面 0 道第一个扇区称为主引导扇区，主引导扇区中的引导代码去磁盘中找操作系统内核，并将它读入内存。主引导扇区承担了一个承上启下的作用。

（4）操作系统启动，出现图形界面或命令窗口

内核的启动代码是用汇编语言编写的，具有较高的机械依赖性，包括识别 CPU 类型、计算可用内存、启用内存管理单元等，最后调用 C 语言编写的 main 函数开始执行操作系统的主要部分。操作系统运行起来以后，就会依次把控制权交给准备运行的应用程序。

本章小结

操作系统是配置在计算机硬件上的第一层软件，是对硬件系统的首次扩充。其主要作用就是管理好这些设备，提高它们的利用率和系统的吞吐量，并为用户和应用程序提供一个简单的接口，方便用户使用。

随着计算机的发展，从无操作系统到了单道批处理操作系统、多道批处理操作系统、分时系统、实时系统。批处理系统：用户可以把作业一批批地输入系统，直到作业运行完毕后，才根据输出结果分析作业运行情况。分时操作系统：将 CPU 的时间划分成时间片，轮流接收和处理各个用户从终端输入的命令。实时操作系统：对信号的输入、计算和输出都能在一定的时间范围内完成。

操作系统功能强大，主要是管理各类系统资源，包括处理机管理、存储器管理、设备管理和文件管理，并为用户提供命令接口、图形接口和系统调用的多种方式使用操作系统。虽然不同功能的操作系统各有侧重功能，它们具有共同的并发、共享、虚拟和异步四个特性。

思考题

1. 什么是操作系统？
2. 操作系统的作用是什么？
2. 三大基本操作系统是什么？各有什么特点？
3. 有两个程序，程序 A 依次使用 CPU 10s，使用设备甲 5s，使用设备乙 10s，使用 CPU 10s；程序 B 依次使用设备甲 10s，使用 CPU 10s，使用设备乙 5s，使用 CPU 5s，使用设备乙 10s；单道程序环境下先执行程序 A 再执行程序 B，计算 CPU 的利用率是多少？在多道程序环境下，CPU 的利用率是多少？
4. 操作系统对资源进行了哪些分工管理？
5. 操作系统的特性是什么？
6. 操作系统的接口有哪几种？

第6章 计算机语言与程序设计

学习目标:

① 了解计算机语言的概念、发展历史、类型等相关知识;

② 了解两种程序设计方法及区别;

③ 理解计算机软件及软件工程的定义及特性;

④ 理解软件危机产生的原因及表现;

⑤ 掌握软件生存周期及几种常用的开发模型。

语言(Language)是人类进行沟通交流的工具。当母语为不同语言的人进行交流时,往往以一种通用语言作为交流媒介,例如英语。计算机语言是人类与计算机进行沟通交流的语言。计算机程序是指令的集合,是人类将求解问题的方法按照某种计算机语言的语法及规则编写成指令集合,编写指令的过程也就是程序设计的过程,程序用来告诉计算机做什么,计算机执行程序完成问题求解。

6.1 计算机语言基础

6.1.1 什么是计算机语言

语言是信息传递的媒介,是一种交流的工具。人与人之间通过双方都能理解的自然语言进行交流,而人与计算机之间采用计算机语言进行交流。

任何一种语言(包括自然语言、计算机语言等)都是建立在一定规则基础上的一个有限的符号系统。组成计算机语言的符号系统通常包括0~9这10个数字、26个英文字母(包括大小写)以及一系列的算术运算符、关系运算符等符号。在使用语言进行交流的过程中,为达到交流的目的,用来交流的双方必须依据规则来进行意思的表达。即对于语言的设计者而言,需要在符号集合的基础上,定义一系列语法规则,利用这些语法规则,可以构造各种符合要求的语法单位(在计算机语言中,基本的语法单位包括单词、句子、函数、程序等);还需要定义语义规则,利用语义规则对每个语法单位的含义进行解释。对于语言的使用者而言,需要遵循这些规则进行语言的组织,以双方都理解的方式进行交流。

综上所述,计算机语言是建立在有限符号集上的一个系统,计算机语言包含一定的规则,利用这些规则可以构造形式上正确的计算机程序,该程序所实现的功能由各语义规则进行解释。

6.1.2 从机器语言到高级语言

在计算机诞生之后的 70 多年时间里，产生了上千种计算机语言。在计算机语言的发展过程中，经历了从低级语言到高级语言的发展过程。所谓的低级语言，是指面向计算机硬件的语言，是一种符合机器的思维方式、对计算机硬件更友好、执行效率更高的语言；相反，高级语言是面向用户的语言，符合人类思维、开发效率更高的语言。低级语言包括机器语言和汇编语言，高级语言包括 C、C++、Java、C#、Python 等。

（1）机器语言

机器语言（Machine Language）是最早的计算机语言，又称为第一代程序设计语言。机器语言是直接用二进制代码指令表达的计算机语言。指令是控制计算机工作的一系列命令。计算机指令由操作符和操作数组成。操作符指明指令应进行的操作的性质，操作数是指操作的对象。在机器语言中，组成计算机指令的操作符和操作数均是由 0 和 1 组成的一串代码，它们有一定的位数，并分成若干段，各段的编码表示不同的含义，机器指令通过线路变成电信号，让计算机执行各种不同的操作。

下面是三条机器语言指令（为简洁起见，用 16 个二进制位表示一条计算机指令）：

10110000 00001000

00101100 00000010

11110100

在上述三条指令中，第 1 条指令是"LOAD"指令，其作用是将十进制整数 8 放入寄存器 A 中；第 2 条指令是"ADD"指令，其作用是将十进制整数 2 与寄存器 A 中的值相加，结果仍放入寄存器 A 中；第 3 条指令的意思是结束，停机。

上面的三条指令所完成的功能可以用表达式 A=8+2 来表示，这是一条采用高级语言编写的代码，该表达式的语义是：将 8 和 2 加起来，计算的结果赋值给变量 A。

从实现方式上来看，机器语言是由纯粹的"0"和"1"组成的二进制代码语言，是能被计算机识别、直接执行的唯一语言。这种代码易于计算机的理解和执行，又称为面向计算硬件的语言。

采用计算机语言编写的程序称为机器语言程序，机器语言程序是唯一一种可以由计算机硬件直接执行的计算机程序。机器语言程序具有占用空间小、执行速度快等优点；由于机器语言的指令集是由二进制代码组成的，故存在着不易写、不易读、不易理解和记忆等缺点。另外，机器语言是面向计算机硬件的语言，由于不同型号的计算机的指令系统（机器语言）可能各不相同，按一种计算机型号的指令系统编写的程序，只能在这种型号的机器上使用，拿到另一种计算机上根本就无法执行，导致机器语言程序的移植性差。这给计算机的普及与推广带来很大限制。

（2）汇编语言及汇编程序

① 汇编语言及其特点　汇编语言是一种用于电子计算机、微处理器、微控制器或其他可编程器件的低级语言，也称为符号语言，又称为第二代程序设计语言。在汇编语言中，用助记符代替机器指令的操作符，比如：用"ADD"代表数学上加法运算，"MOV"代表数据传递等，用地址符号或标号代替指令或操作数的地址。下面是用汇编语言编写的程序段：

MOV　　A，8

ADD　　A，2

HLT

　　在上面的三条指令中，第一条指令的作用是把十进制整数 8 放入累加器 A 中，第二条指令是将十进制整数 2 与累加器 A 中所含数据相加，并将结果存入 A 中，第三条指令结束，停机。

　　上面三条指令的功能与赋值表达式 A=8+2 的功能相同。

　　用汇编语言编写的程序称为汇编语言程序。从上面的两段示例代码中可以看到，由于采用了助记符来表示计算机指令，因此汇编语言程序比机器语言程序易于读写、调试和修改，同时具有机器语言的占用空间小、执行速度快的优点；同样，由于汇编语言也是一种面向计算机硬件的语言，因此它同样也存在可移植性差的问题。

　　② 汇编程序　由于汇编语言采用了助记符来表示计算机指令，因此用汇编语言编写的程序必须经过一定的处理，处理目的是将汇编语言程序翻译成机器语言程序。完成这种翻译工作的程序称为汇编程序，汇编程序的处理过程见图 6.1。

　　③ 汇编语言的应用　在计算机语言的发展过程中，汇编语言曾经是非常流行的程序设计语言之一，可以用汇编语言进

图 6.1　汇编过程

行操作系统、计算机游戏等软件的开发。随着计算机技术的发展以及计算机的广泛应用，计算机软件的功能变得越来越强大，用户对软件开发速度和效率的要求越来越高，汇编语言逐渐暴露出编程效率低、代码可维护性差等问题，新出现的高级语言逐渐取代了汇编语言。即便如此，高级语言也不可能完全替代汇编语言的作用。以 Linux 操作系统为例，虽然大部分代码是用 C 语言编写的，但某些关键地方依然使用了汇编代码来解决问题，由于这部分代码与硬件的关系非常密切，使用汇编语言编写程序能够很好地扬长避短，最大限度地发挥计算机硬件的性能。汇编语言在工业生产过程控制、实时控制、仪器仪表自动化等领域中也被大量应用。汇编语言程序规模小，对存储空间的要求不高，并且相对于高级语言程序，汇编语言程序的执行速度快、效率高。因此，在存储容量有限、需要快速响应的场合中，汇编语言依然被广泛使用。

（3）高级语言

　　在计算机语言的发展过程中，机器语言和汇编语言为推动计算机技术的发展起到了非常重要的作用，但这两种语言可读性差、可移植性差的缺点也阻碍了计算机技术的推广和使用。随着用户的需求越来越高、越来越复杂，为了更好地满足用户的各种需求，逐渐产生了高级程序设计语言。

　　高级语言主要是相对于汇编语言而言，它并不是特指某一种具体的语言，而是包括了很多编程语言，如流行的 C/C++、Java、C#、Python 等，这些语言的语法、命令格式都各不相同。高级程序设计语言是一种面向用户的计算机语言，采用更易于人理解的方式对计算机指令进行描述，因其描述方式更接近于日常英语，所以被称为高级程序设计语言，又称为第三代程序设计语言。

　　和汇编语言相比，高级程序设计语言不但将许多相关的机器指令合成为单条指令，并且去掉了与具体操作有关但与完成工作无关的细节，大大简化了程序中的指令。同时，由于省略了很多细节，编程者也就不需要有太多的硬件专业知识。除此之外，高级语言符合人的思维，可读性很强，提供了丰富的数据结构和控制结构，提高了问题的表达能力，降低了程序的复杂性，屏蔽了具体硬件细节，具有良好的可移植性。

6.1.3　计算机语言的基本要素

一个应用程序可以包含一个或多个函数，每个函数可以包含若干条语句，每条语句可以包含若干个表达式，图 6.2 描述了程序的层次结构。

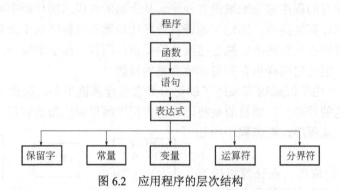

图 6.2　应用程序的层次结构

在应用程序中，将保留字、常量、变量、运算符、分界符称为单词，单词是程序中的语法单位，由各种基本符号组成；表达式、语句、函数、程序是更大的语法单位。各语法单位的构造必须符合规则要求。

计算机语言是符号和规则的集合。符号和规则是计算机语言的基本要素。

（1）符号表

任何一门程序设计语言都是建立在有限字符集之上的一个符号系统。这个有限的字符的集合称为符号表。机器语言的符号表只包含 0、1 两个符号；汇编语言的符号表中增加了英文字母；而对于高级语言程序而言，其符号表大都包含 0～9 这 10 个数字、a～z 这 26 个英文符号（对于区分大小写的程序设计语言而言，还包括 A～Z 符号）以及各种运算符号等。

（2）规则

任何程序中都包含一系列的指令，可以称这些指令为语句（Statement）。程序中的每条语句是由若干单词（Words）组成的。程序中的单词、语句必须符合规则。这些规则包括词法规则和语法规则。

①　词法规则和单词　词法规定描述单词的构成规则，也就是如何从字母表中选择字符构成一个合法单词。

变量是高级语言程序中的一类单词（除单词外，高级程序设计语言中还包括保留字、常量、运算符、分界符等几种类型）。例如，在 C/C++中规定：变量由字母、数字、下画线三类符号组成，并且只能以字母或下画线开头。在编写代码时，用户必须按照这一规则定义与使用变量。

②　语法规则和句子　语法规则用来描述程序的构成规则，也就是如何把各个单词组成表达式、语句、函数以及程序等更大的语法单位。例如在 C/C++语言中关于表达式的构造规则如下：常量是一个表达式，变量也是一个表达式，表达式和运算符组合在一起依然是一个表达式。在应用程序设计时，用户可以根据这一规则构造表达式完成需要的计算。

除了表达式之外，任何一种程序设计语言都包含一系列的语句。例如在 C/C++程序设计语言中，C/C++程序设计语言要求变量先声明再使用，可以使用声明语句来完成变量的定义。根据程序设计的要求，在程序中可以使用分支语句或循环语句实现功能，程序中每条语句的书写必须符合相关规则。

③ 语义规则　语义规则用来对语法单位的含义进行解释。各语法单位的语义规则是由高级程序设计语言的发明者提出的,编译器的设计人员需要根据语言的语义规则设计编译器,完成高级语言程序的翻译。

6.1.4　高级程序设计语言的类型

Fortran 语言是世界上第一个被正式推广使用的高级语言。它于 1954 年被提出,1956 年开始正式使用,至今虽已有 60 多年的历史,但仍历久不衰,它始终是数值计算领域使用的主要语言。从第一种高级语言出现到现在,各种不同的高级程序设计语言不断涌现。根据程序设计语言编程方式的不同,存在以下几种类型的高级程序设计语言。

（1）命令式语言

它又称为强制式语言。这种语言的语义基础是模拟“数据存储/数据操作”的图灵机可计算模型,十分符合现代计算机体系结构的自然实现方式。现代流行的大多数语言都是这一类型,比如 Fortran、Pascal、Cobol、C、C++、Basic、Ada、Java、C#等,各种脚本语言也被看作是此种类型。

（2）函数式语言

这种语言的语义基础是基于数学函数概念的值映射的 λ 算子可计算模型。命令式语言采用命令来表示程序,用命令的顺序执行来表达程序。而函数式语言允许程序员用计算来表示程序,用计算的组合来表达程序的组合。典型的函数式语言如 Lisp、Haskell、Scala 等。

（3）逻辑式语言

这种语言的语义基础是基于一组已知规则的形式逻辑系统。逻辑式语言的编程最基本的做法是先描述事实（定义对象与对象之间的关系）,然后用询问目标的方式来查询各种对象之间的关系,系统会自动进行匹配、回溯,并给出答案。典型的逻辑式语言有 Prolog、LEX、YACC 等。

（4）面向对象语言

现代语言中的大多数都提供面向对象的支持,但有些语言是直接建立在面向对象基本模型上的,语言的语法形式的语义就是基本对象操作。主要的纯面向对象语言是 Smalltalk、Ada、Java 等。

6.1.5　常用的计算机语言与集成开发环境

6.1.5.1　常见的程序设计语言

（1）C 语言

C 语言是主流的程序设计语言之一,从 20 世纪 70 年代推出后至今,一直被业界广泛采用。C 语言的诞生是现代程序语言革命的起点,是程序设计语言发展史中的一个里程碑。自 C 语言出现后,以 C 语言为根基的 C++、Java 和 C#等面向对象语言相继诞生,并在各自领域大获成功。但今天 C 语言依旧在系统编程、嵌入式编程等领域占据着统治地位。C 语言具有简洁紧凑、灵活方便、运算符丰富、数据类型丰富等特点,是结构式语言,语法限制不太严格,程序设计自由度大,生成目标代码质量高,程序执行效率高。它既具有高级语言的特点,又具有汇编语言的特点;既可以作为系统设计语言编写系统应用程序,也可以作为应用程序设计语言，编写不依赖计算机硬件的应用程序。它的应用范围广泛，具备很强的数据处理能力，不仅仅是在软件开发上，在各类科研中也都需要用到 C 语言。

（2）C++

C++语言是在 C 语言基础上开发的一种面向对象编程语言，应用广泛。它的主要特点表现在两个方面：一是尽量兼容 C 语言，二是支持面向对象的方法。它保持了 C 语言简洁、高效、接近汇编语言等特点，对 C 语言的类型系统进行了改革的扩充。

C++程序设计语言在游戏、科学计算、网络软件、分布式应用、操作系统、设备驱动程序、移动设备、嵌入式系统的设计与开发中有着广泛的应用。

（3）Java

Java 语言是一门面向对象编程语言，不仅吸收了 C++语言的各种优点，还摒弃了 C++里难以理解的多继承、指针等概念，因此 Java 语言具有功能强大和简单易用两个特征。Java 语言作为静态面向对象编程语言的代表，极好地实现了面向对象理论，允许程序员以优雅的思维方式进行复杂的编程。Java 语言在 Android 系统、各种应用服务器程序、网站、嵌入式领域、大数据技术等方面被广泛使用。

（4）Python

Python 是一种面向对象的解释型计算机程序设计语言。Python 是纯粹的自由软件，源代码和解释器 C Python 遵循 GPL（GNU General Public License）协议。Python 语法简洁清晰，特色之一是强制用空白符（White Space）为语句缩进。Python 语言具有简单、易学的特点，在系统编程、图形处理、数学处理、文本处理、大数据及人工智能领域被广泛使用。

（5）C#

C#是一个简单、现代、通用、面向对象的编程语言。虽然 C#的构想十分接近于传统高级语言 C 和 C++，但是它与 Java 非常相似，有许多强大的编程功能，因此受到广大程序员的青睐。

C#是专为公共语言基础结构（CLI）设计的。CLI 由可执行代码和运行时环境组成，允许在不同的计算机平台和体系结构上使用各种高级语言。C#在 Web 应用、客户端应用、分布式计算等领域被广泛使用。

6.1.5.2 集成开发环境

高级语言程序从代码的编写到执行需要进行一系列的处理。以 C/C++语言为例，要使用编辑器（Editor）进行 C/C++语言的源代码（Source Code）的编写。在编写完源代码之后，需要对源代码进行编译生成目标代码。对某些源代码而言，虽然不存在语法错误，但程序运行结果不正确，这意味程序中存在逻辑错误，此时可以使用调试工具（Debugger）辅助完成问题的查找。最后，为确保排除程序中潜在的错误，可以借助查错工具进一步对程序进行分析。因此一个程序从设计到运行需要各种工具的支持，图 6.3 对编程各阶段的工作进行了描述。

图 6.3　软件开发各阶段工作

集成开发环境（Integrated Development Environment，IDE）是一个软件开发平台，在这个平台中，将程序开发过程中所需的各种工具集成在一起，为用户完成应用程序的开发提供了方便快捷的方式。常用的 IDE 工具有以下几种。

（1）Visual Studio

Visual Studio（简称 VS）是美国微软公司的开发工具包系列产品。VS 是一个基本完整的开发工具集，它包括了整个软件生命周期中所需要的大部分工具，如 UML 工具、代码管控工具、集成开发环境（IDE）等。使用 Visual Studio 可以进行 C/C++/C#/Java 等应用程序的开发，所写的目标代码适用于微软支持的所有平台，包括 Microsoft Windows、Windows Mobile、Windows CE、.NET Framework、.NET Compact Framework 和 Microsoft Silverlight 及 Windows Phone。

Visual Studio 是最流行的 Windows 平台应用程序的集成开发环境。自 1995 年发布第一个版本之后的 20 多年的时间，微软公司不断对该软件进行版本更新，目前最新版本为 Visual Studio 2022 版本。

（2）PyCharm

PyCharm 是 JetBrains 开发的 Python IDE。PyCharm 具有一般 IDE 具备的功能，比如调试、语法高亮、Project 管理、代码跳转、智能提示、自动完成、单元测试、版本控制等；另外，PyCharm 还提供了一些很好的功能用于 Django 开发，同时支持 Google App Engine。

2010 年 9 月发布 PyCharm 1.0，之后经过多次版本更新，最新版本可以在官网 https://www.jetbrains.com 进行软件的下载。

（3）Eclipse

Eclipse 是著名的跨平台的自由集成开发环境。它最初主要用来 Java 语言开发，通过安装不同的插件 Eclipse 可以支持不同的计算机语言，比如 C++和 Python 等开发工具。Eclipse 的本身只是一个框架平台，但是众多插件的支持使得 Eclipse 拥有其他功能相对固定的 IDE 软件很难具有的灵活性。许多软件开发商以 Eclipse 为框架开发自己的 IDE。

Eclipse 起始于 1999 年 4 月。Eclipse 项目由 IBM 发起，最初由 OTI 和 IBM 两家公司的 IDE 产品开发组创建。随着项目的发展，围绕着 Eclipse 项目已经发展成为一个庞大的 Eclipse 联盟，有 150 多家软件公司参与到 Eclipse 项目中，其中包括 Borland、Rational Software、Red Hat 及 Sybase 等。Eclipse 是一个开放源码项目，它其实是 Visual Age for Java 的替代品，其界面跟先前的 Visual Age for Java 相似，但由于其开放源码，任何人都可以免费得到，并可以在此基础上开发各自的插件，因此越来越受人们关注。

从 2006 年起，Eclipse 基金会每年都会安排同步发布（Simultaneous Release）。至今，同步发布主要在 6 月进行，并且会在接下来的 9 月及 2 月释放出 SR1 及 SR2 版本。

从 2018 年 9 月开始，Eclipse 每 3 个月发布一个版本，并且版本代号不再延续天文星体名称，而是直接使用年份跟月份。

（4）CodeBlocks

CodeBlocks 是一个开放源码的全功能的跨平台 C/C++/Fortran 集成开发环境。CodeBlocks 由纯粹的 C++语言开发完成，使用了著名的图形界面库 wxWidgets（3.x）版。它的强大之处在于其跨平台的特性，在 Windows 或 Linux 操作系统下都可以用；相比较于 Visual Studio，它是一款轻量级集成开发环境，对存储空间要求低。2006 年 4 月发布 CodeBlocks 的第一个版本，目前官网公布的最新版本可以在 CodeBlocks 官网下载软件（官网地址是 http://www.codeblocks.org）。

除了上面介绍的几款 IDE 工具之外，表 6.1 列出了近年来几款流行的 IDE 工具。

表 6.1 流行的 IDE 工具

名称	作用
NetBeans	NetBeans IDE 是一个集成的 Java 开发环境，它可以使程序员利用 Java 平台快速创建 Web、企业、桌面以及移动的应用程序，并支持 Web 技术，例如 HTML5、JavaScript 和 CSS。NetBeans IDE 允许程序员建立关于如何有效管理项目、工具和数据的多个视图，并帮助他们在新开发人员加入项目时（使用 Git 集成）进行软件开发协作
IntelliJ IDEA	IntelliJ IDEA CE（社区版）是 IntelliJ IDEA 的开源版本，为多种编程语言（如 Java、Groovy、Kotlin、Rust 和 Scala）提供 IDE。IntelliJ IDEA CE 也受到经验丰富的程序员欢迎，可用于现有的源码重构，代码检查，使用 JUnit 或 TestNG 构建测试用例，以及使用 Maven 或 Ant 构建代码
VSCodium	VSCodium 是一个轻量级的、免费的源代码编辑器，它允许程序员安装各种操作系统平台（如 Windows、MacOS、Linux）。并且它是一个基于 Visual Studio 代码的开源替代品。它还被设计和开发为支持多种编程语言的丰富生态系统。如 Java、C++、C#、PHP、Go、Python、.net
CodeLite	CodeLite 是一款开源的跨平台 IDE，基于其内置的强大解析器，支持快速和强大的代码补全工具。轻量化是其特征，在 Window 下内存占用不超过 100MB，内建 C++11，CodeLite 还非常易于上手。CodeLite 支持 C/C++、PHP 和 Node.js 编程语言
Xcode	Xcode 是 Apple 出品的 Mac OS X 下的集成开发环境，内置一系列的工具集用于为 iPad、iPhone 和 Mac 的应用开发。Xcode 是一个单窗体界面，在这个界面中控件可以很容易地与实现代码进行连接
Komodo	Komodo 是一个开源的跨平台多语言支持的 IDE。对于使用 Mozilla 和 Scintilla 代码库的动态编程语言来说非常有用。它广泛支持各种语言，但主要用于 PHP 开发，也用于 Perl、Python、Ruby、Tcl 以及 JavaScript、CSS、HTML、XML
Spyder	Spyder（前身是 Pydee）是一个强大的交互式 Python 语言开发环境，提供高级的代码编辑、交互测试、调试等特性，支持 Windows、Linux 和 OS X 系统
Jupyter Notebook	Jupyter Notebook 是一个开源 Web 应用程序，允许开发人员创建和维护笔记本文档。对于初学者和教育工作者来说，这是一个易于使用的优秀数据科学工具。Jupyter 允许使用 40 多种语言编程，包括 Python。由于 Notebook 可以共享，因此可以更好地协同处理大数据集成
Atom	从技术上讲，Atom 是一个代码编辑器。被称为 "21 世纪的黑客文本编辑器"，Atom 建立在 Electron 框架上，由 GitHub 开发。虽然 Atom 主要专注于为 JavaScript、HTML 和 CSS 创建桌面应用程序，但通过扩展可以获得 Python 语言支持。Atom 的轻巧、占用内存少的优点使其可以快速加载和使用。但是，由于它在 JavaScript 进程中运行，因此显然不是 100% 的 Python 编辑器。但 Atom 与 GitHub 和 Git 的集成是非常完美的

6.1.6 计算机语言之父

计算机语言的层出不穷，对计算机技术的推广和普及起到了巨大的推动作用，同时也涌现出了大量优秀的人才，不断推动计算机技术的进步。为了肯定他们在计算机技术发展中的巨大贡献，尊称这些人为计算机语言之父。

（1）FORTRAN 语言之父：John Warner Backus

John Warner Backus（约翰·巴克斯，1924 年 12 月 3 日—2007 年 3 月 17 日），美国计算机科学家，是全世界第一套高阶语言（High Level Language）发明小组的组长。1957 年 4 月他所领导的 13 人小组推出全世界第一套高级计算机语言 FORTRAN，首次用在 IBM704 计算机上面。他于 1958 年推出了 FORTRAN Ⅱ，几年后推出了 FORTRAN Ⅲ，1962 年又推出了 FORTRAN Ⅳ，因此被称为高级语言之父。1977 年 10 月 17 日在西雅图举行的 ACM 年会上，John Warner Backus 获得计算机界最高奖图灵奖。

（2）C 语言之父：Dennis Ritchie

Dennis Ritchie（丹尼斯·里奇，1941 年 9 月 9 日—2011 年 10 月 12 日）被世人尊称为 "C 语言之父" "伟大的 UNIX 之父"，开创了计算机网络技术的先河。Dennis Ritchie 出生于美国纽约，哈佛大学物理学和应用数学毕业，1967 年他进入贝尔实验室，生前是朗讯技术公司系统软件研究部门的领导人。

C 语言是 Dennis Ritchie 和 Ken Thompson 开发 UNIX 操作系统的副产品，因此他还是名副其实的 UNIX 之父。

从 20 世纪 70 年代起，他的工作得到了很多计算机组织的公认和表彰，如美国计算机协会（ACM）授予的系统及语言杰出论文奖（1974）、电气和电子工程师协会（IEEE）的 Emmanuel Piore 奖（1982）、贝尔实验室特别人员奖（1983）、美国计算机协会（ACM）的图灵奖（1983）、NEC 公司的 C&C 基金奖（1989）、电气和电子工程师协会（IEEE）的优秀奖章（Hamming Medal）（1990）等。

（3）C++语言之父：Bjarne Stroustrup

Bjarne Stroustrup（本贾尼·斯特劳斯特卢普）1950 年 12 月 30 生于丹麦港口城市奥尔胡斯市，1975 年在奥尔胡斯大学毕业，1979 年获得剑桥大学计算机科学博士学位。他是 C++ 语言的设计者和实现者，现在是得克萨斯州 A&M 大学计算机系教授。1979 年他来到美国的新泽西州并加入贝尔实验室，与 C 语言之父、1983 年图灵奖得主 Dennis Ritchie 共事。1982 年，他在 C 语言的基础上引入并扩充了面向对象的概念，发明了一种新的程序语言。为了表达该语言与 C 语言的渊源关系，它被命名为 C++。

（4）JAVA 语言之父：James Gosling

James Gosling（詹姆斯·高斯林）1955 年 5 月 19 日生于加拿大的一个村庄。在 James Gosling 12 岁的时候，他已能设计电子游戏机，帮邻居修理收割机。大学时期他在天文系担任程序开发工读生，1977 年获得了加拿大卡尔加里大学计算机科学学士学位，1983 年获得了美国卡内基·梅隆大学计算机科学博士学位，毕业后到 IBM 工作，设计 IBM 第一代工作站 NeWS 系统，但不受重视。后来转至 Sun 公司。1990 年，他与 Patrick Naughton 和 Mike Sheridan 等人合作"绿色计划"，发展了一套语言叫做"Oak"，后改名为 JAVA。1994 年底，James Gosling 在硅谷召开的"技术、教育和设计大会"上展示 JAVA 程序。2000 年，JAVA 成为世界上最流行的计算机语言。2009 年 4 月，Sun 被甲骨文公司并购。詹姆斯于 2010 年 4 月时宣布由甲骨文公司离职，于 2011 年加盟谷歌。他在卡内基·梅隆大学攻读计算机博士学位时，就编写了多处理器版本的 UNIX 操作系统，是 JAVA 编程语言的创始人。JAVA 的诞生，推进了整个计算机编程语言的进程。随着互联网的发展，尤其是网景开发的网页浏览器的普及，使 JAVA 语言成为全球最风靡的开发语言。

（5）Python 语言之父：Guido Van Rossum

Guido Van Rossum（吉多·范罗苏姆）1956 年 1 月 31 日出生在荷兰，1982 年在阿姆斯特丹大学获得数学和计算机科学硕士学位。后来他在多个研究机构工作，包括在荷兰阿姆斯特丹的国家数学与计算机科学研究中心（CWI），在马里兰州 Gaithersburg 的国家标准及技术研究所（NIST）和维珍尼亚州 Reston 的国家创新研究公司（CNRI）。

相比数学，他更热衷于写代码。1989 年为了打发无聊的圣诞节假期，Guido 想找一个编程项目来做，于是决定为他正在构思的一门新语言写个解释器。这门语言就是 Python，1991 年，Python 第一个版本正式公布。

2005 年 12 月，吉多·范罗苏姆加入 Google。他用 Python 语言为 Google 开发了面向网页的代码浏览工具。Python 是一门用途广泛的高级编程语言，在线上和线下的编程方面起着举足轻重的作用。Python 的语法清晰明亮，这和它强调代码的可读性是密不可分的。Python 早已成为 Web 开发、游戏脚本、计算机视觉、物联网管理和机器人开发的主流语言之一。

2020 年 11 月 13 日，Guido 自述耐不住退休生活的寂寞，重返岗位发光发热，成为了微软的打工人，继续拥抱开源。

6.1.7　世界编程语言排行榜

根据应用场景的不同，需要使用不同的程序设计语言进行应用程序的开发。为评估不同程序设计语言的流行度，TIOBE 公司计算并发布了 TIOBE 指数，这个指数将程序设计语言以排名列表的形式提供出来，并且每个月更新一次，形成了程序设计语言排行榜。

TIOBE 公司成立于 2000 年 10 月 1 日，由瑞士的公司 Synspace 和一些独立的投资人创建。TIOBE 是"The Importance Of Being Earnest"的缩写，该公司主要关注软件质量的评估。

TIOBE 通过分析用户在雅虎、必应、维基媒体、亚马逊、百度和 YouTube 的搜索数据进行指数的计算。在指数的计算过程中，将全球专业开发人员数量、培训课程和第三方供应商等变化因素也考虑在内。表 6.2 列出了在 TIOBE 官网（www.tiobe.com）公布的 2021 年 4 月的数据（表中只列出了前 10 个数据）。

表 6.2　2021 年 10 月程序设计语言排行榜

2021 年 10 月排名	2020 年 10 月排名	排名变化	程序设计语言	指数
1	2	上升	Python	11.77%
2	1	下降	C	10.72%
3	3	不变	Java	10.72%
4	4	不变	C++	8.28%
5	5	不变	C#	6.06%
6	6	不变	Visual Basic	5.72%
7	7	不变	JavaScript	2.66%
8	16	上升	Assembly language	2.52%
9	10	上升	SQL	2.11%
10	8	下降	PHP	1.81%

需要说明的是，该指数只是反映某个编程语言的被关注程度，不能说明一门编程语言好与否，或者一门语言所编写的代码数量多少，但是这个统计数据对世界范围内开发语言的走势仍具有重要参考意义。

TIOBE 除了每月公布一次编程语言的排名之外，还每年公布一个年度语言，TIOBE 年度语言指向对于上一年指数增长最多的语言，见表 6.3。

表 6.3　TIOBE 年度程序设计语言

年度	语言	年度	语言
2020	Python	2011	Objective-C
2019	C	2010	Python
2018	Python	2009	Go
2017	C	2008	C
2016	Go	2007	Python
2015	Java	2006	Ruby
2014	JavaScript	2005	Java
2013	Transact-SQL	2004	PHP
2012	Objective-C	2003	C++

6.2 程序设计基础

程序设计是给出解决特定问题程序的过程，是软件实现过程中的重要组成部分。程序设计基于某种计算机语言做开发，主要分为结构化程序设计和面向对象程序设计。程序设计过程包括分析问题、设计算法、编写代码、编译调试、执行程序等不同阶段。

6.2.1 结构化程序设计

结构化程序设计是一种自顶向下、逐步细化、分模块编写的程序设计方法。结构化程序设计先考虑全局目标，后考虑局部目标，将大型任务分解成粒度合适、便于管理的小型任务，并可根据实际需求，持续该过程，最后通过拼接方式组成整个系统。

结构化程序设计方法主要有三种形式的控制结构，并可通过三种结构的结合使用表示出各种其他复杂结构。这三种基本控制结构是顺序结构、选择结构、循环结构。

（1）顺序结构

顺序结构是一种线性、有序的结构，它依次执行结构内各语句模块。如图 6.4 所示，在该流程图中，方框代表语句模块，箭头代表程序执行方向，两个语句块的执行是顺序结构，先执行语句块 1，再执行语句块 2。

（2）选择结构

选择结构对给定的条件进行判断，并根据判断的结果（真或假）选择不同的操作。如图 6.5 所示，在该流程图中，方框代表模块，菱形代表条件，箭头代表程序执行方向。该流程图表示当"条件"成立（即为"真"）时，执行"语句块 1"；不成立（即为"假"）时，执行"语句块 2"，在执行相应的模块后，最终归到一个共同的出口。

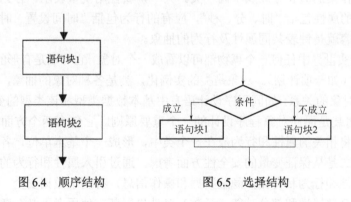

图 6.4　顺序结构　　　　图 6.5　选择结构

（3）循环结构

循环结构表示当循环条件成立（为"真"）时，程序反复执行某个或某些操作，直到条件不成立（为"假"）时结束。循环结构主要分为"当型"循环结构和"直到型"循环结构。

"当型"循环结构的特点是：先判断循环条件是否成立，后执行循环体。如图 6.6 所示，该流程图表示当"循环条件"为"真"时执行"循环体"，然后再次判断"循环条件"的值是否为"真"，当"循环条件"的值为"假"时停止循环，执行循环结构后面的语句。

"直到型"循环结构的特点是：先执行循环体，然后判断循环条件是否成立。如图 6.7 所示，该流程图表示先执行一次"循环体"，然后判断"循环条件"，如果"循环条件"不成立

（为"假"）则再次执行"循环体"，直到"循环条件"成立（为"真"）时停止循环，执行循环结构后面的语句。

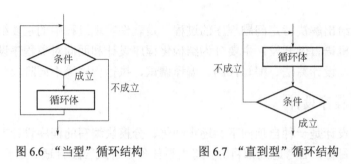

图 6.6 "当型"循环结构　　　　图 6.7 "直到型"循环结构

6.2.2　面向对象程序设计

面向对象程序设计（Object Oriented Programming，OOP）的思想与人们日常生活中处理问题的思想是相似的，是从现实世界中客观存在的事物出发来构造软件系统，并将人类的自然思维方式运用于系统构建过程。

面向对象程序设计中的基本概念主要有：类（Class）、对象（Object）、封装（Encapsulation）、继承（Inheritance）、多态（Polymorphism）。其中封装、继承、多态也是面向对象程序设计的三大基本特征。

① 类：现实世界中任何一个对象都有两个要素：一个是静态特征，这种静态特征称为属性；一个是动态特征，这种动态特征称为行为（或功能）。类是具有共同的属性（Attribute）、共同的行为（Behavior）的对象的抽象集合，是用户自定义的一种数据类型，可以把相同数据结构和相同操作集的对象看成属于同一类。其中，属性用变量表示、行为用函数表示。例如钟表类，应有的属性包括"时、分、秒"，应有的行为包括"时间设置、时间显示、闹钟设置"等，以上内容就是钟表共同属性及行为的抽象。

② 对象：现实世界中任何一个事物都可以看成一个对象，它可以是有形的（如一名学生），也可以是无形的（如一项计划）。对象是类的实例化，类是各种对象的抽象，它们是共性和个性的关系。类与对象的关系，如同程序设计语言中基本数据类型和该类型的变量之间的关系。

③ 封装：封装是面向对象程序设计的一个重要原则。它包含两个方面的含义：一是从类的组成考虑，将相关的属性和行为放在一个类中，形成一个基本单位，各个对象之间相对独立互不干扰；二是从保证变量的安全性方面考虑，通过引入属性和行为的访问控制方式，将对象中某些属性和行为私有化，隐蔽数据和操作信息，有利于数据安全，防止无关人员修改。把一部分或全部属性和部分功能（函数）对外界屏蔽，使用者不必在意具体实现细节，而只是通过外部接口即可访问类的成员。

④ 继承：继承是类之间定义的一种重要关系，是指在原有类中派生出新的类，新的类叫子类，也叫派生类，原来的类叫父类，也叫超类。子类继承父类的属性和行为，使得子类对象（实例）具有父类的属性和行为，继承关系使得子类在实现父类代码复用的同时，还可以扩展新的属性或新的行为。继承的使用减少了代码的冗余，提高了代码的复用及程序的扩展性。

⑤ 多态：多态是指相同的操作或函数、过程可作用于多种类型的对象上并获得不同的结果，即不同的对象收到同一消息可以产生不同的结果。多态允许每个对象以适合自身的方

式去响应共同的消息，多态增强了软件的灵活性和重用性。

6.2.3　程序的执行方式

高级语言程序的执行有三种方式：编译、解释、编译+解释。

（1）编译

编译（Compile）是将高级程序设计语言程序翻译成与之等价的机器语言程序。高级语言程序是由接近于日常英语的一系列单词组成的。在编译的过程中，首先检查高级语言程序中的各个单词是否存在拼写错误，再检查句子是否符合语法规范的要求，在不存在单词的拼写错误和语法错误的基础上，生成某种形式的中间代码（如编译过程中发现语法错误，则编译过程终止）。最后，将中间代码转化为合适的机器指令，从而完成翻译过程，程序的编译过程见图 6.8。程序的编译也由程序完成，完成编译工作的程序称为编译器（Compiler）。需要进行编译处理的语言称为编译型语言，例如 C/C++等均为编译型语言。编译型语言程序需要先编译再运行，具有一次编译（编译源代码）、多次执行（执行的是编译之后的机器程序）且执行效率高的优点。同时，正是由于需要编译成完整的机器代码才能正确执行，而机器代码是与计算机硬件相关的，因此，编译生成的目标程序移植性差，要在不同的平台上执行程序，必须拥有源代码，在新的平台上重新使用该平台下的编译器对源代码进行编译。

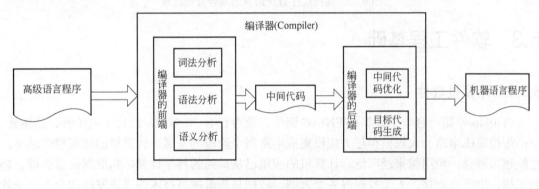

图 6.8　程序的编译过程

（2）解释

解释（Interpret）过程是逐条对源代码进行翻译、逐条执行的过程，即一边翻译，一边执行。与自然语言翻译一样，程序的编译过程相当于笔译，最终会生成另外一种语言的文稿；程序的解释过程相当于口译过程，不会保留解释的结果。程序的解释执行过程见图 6.9。完成解释工作的软件称为解释器。需要进行解释处理的程序设计语言称为解释型语言，早期的 Basic 语言、低版本的 Ruby 语言等均为解释型语言。相比较编译型语言，解释型语言有很好的跨平台（操作系统、硬件系统）的特性，只要具备相应的解释器，同样的代码就可以在不同的平台上进行解释执行。对于解释型语言程序而言，需要一个专门的解释器，例如解释执行 Basic 程序，每条语言只有在执行时才被翻译，因而效率低下，这是解释执行的缺点。

（3）编译+解释

随着软件技术的发展，越来越多的程序设计语言采用编译+解释的混合方式进行处理。这种方式的特点是先对程序进行编译前端的处理工作，即先进行词法分析、语法分析和语义分析，在分析的基础上生成某种形式的中间代码，这种中间代码是与计算机硬件无关的一种编码，在得到中间编码之后，再对中间代码进行解释执行。其处理过程见图 6.10。

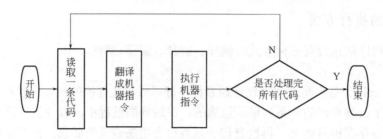

图 6.9　程序的解释执行过程

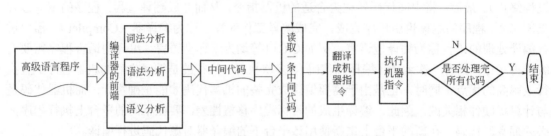

图 6.10　高级程序设计语言的混合处理过程

6.3　软件工程基础

6.3.1　计算机软件

自 1946 年第一台电子计算机 ENIAC 诞生，至今已有 70 多年，经历了电子管、晶体管、中小规模集成电路、大规模和超大规模集成电路四个阶段的发展，计算机的体积越来越小，性能越来越强，应用越来越广泛。计算机的应用已从单纯的科学计算，拓展到信息管理、辅助工程、生产自动化、人工智能等各个领域。特别是随着网络技术的飞速发展和个人电子计算机的普及，电子计算机已成为人们工作生活中不可缺少的工具。

电子计算机本身是不能进行工作的，需要计算机软件的驱动与支持。电子计算机的普及，使人们对计算机软件的需求量越来越大，对软件功能的多样性、用户体验与交互的友好性、软件运行的可靠性要求越来越高。为了能够根据用户需求开发出高质量的软件，需要应用计算机科学、数学及管理科学等原理，研究软件开发的相关模型、方法、技术、过程、工具和环境等软件工程的相关内容。

6.3.1.1　计算机软件的定义

计算机软件（Software）简称软件，是指计算机系统中的程序及其文档。程序是计算任务的处理对象和处理规则的描述，是为实现某种需求装入计算机内部并能运行的代码的集合；文档是为了便于了解程序所需的阐明性资料，是与该软件相关的各类开发文档。

计算机软件与硬件不同，硬件是有形的物理实体，软件是无形的，一般来说，软件具有以下特性。

（1）不可见性

软件是无形的，是满足某类需求的程序与数据的总称，程序和数据以二进制编码形式表示并存储在计算机中,人们能看到的不是软件本身,而是它的物理载体。

(2)适用性

软件往往能满足一类应用的需求,而不仅仅是某一功能。例如 Word 软件,不仅能进行文字编辑、处理,还能进行图表的绘制、信封的创建、邮件的合并与处理、页面的各种处理等功能。这也就要求软件的设计者在需求分析阶段要对特定领域做好充足的调研与交流,对众多功能及其内部复杂关系进行高度抽象。

(3)依附性

软件的存在需要依附于一定的环境,操作系统是各类软件最起码的依附环境,而操作系统的使用又要依附于计算机硬件,该类环境是由计算机硬件、网络和其他软件共同构成的,没有环境的支撑,计算机软件将无法运行。

(4)复杂性

软件系统一般都是处理逻辑或业务规则比较复杂的问题,不仅要在功能上满足应用的需求,在响应速度、安全性、用户体验、可维护性、可扩展性等方面也有复杂的设计原则。

(5)无磨损性

软件不像硬件或其他物理产品那样,使用过程中会产生损耗或老化。软件的变化主要由需求的变化以及软硬件环境决定,软硬件环境与需求不变,原则上软件就不会变,可以永久使用。

(6)易复制性

软件是以二进制表示,以计算机存储介质和传输的,因此软件可以较容易地进行复制,虽然现在的软件通过安装密钥等方式防止复制,但随着软硬件的发展,密钥的破解已非难事,这就使得软件的盗版很难完全消除。

(7)演变性

随着科技的进步和社会的发展,为适应计算机软硬件技术的发展和用户需求的改变,软件的开发技术及功能都会发生变化。软件的生命周期包括软件的开发、使用、消亡,为了让软件能有更长的生命周期,软件开发人员要不断地修改、完善软件,尽量避免软件使用错误的发生,并为了适应不断变化的需求和环境扩展软件的功能,不断推出新的版本,升级更新旧版软件。

(8)有限责任

软件的正确性无法用数学方法予以证明,一个大型软件总会存在或多或少的问题,且在软件测试阶段无法发现,软件功能是否完全正确,能否在任何条件下都稳定运行,软件厂商无法做出此类承诺。因此在软件的外包装上会印有一些免责声明,软件厂商一般不对软件使用的正确性、可靠性等做任何承诺。

(9)脆弱性

随着网络技术的发展和互联网的普及,计算机病毒的传播速度越来越快,传播范围逐步扩大,网页、电子邮件、社交软件等都可以是计算机病毒网络传播的途径,这给系统的安全带来了威胁,使得计算机中的各类软件更易遭受病毒的修改与破坏。

6.3.1.2 计算机软件的发展

(1)第一代软件(1946~1953 年)

该时期用机器语言编写软件,机器语言是由 0 和 1 组成的内置在计算机电路中的指令。

不同计算机使用的机器语言不同，程序员编写软件时需记住所有指令的二进制码，且由于组成指令的二进制码较长，容易出错，大大限制了功能的扩展和编程技术的推广。

在该时期末期出现了汇编语言，汇编语言是使用助记符表示指令的一种低级语言，相较于机器语言，汇编语言编写程序更加灵活、方便。

（2）第二代软件（1954～1964 年）

随着计算机硬件的发展，人们对计算机的执行效率要求越来越高，也就需要功能更强大的软件支持，虽然汇编语言较机器语言已有进步，但程序员记住所有汇编指令还是有难度的。第二代软件采用高级程序设计语言编码，高级程序设计语言类似于自然语言表述方式，易于学习与理解，提高了程序的可读性。这一时期出现的高级程序设计语言有 FORTRAN、LISP、COBOL、BASIC 等。

在第一代和第二代软件时期，开发的基本都是一些规模较小的软件，往往编写者与使用者都是同一个人或者同一组人，软件的设计与编写没有系统化的方法，缺少规范，不易维护和扩展。

（3）第三代软件（1965～1970 年）

该时期计算机的处理器已采用中、小集成电路，处理器的运算速度得到大幅提高，而存储器的读取速度较处理器的速度相差甚远，这就使得处理器在绝大多数时间处于空置状态，因此需要编写一种软件，由它来负责组织和安排任务在处理器中的运行调度，这种软件就是操作系统。

该时期计算机管理的数据量越来越大，应用越来越广，数据共享的需求越来越大，出现了数据库技术以及统一管理数据的软件—数据库管理系统。在程序设计方法方面，逐步确定了结构化程序设计理念。

（4）第四代软件（1971～1989 年）

20 世纪 70 年代出现了 Pascal 语言、Modula-2 语言等采用结构化程序设计规则制定的语言，还出现了至今仍在被广泛使用的功能强大的 C 语言。出现了功能更为强大的操作系统，PC-DOS、MS-DOS 等，Mac 计算机的操作系统引入了图形化用户界面的概念，改变了之前仅靠键盘输入的人机交互方式。

20 世纪 80 年代，随着微电子和数字化多媒体技术的出现，在计算机中开始使用图像、声音等多媒体信息，出现了多媒体计算机。该时期出现了多用途的应用程序，具有代表性的是电子制表软件 Lotus1-2-3、文字处理软件 Word Perfect 和数据库管理软件 dBaseⅢ。

（5）第五代软件（1990 年至今）

该时期，微软公司的 Windows 操作系统在个人计算机市场占有显著地位。20 世纪 90 年代中期，微软公司推出了 Office 办公自动化软件，集成了电子制表软件 Excel、文字处理软件 Word、数据库管理软件 Access。面向对象程序设计逐步替代了结构化程序设计，该设计方法尤其适用于大型软件系统的开发，具有代表性的有 C++、JAVA、C#等。随着 HTML 语言的出现，Internet 和移动网络的飞速发展，以及智能手机的普及，各类软件层出不穷，极大地丰富了计算机软件的发展。

6.3.2 软件危机

软件开发本身是一项高难度的复杂工程，从计划开发某一软件开始，涉及需求分析、系统设计、系统实现、系统测试、系统维护的各类问题与复杂关联，有时为了赶进度或压成本而不得不采取一些权宜之计，这样又往往严重损害了软件产品的质量。不合理的软件设计及开发过程会极大地增加软件的维护费用及难度，软件工程出现以前，软件的维护费用能占到整个开发费用的 80%～90%。

软件危机的本源是复杂、期望和改变，泛指在计算机软件的开发和维护过程中所遇到的一系列严重问题。这些问题皆可能导致软件产品寿命缩短甚至夭折。

6.3.2.1　产生原因

软件危机产生的原因从根本上说是硬件的进步。随着硬件的进步，人们对新技术的应用需求就越来越多，从而需要开发更复杂的软件来满足需求。软件生产的知识密集和人力密集的特点是造成软件危机的根源，主要表现在以下方面。

（1）用户需求不明确

需求分析阶段，程序开发人员与用户之间的沟通不清楚，理解存在二义性甚至相悖，这些情况下都会产生该类问题。

（2）缺乏正确的理论指导

软件开发是一项工程，开发过程更是一个复杂的逻辑思维过程，软件设计的好坏很大程度上依赖于开发人员的设计思想、开发方法与经验，而缺乏有力的方法学和工具的支持，这也就使得软件产品具有较强的个性化，易产生软件开发危机。

（3）软件开发规模越来越大

随着信息化的普及，软件的应用范围越来越广，规模越来越大。大型软件的开发需要较多的开发人员与管理人员的协作，而两类人员由于专业领域的不同，在信息交流中往往产生误解，而软件开发人员又无法独立完成大型软件各分支及开发全过程的关系处理，因此容易产生疏漏与错误。

（4）软件开发复杂度越来越高

软件开发不仅在规模上不断发展扩大，复杂性也急剧增加。开发人员采用先进的组织形式、开发方法能够提高软件开发的效率，但同时也会带来新的更复杂的问题，而这些复杂问题有时会导致开发人员无力处理。

6.3.2.2　主要表现

软件危机主要表现在以下几个方面。

① 软件开发进度难以预测；

② 软件开发成本难以控制；

③ 用户难以满足产品功能；

④ 软件产品质量无法保证；

⑤ 软件产品可维护性差；

⑥ 缺少软件的文档资料。

6.3.3　软件工程

（1）软件工程定义

软件工程是研究和应用如何以系统性的、规范化的、可定量的过程化方法去开发和维护软件，以及如何把经过时间考验而证明正确的管理技术和当前能够得到的最好的技术方法结合起来的学科。它涉及程序设计语言、数据库、软件开发工具、系统平台、标准、设计模式等方面。

（2）基本目标

软件工程的目标是提高软件的开发效率和产品质量，减少后期维护的困难。主要体现在以下方面。

① 适用性：表征软件与系统需求的适应程度。

② 有效性：软件系统设计时应考虑系统的时间有效性与空间有效性，往往两者之间是矛盾的，因此，软件系统的时间/空间有效性就成为了衡量软件质量的一项重要指标。

③ 可修改性：系统应在维护或调试时在不增加系统复杂性的情况下进行修改，该目标较难实现。

④ 可靠性：指软件产品在规定的条件下和规定的时间区间内完成规定功能的能力。

⑤ 可理解性：软件系统应具有清晰的结构，能明显地反映系统的需求。

⑥ 可维护性：软件部署交付后，开发人员应能根据用户的新需求或根据环境的变化对软件功能进行扩展、修改，提高系统性能。

⑦ 可重用性：软件中的各个构件或模块可重复使用，可提高软件开发效率，降低开发成本。

⑧ 可移植性：软件从一个计算机系统或环境搬到另一个计算机系统或环境的难易程度。

⑨ 可追踪性：在软件开发过程的两个或多个产品之间，以及两个或多个步骤之间可以相互对照和查阅的程度。

⑩ 可互操作性：多个软件单元可相互通信并协同完成任务的能力。

（3）开发原则

软件工程的原则是指在软件开发过程中围绕工程设计、支持以及管理必须遵循的原则，主要有以下四项。

① 选取适宜开发模式；

② 采用合适设计方法；

③ 提供高质量的工程支持；

④ 科学管理开发过程。

6.3.4 软件生存周期

软件生存周期又称为软件生命期、软件生存期，指从形成开发软件概念起，所开发的软件使用以后，直到失去使用价值的整个过程。

从提出概念的那一刻起，生存周期就开始了，包括需求分析、架构设计、详细设计、编码、测试等开发工程，以及后期的运行及维护。如图 6.11 所示为各阶段顺序及产生的文档/模型。

（1）概念提出阶段

该阶段主要确定待开发系统的总体要求和范围，并从技术、经济、法律等方面探究其可行性。

（2）需求分析阶段

在确定软件开发可行的情况下，对软件需实现的各功能进行详细分析，该阶段在软件生存周期中占有重要地位，是整个软件项目开发能否成功的基础。

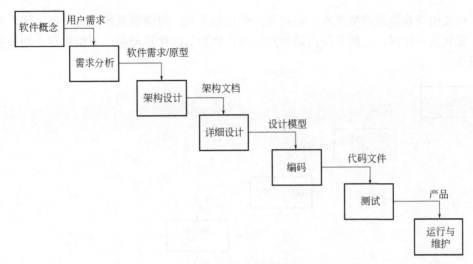

图 6.11　软件生存周期

（3）架构设计阶段

软件架构设计就是软件系统的"布局谋篇"，是一系列相关的抽象模式，强调的是整体结构、各组件或者模块的相互关系，是系统的顶层设计，用于指导大型软件系统各个方面的设计。

（4）详细设计阶段

该阶段的主要任务是分模块设计系统的功能和实现方法，并完成数据库的设计。

（5）代码编写阶段

该阶段将上述设计的模块和功能用程序设计语言表达出来，实现功能。

（6）软件测试阶段

在软件编码的过程中及完成编码后都要进行严格的测试，以发现软件在整个设计过程中存在的问题并加以纠正。

（7）运行维护阶段

此阶段是软件生命周期中持续时间最长的阶段，也是所需费用最高的阶段，包括纠错性维护和改进性维护两个方面。

6.3.5　软件开发模型

软件开发模型也叫软件过程模型，是软件开发全部过程、活动和任务的结构框架。典型的开发模型有瀑布模型、演化模型、喷泉模型等。

（1）瀑布模型

瀑布模型是由 W. Royce 于 1970 年提出的，如图 6.12 所示，该模型给出了软件生存周期各阶段的固定顺序。阶段间具有顺序性和依赖性，前一阶段完成后，才能开始后一阶段，前一阶段的输出为后一阶段的输入。在瀑布模型中，每个阶段必须交付出合格的文档，并对本阶段文档进行审核。在大量的开发实践中发现，客户往往难以清晰地表述需求，而且需求也常常会有变化，存在不确定性，这就导致了瀑布的倒流、各阶段的反复。

（2）演化模型

演化模型主要针对事先不能完整定义需求的软件系统，用户可以给出待开发系统的核心需求，构造出该系统的原型版本。根据用户的反馈意见，对原型系统进行升级改造，获得新版本，重复这一过程，直到系统满足用户需求。典型的演化模型有：原型模型、增量模型、螺旋模型。

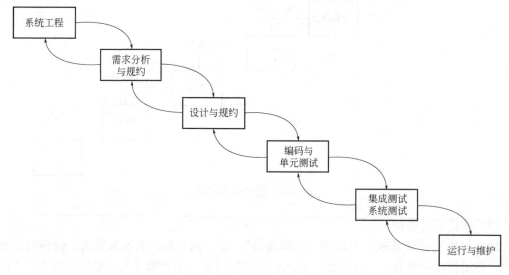

图 6.12　瀑布模型

① 原型模型　系统开发初期，由于开发人员与客户对问题的认识角度不同，因此很难得到一个全面而准确的需求规格说明，如图 6.13 所示，原型模型先构建出软件产品的原型系统，从而快速地和用户交互，用户通过该原型系统可以具体地了解系统，并发现系统需求的遗漏与错误，从而弥补了瀑布模型的不足，减少了由于软件需求不明确带来的开发风险。原型模型主要分为三种类型：探索型、实验型、演化型。探索型目的是要弄清用户的需求，并探索各种方案的可行性；实验型主要用于设计阶段，主要考核验证实现方案的合理性；演化

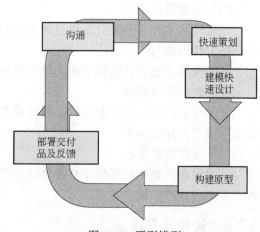

图 6.13　原型模型

型是及早向用户提交一个原型系统，在得到用户的认可后，将原型系统不断扩充演变为最终的软件系统。

② 增量模型　增量模型是将软件产品作为一系列的增量版本来设计、编码的，如图 6.14 所示，将软件的开发过程分成若干个日程时间交错的线性序列，每个线性序列完成一个增量版本的开发，第一版本完成软件提供的基本最核心的功能，后面的增量版本是为前一版本提供服务和功能的，一般为避免把难题推后，首先完成的应该是高风险和重要的部分。

③ 螺旋模型　实践表明，项目的复杂程度与规模成正比。随着复杂程度的增高，成本、进度、资源的不确定性也在增大，项目风险也增大。螺旋模型是一种演化开发过程模型，它兼顾了原型模型迭代的特征以及瀑布模型的系统化与严格监控。螺旋模型最大的特点在于引

入了其他模型不具备的风险分析，使软件在无法排除重大风险时有机会停止，以减小损失。同时，在每个迭代阶段构建原型是螺旋模型用以减小风险的途径。如图 6.15 所示，4 个象限分别代表 4 个方面的任务：制订计划、风险分析、工程实施、客户评估。螺旋模型更适合大型、昂贵以及系统级的软件应用。

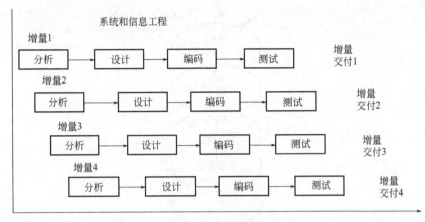

图 6.14　增量模型

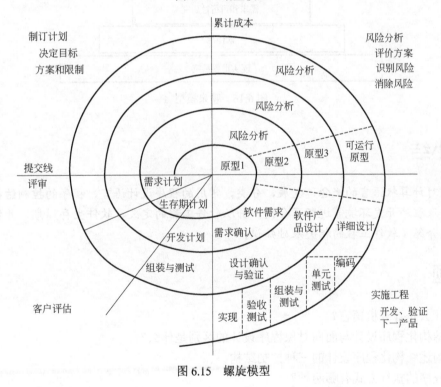

图 6.15　螺旋模型

（3）喷泉模型

喷泉模型是一种用于描述面向对象软件开发的过程模型，一般以用户需求为动力，以对象为驱动。该模型认为软件开发过程各阶段是相互重叠和多次反复的，就像喷泉一样，水喷上去然后又落下来。各个开发阶段的次序没有严格要求，并且可以交互进行，在任意开发阶段可随时补充其他任何开发阶段中的遗漏。开发过程模型如图 6.16 所示。

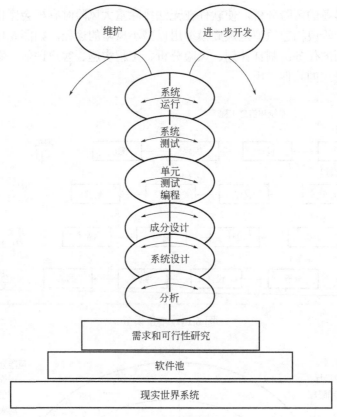

图 6.16　喷泉模型

本章小结

　　本章对计算机语言的概念、发展、分类，常用的程序设计语言、程序的控制结构，程序设计方法及程序开发环境等进行了介绍，并从软件工程的定义、软件生存周期、开发模型等方面重点介绍了软件工程的相关基础知识。

思考题

1. 什么是计算机语言？
2. 结构化程序设计与面向对象程序设计的区别是什么？
3. 阐述结构化程序设计的三种控制结构。
4. 程序的执行方式有哪两种？
5. 阐述软件工程的定义。
6. 软件生存周期包含哪些阶段？
7. 典型的软件开发模型有哪些？

第7章 算法与数据结构

学习目标:

① 了解算法的概念及特点;

② 了解数据的逻辑结构及其特点;

③ 了解数据的存储方式及其特点;

④ 熟悉常见的几种逻辑结构;

⑤ 认识常见的几种算法。

在教学管理过程中,需要根据学生的考试成绩进行排序操作;在司机驾车时,需要导航系统协助确定行车路线。这些问题的解决都需要计算机程序的支持。编写计算机程序的主要任务是设计算法。算法的设计与实现依赖于待处理的数据之间的逻辑关系以及数据在计算机内存中的存储方式。本章首先介绍算法的基本概念及其特点,在此基础上,对影响算法分析与设计的数据逻辑结构以及数据在内存中的存储方式进行了介绍。通过本章的学习,读者将对算法有一个初步的认识,并对数据结构在程序设计中的作用有一个简单的了解,培养由问题到算法再到程序的思维模式,逐步进行计算思维的训练。

7.1 算法

1976 年,瑞士计算机科学家尼克劳斯·威茨(Niklaus Wirth)编写了《Algorithms + Data Structures=Programs》一书,在该书中提出了非常著名的公式: 算法+数据结构=程序。这个公式展示了程序的本质,明确了算法在应用程序的设计中的重要作用,凭借这个公式及其在其他方面的卓越贡献,尼克劳斯·威茨于 1984 年被授予图灵奖。

7.1.1 计算机解决实际问题的步骤

计算机解决任何问题都离不开程序。就目前来看,计算机只是程序的执行者,计算机无法自主完成程序的设计。程序是由程序开发人员根据待解决的具体问题设计出来的。由问题到程序需要经过分析问题、设计算法、编写代码的过程,见图 7.1。

应用程序开发的第一步是对待求解的问题进行分析,理解用户的需求。通过分析,对问题域有一个清晰的认识,明确程序的输入、输出要求以及程序要处理的数据的特点,形成解决问题的初步想法。

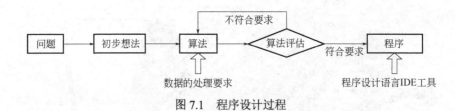

图 7.1　程序设计过程

接下来需要进一步细化问题的解决方案，包括确定数据的表示方式，即采用哪一种存储方式进行数据的存储以及数据的处理流程，形成解决问题的具体方法，并选择合适的算法描述方法对问题的求解过程进行描述。

在设计好算法之后，需要对算法进行评估，看一下设计的算法是否符合要求（主要是算法的性能是否符合要求）。如果不合要求，就需要对算法进行改进。

最后，根据需要选择一种程序设计语言和一款合适的 IDE 工具，将对问题的解决方法以程序设计语言的方式表达出来，完成应用程序的设计。

7.1.2　什么是算法

算法是计算机的基石。在计算机领域中，音频/视频信息编码与解码、密码的设计、数据的压缩与解压缩、大数据、人工智能等的核心技术都离不开算法。那么，什么是算法呢？

算法的中文名称出自《周髀算经》，它是我国最古老的天文学和数学著作，其在数学上的主要成就是介绍了勾股定理；我国古代的数学名著《九章算术》中也提到了大量的计算分数、比例、平面图形和圆面积体积等的问题，并给出了求解方法。这些解决问题的方法即为算法。算法的英文名称 Algorithm 来自 9 世纪波斯的数学家 al-Khwarizmi，他在数学上提出了算法的概念。可以看到，算法是早于计算机出现的一个概念。

任何一个问题都需要确定一个解决方法。通俗地讲，解决某个问题的方法即为算法。本书所说的算法是用计算机解决问题的方法、步骤，是对问题解决方案的准确、完整的描述。计算机算法以一步接一步的方式来详细描述计算机如何将输入转化为所要求的输出的过程，或者说，算法是对计算机上执行的计算过程的具体描述。

7.1.3　算法的描述方法

在对问题分析的基础上，需要采用一定的方式对问题的解决方法进行描述。可以采用自然语言、程序设计语言、流程图以及伪代码等几种方法对算法进行描述。下面以计算 10 个数中的最大数问题为例，来认识一下这几种方法。

（1）自然语言

计算 10 个数中的最大数的过程如下：

① 输入第一个数并假设这个数是最大数，用变量 max 记录下这个最大数；

② 输入下一个数，将输入的这个数和 max 进行大小的比较，如果新输入的数比 max 大，则修改 max 的值，让 max 记录这两个数的最大数；

③ 重复执行第②步操作 9 次，最终 max 记录下了 10 个数中的最大数。

自然语言的方法容易掌握和理解，适用于对小规模问题的解决方案进行描述；但是，自然语言存在二义性，并且，对复杂的问题而言，采用这种方法存在描述方式冗长的缺点。

（2）程序设计语言

可以直接使用某一种程序设计语言对算法进行描述。下面采用 C++语言对计算 10 个数中最大数的求解算法进行描述。

```cpp
#include <iostream>
using namespace std;
int main()
{
    int maxv,x,i=1;
    cin>>x;
    maxv=x;
    while(i<10)
    {
        cin>>x;
        if(x>maxv)
            maxv=x;
        i=i+1;
    }
    cout<<maxv;
    return 0;
}
```

可以看到，采用程序设计语言描述的算法可以直接执行，这是这种方法的优点；但是，该方法的抽象性差，并且要求算法设计人员掌握程序设计语言的特点，懂得程序设计的方法。

（3）流程图

在流程图中，用圆角矩形分别表示流程的开始和结束，平行四边形表示数据的输入和输出，矩形表示数据的计算，菱形表示选择。图 7.2 采用流程图的方法对最大数的求解过程进行了描述。

流程图的方法具有直观易懂这一优点，适用于对简单算法进行描述。但与自然语言相比，它缺乏一定的灵活性，并且，与自然语言方法一样，不适用于对复杂算法进行描述。

（4）伪代码

这种方法是一种混搭的方法，它将某一种高级程序设计语言和自然语言融合在一起进行算法的描述。在算法描述过程中，使用程序设计语言进行数据处理流程的描述，具有格式紧凑、便于向计算机程序过渡的优点；在描述过程中使用自然语言进行部分功能的阐述，隐去

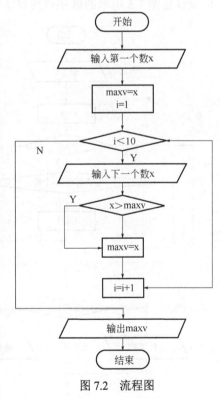

图 7.2　流程图

了程序设计语言的技术细节。使用伪代码描述算法时，算法设计人员可以根据抽象程度的不同来决定使用自然语言成分的多少，抽象级别越高，使用到的自然语言越少。下面是采用了

伪代码的方法对最大数的求解过程进行描述。

① 首先输入一个数 x。

② maxv=x,i=1。

③ 如果 i<10,则执行下面的操作，否则，转④。

a. 输入 x；

b. maxv=max(maxv,x)；

c. i=i+1；

d. 转③，继续执行。

④ 循环结束，输出 maxv。

伪代码的方法具有易用性的优点。在伪代码中使用自然语言可以屏蔽程序设计语言的技术细节，使用程序设计语言可以有效地避免自然语言二义性的问题。相比较流程图的方法，使用伪代码描述复杂算法时其直观性更强，能更清晰地展示问题的处理逻辑。所以伪代码又称为"算法语言"，是最常用的一种描述算法的方法。

7.1.4 算法的评价标准

对于同一个问题，可以采用不同的方法解决。例如，要在一个包含如下 9 个数据元素的升序集合{1，2，3，4，5，6，7，8，9}中查找值为 x 的数据元素（要求输入一个 x，查找 x 是否出现在这个序列中。如果是，输出查找成功，否则，输出查找失败）。针对这个问题，可以设计出图 7.3 所示的顺序查找算法和图 7.4 所示的二分查找算法。

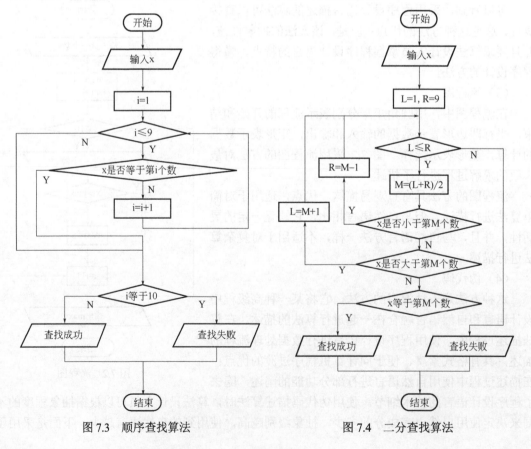

图 7.3 顺序查找算法　　　　　　　图 7.4 二分查找算法

待查找数据的集合称为查找表，可以将查找表中的数据从 1 开始顺序编号。采用第一种查找方法查找，需要从查找表中的第 1 个数据开始，依次将待查找的数据和查找表中的数据进行比较，如果两个值相同，则查找成功，查找结束；如果两个值不同，则继续将待查找的数据和查找表中的下一个数据进行比较；如果查找表中的所有数据比较结束后，都没有比较成功，则表示查找失败。因此，采用图 7.3 所示的查找算法在长度为 9 的查找表{1，2，3，4，5，6，7，8，9}中查找 5，在进行 5 次比较后，查找结束。

第二种查找算法称为二分查找，又称为折半查找算法。在进行折半查找时，首先将待查找的值和位于查找表中间位置上的数据进行比较，如果比较成功，查找算法结束；如果待查找的值比查找表中间位置上的数据小，继续在查找表的左半区进行折半查找（此时，新的查找范围比原来的查找范围缩小了一半，因此称为二分查找）；如果待查找的值比查找表中间位置上数据元素的值大，继续在查找表的右半区进行折半查找。在查找过程中，使用两个整型变量 L 和 R 来描述一个查找区间（L 的初始值为 1，R 的初始值为 9。有效的查找区间满足 L≤R），随着折半查找的进行，查找区间在不断变化，这个变化通过修改 L 或 R 的值体现出来，当查找区间是一个无效的查找区间时（此时 L>R），查找失败。根据二分查找的特点，采用这种方法在查找表{1，2，3，4，5，6，7，8，9}中查找 5，只需要进行一次比较。

通过上面的例子可以看到，对于同一个处理要求，采用不同的算法进行处理，其性能（包括算法运行时间、算法运行所需空间等）可能不同。因此在进行算法设计时，需要对设计好的算法进行评估，来看一下算法是否达到了预期的设计目标，是否可以改进。

算法的评估主要从算法运行所需的时间和空间两个方面进行评价。评估算法运行所需要的时间，称为算法时间复杂度估计；评估算法运行所需要的辅助空间，称为算法空间复杂度估计。

（1）算法时间复杂度估计

对于一个给定的算法，其运行时间依赖于计算机的硬件、软件环境，相同的算法，在不同配置的计算机上运行，其运行时间也可能是不同的，因此，不能利用算法在计算机上的运行时间来表示算法的执行时间。

通常采用事前估计，即在编写程序前进行时间复杂度的估计。

对于一个给定的算法，影响其运行时间的主要因素一是问题的规模，二是数据被访问的概率。

所谓问题规模，是指待处理的数据量的大小，以前面提到的顺序查找算法为例，问题的规模即为查找表的长度。显然，在包含 9 个数据的查找表中查找一个数据元素和在更大规模的查找表中找一个数据元素所进行的比较次数可能是不同的，一般而言，数据规模越大，查找时所需要进行的比较次数越多。

影响算法运行时间的第二个因素是数据被访问的概率。从专业的角度来讲，数据被访问的概率是指存储在内存中数据被读取的概率，数据被访问的概率只与具体的应用有关。对查找表中的每一个数据元素而言，在某一个应用场景中，查找表中有些数据被访问的概率大，有些数据被访问的概率低。如果将访问概率高的数据放在查找表的开始位置，将访问概率低的数据放在查找表的最后位置，成功完成顺序查找操作所用的比较次数也不同。

（2）算法空间复杂度估计

算法运行过程中所需要的空间包括：

① 存储输入/输出数据所占用的空间。对于图 7.3 和图 7.4 所提到的两个查找算法而言，

都需要在给定的查找表中进行查找，因此必须为存储查找表中的数据分配存储空间。不管采用哪种算法进行查找，必须为这两部分数据分配空间，存储这些数据所需要的存储空间的大小与算法没有关系。

② 存储算法本身所需要的存储空间。算法必须要转化为程序才能运行。程序首先要装入内存中才能被运行。不同程序所占内存可能是不同的，但一般大小是固定的。

③ 算法的运行所需的辅助空间。例如，为完成两个变量的值的交换，需要使用第三个变量，这个变量即为辅助空间。

空间复杂度是评估算法运行过程中所需要的辅助空间和问题规模之间的关系。对于图 7.3 中的顺序查找算法，使用了一个变量 i 辅助完成查找操作，图 7.4 中的二分查找算法使用了三个辅助的变量 L、R、M 辅助完成查找操作，这两个算法使用到的辅助空间的大小均是一个与问题规模无关的常量。

算法时间复杂度和空间复杂度估计方法将在后续专业课程中进行详细的讨论。

7.1.5 算法的特性

算法要满足以下 5 个特性，见图 7.5。

（1）有穷性

在设计算法时，要求定义一个或多个合适的结束条件，使得算法能在有限步操作之后结束。例如 7.1.3 节中的求 10 个数中的最

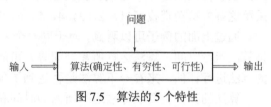

图 7.5 算法的 5 个特性

大数算法，需要输入 10 个数，除第一个数外，每输入一个数就要进行比较，已确认截至当前的最大数，因此将比较次数作为算法结束条件；对于 7.1.4 中的第一个查找算法而言，存在两个结束条件：①在查找过程中，找到了要查找的数，则查找成功，算法结束；②在查找过程中检查完表中的所有数据，依然没有找到符合条件的数据，查找失败，算法结束。

（2）确定性

确定性是指算法中的每一个操作步骤都必须有准确的含义，并且算法在处理相同的输入数据时会得到相同的输出结果。例如 7.1.3 节中的算法，表达式 a>b 所表示的含义即为比较 a 和 b 的大小，根据数据处理的特点，对于值相同的一组数 a 和 b 而言，不论何时执行该操作，其计算结果总是相同的。

（3）可行性

可行性是指算法中的任何计算步骤都可以被分解为若干个基本的、可执行的操作，即每个计算过程都可以在有限的时间内完成（也称之为有效性）。例如 7.1.3 中采用自然语言的算法描述中，关于"输入下一个数，将输入的这个数和 max 进行大小的比较，如果新输入的数比 max 大，则修改 max 的值，让 max 记录下这个值"这个过程可以分解为数据的输入、数据的比较以及数据的赋值等三个基本过程。可以用如下的 C++代码对这一数据处理过程进行描述。

```
cin>>x;        //输入 1 个数
if(max<x)      //两个数据进行比较
{
    max=x;     //修改最大数。max 记录了截至目前的最大数
}
```

（4）0 个或多个输入

算法是用来处理数据的，待处理的数据可以在程序运行过程中通过键盘输入，也可以通过读取外部文件获得。7.1.3 节中的求 10 个数中的最大数算法中需要在程序运行过程中输入 10 个数据；对于有些算法而言，待处理的数据已经在程序中给出，可以不通过外部文件或输入设备获取，此时，算法没有输入数据。

（5）1 个或多个输出

算法一定要有输出，没有输出的算法没有任何意义。7.1.3 节中的求 10 个数中的最大数算法中，在进行 10 次输入以及 9 次数据的比较之后完成最大数的计算，最后输出了这个最大数。

7.2　数据结构基础

第一台计算机是为了解决导弹弹道轨迹的计算问题而诞生的。早期的计算机主要用来完成数值计算，即通过计算机解决各种复杂的数学公式的计算问题。随着计算机硬、软件技术的发展，计算机在非数值计算问题领域中的应用越来越广泛。

7.2.1　数值计算与非数值计算实例

【实例 7.1】计算课程成绩。

在教学过程中，需要对学生进行评价。传统的评价方法是根据学生的学习情况进行成绩的评定，见表 7.1。表 7.1 中共有 7 列数据。在填写表 7.1 所示的课程成绩表时，前 6 列数据是已知的，不需要进行计算，只要根据实际情况直接填写即可，表中的"课程成绩"一列依赖于平时成绩和期末成绩，如果规定平时成绩占课程成绩的 30%，期末成绩占 70%，则可以用式（7.1）进行课程成绩的计算：

$$课程成绩=平时成绩×30\%+期末成绩×70\% \tag{7.1}$$

表 7.1 中课程成绩的计算问题属于数值计算问题。采用式（7.1）依次对表 7.1 中的每个学生数据进行计算，可以计算出每个学生的课程成绩。

表 7.1　课程成绩表

学号	姓名	班级	性别	平时成绩	期末成绩	课程成绩
2021001	韩茜	计算机 21-1	女	70	89	83
2021002	刘培华	计算机 21-1	男	90	75	80
2021003	刘璐	计算机 21-1	女	84	93	90
2021004	王艺衡	计算机 21-1	男	95	67	75
2021005	孙梦玉	计算机 21-1	男	86	78	80
2021006	邬梓健	计算机 21-1	男	87	67	73
2021007	葛忠迪	计算机 21-1	女	87	89	88
2021008	孙建军	计算机 21-1	男	92	45	59
2021009	吴雨桐	计算机 21-1	女	93	99	97

【实例 7.2】数据排序。

在计算出课程成绩之后，可以根据课程成绩这一列数据的值进行降序排序。对表 7.1 中的数据进行排序操作不会修改数据的值，只会改变表中数据的排列顺序。这类问题不能通过设计一个数学模型的方式来解决，属于非数值计算问题。

除了排序操作之外，在表 7.1 中查找符合条件的数据、向表 7.1 中添加一行数据、删除表 7.1 中的某行数据等操作均属于非数值计算问题。

【**实例 7.3**】QQ 联系人的管理。

QQ 是一款被广泛使用的即时通信软件。对于使用该软件的每一个用户而言，都有大量的好友。在与好友聊天时，首先要在联系人列表中找到好友。可以采用两种方式对好友进行管理，一种是采用集合的方式，将所有的好友放在一个列表中（此种管理方式称为线性管理方式），见图 7.6。另外一种是采用分组的方式进行管理，见图 7.7。

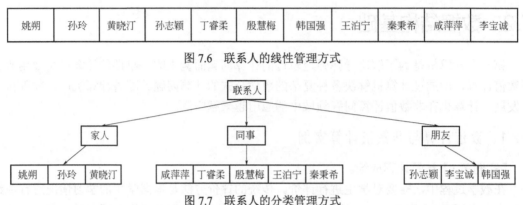

| 姚朔 | 孙玲 | 黄晓汀 | 孙志颖 | 丁睿柔 | 殷慧梅 | 韩国强 | 王泊宁 | 秦秉希 | 咸萍萍 | 李宝诚 |

图 7.6　联系人的线性管理方式

图 7.7　联系人的分类管理方式

在即时通信过程中，经常需要查找联系人。根据联系人信息组织方式的不同，其查找过程也不相同。在第一种管理方式中，需要从头开始，依次扫描联系人列表中的每个数据，直到查找结束；在第二种管理方式中，可以从指定类别的联系人中进行查找。直观来看，采用第二种方式进行联系人的管理可以有效地缩小查找范围，提高查找效率。

上面介绍了 3 个数值计算和非数值计算问题的实例。随着计算机技术的发展，计算机在非数值计算问题中的应用越来越广泛。1968 年，美国计算机科学家者唐纳德·克努特（Donald ErvinKnuth，1974 年图灵奖获得者）在《计算机程序设计的艺术》（*The Art of Computer Programming*）一书中，探讨了非数值计算问题的程序设计中数据之间的逻辑关系以及数据及其之间逻辑关系的存储这两个问题，首次提出了数据结构这一概念。

7.2.2　数据、数据元素和数据结构

数据（Data）是指能输入到计算机中的计算机能认识的各种符号，包括整数、实数等数值型的数据，也包括表示文本、音频、视频等的非数值型的数据。计算机根据程序中的各种控制指令对各种各样的数据进行必要的处理。表 7.1 中每个单元格中的内容均属于数据的范畴。

数据元素（Data Element）是具有完整含义的表示数据的一个基本单位，在数据结构中，通常将数据元素作为一个整体进行考虑。例如，在对表 7.1 中的数据进行排序时，需要将每行数据作为一个整体进行处理，不能仅仅改变课程成绩这一列数据的排列方式。从数据结构的角度来看，表 7.1 中，除了表头之外的每一行均为一个数据元素，每一个数据元素反映了一个学生的所有信息。

数据元素描述了现实世界中的一个实体对象。一个对象通常包含若干个属性，例如，学生即为一个对象，学生的学号、姓名等即为学生对象的属性。在数据结构中，对象的属性称

为数据项（Data Item）。一个数据元素可以由一个或多个数据项组成。对于一个对象而言，可以只关注对象的一个属性，此时对象所对应的数据元素只包含一个数据项，例如由 26 个英文字符组成的字母表（A，B，C，…，Z），该表中共有 26 个数据元素，每个数据元素只包含一个数据项。一个对象也可以包含多个属性，此时该对象所对应的数据元素包含了多个数据项。例如表 7.1 中的每一个数据元素均包含了学号、姓名、班级、性别、平时成绩、期末成绩、课程成绩等 7 个数据项。需要说明的是，对于现实世界中的对象而言，根据所要解决问题的不同，所关心的属性也不相同。例如，学生是教学管理过程中的重要对象，在对学生的学籍进行管理时，除了要清楚学生的姓名、学号等信息，还需要了解学生的出生日期、籍贯等信息；而出生日期、籍贯等信息与学生的课程成绩无关，因此在描述课程成绩时没有必要考虑这些信息。

数据结构（Data Structure）是一门研究非数值计算的程序设计问题中计算机的操作对象（即数据元素）以及它们之间的关系和运算等的学科。关于数据结构，目前没有一个统一的定义。综合关于数据结构概念的多种描述，可以从以下三个方面认识数据结构。

① 数据结构是一组数据元素的集合。

② 该集合中的数据元素之间存在着特定的逻辑关系。

③ 可以采用不同的存储方法存储集合中数据元素的值以及数据元素之间的逻辑关系，即既要存储数据元素的值，又要存储数据元素之间的逻辑关系。

从上面关于数据结构概念的描述中可以看到，数据的逻辑结构和存储结构是数据结构研究的两个主要问题，下面依次对其进行介绍。

7.2.3　数据的逻辑结构

数据的逻辑结构是进行算法设计时首先要考虑的问题。数据的逻辑结构是指数据元素之间的逻辑关系。总的来讲，根据实体对象之间关系的特点，数据元素之间存在线性结构、树结构、图结构以及集合四种逻辑结构（有的书中只介绍线性结构、树结构和图结构等三种逻辑结构）。

7.2.3.1　线性结构

线性结构是最常见的一种逻辑结构。例如，在商场购物时，需要到收银台排队等待结账，对于等待结账队列中的每一个顾客而言，顾客之间的逻辑关系即为线性关系。在等待结账的队列中，如果 A 顾客站在 B 顾客之前并且 A 顾客和 B 顾客之间没有其他顾客，则称 A 顾客为 B 顾客的直接前驱，B 顾客为 A 顾客的直接后继。

在线性结构中，数据元素之间是 1：1 的逻辑关系，即对于任何一个数据元素而言，如果有直接前驱，其直接前驱只有一个；如果有直接后继，其直接后继也只有一个。表 7.1 所示的各数据元素之间的逻辑结构是一种线性结构。可以采用图 7.8 所示的抽象的形式对表 7.1 中所列的数据进行描述。图 7.8 中包含了 A、B、C 等九个结点，每个结点代表了表 7.1 中的一个数据元素，在图 7.8 中，元素 A 没有直接前驱，A 的直接后继是 B；数据元素 K 的直接前驱是 J，K 不存在直接后继。在线性结构中只有一个数据元素不存在直接前驱，不存在直接后继的数据元素也只有一个。

图 7.8　线性结构示意图

7.2.3.2 树结构

树结构也是一种比较常见的逻辑结构。下面以 Windows 操作系统对文件的管理为例来认识树结构。操作系统采用树形目录结构的方式对磁盘上的文件及文件夹进行管理。对于硬盘上的某一个文件夹而言，可以在这个文件夹下创建多个文件或文件夹；而一个文件或一个文件夹只能存在于某一个文件夹之下。可以将计算机硬盘上的每个文件或文件夹看作是一个数据元素，此时，这些数据元素之间的逻辑关系即为树结构。可以采用图 7.9 的所示的树形目录结构对文件之间的逻辑关系进行描述。

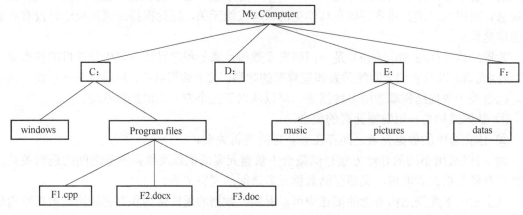

图 7.9 操作系统目录结构图

树由结点和树枝组成，通常采用图 7.10 所示的抽象方式描述树结构。在树结构中，用树中的一个结点表示一个数据元素，树枝（结点之间的连线）表示数据元素之间的前驱后继关系。树结构中数据元素之间的关系为 $1：n$ 的关系。对于树形结构中的任何一个数

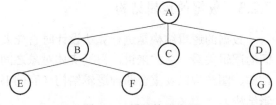

图 7.10 树结构示意图

据元素而言，如果存在直接前驱（又称为双亲、父亲），其直接前驱只有一个（图 7.10 中，B所代表的数据元素的直接前驱为 A，又称 A 是 B 的双亲）；如果存在直接后继（又称为孩子、儿子），直接后继可以有多个（在图 7.10 中，A 的直接后继有 B、C、D 等，即 A 的孩子为 B、C、D），并且，每个结点的后继结点的个数可以不同。

在树结构中，不含任何数据元素的树称为空树；在非空的树中，只有一个数据元素不存在直接前驱，树中的这个结点称为根结点或树根；除了根结点之外，树中的其余结点被分割成若干个互不相交的子集，每一个子集称为根结点的子树；在树中，不存在直接后继的数据元素可以有多个，这些结点称为叶子结点或树叶。

在图 7.10 所示的树中，A 是根结点；根结点 A 共有 3 棵子树，3 棵子树的树根分别是 B、C、D。子树 B 又包含两棵子树，子树 C 中只包含树根；子树 D 包含一棵子树。在以 A 为根的树中，包含 E、F、C、G 等 4 个叶子结点。

7.2.3.3 图结构

相比较线性结构和树结构，图结构是最复杂的逻辑结构。在图结构中，数据元素之间逻辑关系为 $n:m$ 的关系，即一个结点可以有多个直接前驱和直接后继。下面以表 7.2 中列出的

大学计算机相关专业的部分课程的教学安排为例来认识这种逻辑关系。

表 7.2　计算机相关专业部分课程教学安排表

课程编号	课程名称	先修课程
c1	高等数学	无
c2	计算机导论	无
c3	程序设计语言	c1，c2
c4	数据结构	c2，c3
c5	编译原理	c2，c3，c4

表 7.2 中的一行代表一门课程（即一个数据元素），表中"先修课程"这一列（数据项）代表了课程之间的依赖关系。根据课程之间依赖关系的特点，对于表 7.2 中所列的课程而言，有些课程不存在先修课程，并且，不存在先修课程的课程也不唯一；有些课程的先修课程是一门课，有些课程的先修是多门课；有些课程不存在后继课程，有些课程的后继课程是一门课或多门课。可以采用图 7.11 所示的方式对表 7.2 中所列的各门课程之间的依赖关系进行描述。图 7.11 所示的逻辑关系即为图结构，图中的一个结点代表一个门课程；结点之间的连线称为边，表示了课程之间的依赖关系。根据描述问题的不同，图中的边可以是有方向的，称为有向边，如果一个图中所有边都是有向边，这个图称为有向图；图中的边也可以是没有方向的，称为无向边，如果一个图中所有边都是无向边，这个图称为无向图。

7.2.3.4　集合

集合是一种最简单的逻辑结构。此处所讲的集合和数学中集合的概念是相同的。在集合中，数据元素之间不存在任何逻辑关系。由于集合中元素之间不存在逻辑关系，因此有些数据结构教材在讨论逻辑结构时没有单独讨论这种逻辑结构。图 7.12 描述了一个包含 5 个数据元素的集合。

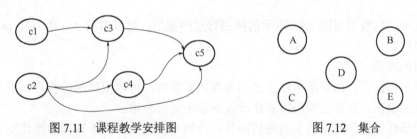

<table>
<tr><td align="center">图 7.11　课程教学安排图</td><td align="center">图 7.12　集合</td></tr>
</table>

7.2.3.5　不同逻辑结构上数据处理方式的比较

上面对数据的四种逻辑结构进行了讨论，介绍了四种逻辑结构的不同特点。对于相同的操作要求，根据待处理数据的逻辑结构特点，需要设计不同的算法解决问题。下面以遍历操作为例，来看一下不同逻辑结构的数据处理过程。

遍历操作是最常见的操作，是指按照某种顺序访问数据集中的数据元素，使得每个数据元素都被访问到并且只能被访问一次，这里的访问是指输出数据元素的值。

（1）线性结构的遍历操作

根据线性结构的特点，对线性结构的遍历可以从第一个数据元素（没有直接前驱的数据元素）开始处理，在输出第一个数据元素之后，继续访问当前结点（数据元素）的直接后继。

由于数据元素之间是线性关系，对给定的一个数据元素，其直接后继是唯一的。按照这种方式依次访问线性结构中的每一个数据元素，直到访问完最后一个结点，遍历操作结束。按照这种方法，对图 7.8 所示的线性结构进行遍历，可以得到 A、B、C、D、E、F、G、H、K 这个遍历序列。

（2）树结构的遍历操作

树由树根和子树组成。由于树中结点之间是 $1:n$ 的关系，故可以设计不同的遍历方法。

① 前序遍历　前序遍历的规则是：

a. 空树不遍历；

b. 对于非空的树，先访问树的根结点，然后，按照从左向右的顺序以前序遍历的方式访问根结点的每一棵子树。

按照这个访问规则对图 7.10 所示的树进行前序遍历，可以得到 A、B、E、F、C、D、G 这一遍历序列。

② 后序遍历　后序遍历规则是：

a. 空树不遍历；

b. 对于非空的树，先按照从左向右的顺序以后序遍历的方式访问树的每一棵子树，最后访问树的根结点。

按照这个访问规则对图 7.10 所示的树进行后序遍历，可以得到 E、F、B、C、G、D、A 这一遍历序列。

③ 层序遍历　树是一种层次结构。可以约定根结点在第 1 层。对于第 K 层的结点，其孩子结点在 $K+1$ 层。

层次遍历的规则是：

a. 空树不遍历；

b. 对于非空的树，从第 1 层即树根出发逐层进行遍历，每层按照从左向右的顺序进行遍历。

按照这个访问规则对图 7.10 所示的树进行层序遍历，可以得到 A、B、C、D、E、F、G 这一遍历序列。

（3）图的遍历

对于图结构而言，由于图中结点之间关系的复杂性，可以根据图的特点，进行深度优先或广度优先的遍历，具体的遍历方式在后续课程中进行介绍。

通过在线性结构和树结构上的遍历操作的介绍可以看到，对于同样的操作要求，由于数据之间的逻辑关系不同，导致数据的处理方式也不相同。因此，在设计应用程序时，必须对数据之间的逻辑关系分析，根据不同的逻辑关系，设计不同的算法。

7.2.4　数据的存储结构

数据的存储结构又称为数据的物理结构，是指数据元素及其之间的逻辑关系在计算机内存中的存储形式。不同的存储方式决定了程序代码的编写方式是不同的。进行应用程序设计时，在分析了数据之间的逻辑关系之后，还需要确定数据的存储结构。

（1）内存的特点

要理解数据的存储结构，首先要认识内存的两个特点：

① 内存编址的连续性。对于计算机内存而言，内存按字节进行顺序编址，即内存的每

个单元从 0 字节开始，按照 0，1，2，…方式连续编址。

② 内存可以进行随机访问。所谓随机访问是指一旦给定要访问的内存地址（编号），可以直接访问该内存中存储的数据。

（2）数据的顺序存储和链式存储

基于内存的上述两个特点，可以采用顺序存储和链式存储两种存储结构进行数据元素及其之间关系的存储。线性结构、树结构、图结构均可以采用这两种存储结构进行存储。对于集合而言，由于元素之间不存在任何关系，只需要存储数据元素的值，因此，集合通常只采用顺序存储方式。

① 顺序存储　基于内存连续编址的特性，可以采用顺序存储方式进行数据元素和数据元素之间的关系的存储。顺序存储采用连续的物理内存空间来存储数据元素的值和数据元素之间的逻辑关系。图 7.13 描述了对表 7.1 采用顺序存储的示意图。

0x0047BDE8	0x0047BE20	0x0047BE58	0x0047BE90	0x0047BEC8	0x0047BF00	0x0047BF38	0x0047BF70	0x0047BFA8
2021001	2021002	2021003	2021004	2021005	2021006	2021007	2021008	2021009
韩茜	刘培华	刘璐	王艺衡	孙梦玉	邬梓健	葛忠迪	孙建军	吴雨桐
计算机21-1	计算机21-1	计算机21-1	计算机21-1	计算机21-1	计算机21-1	计算机21-1	计算机21-1	计算机21-1
女	男	女	男	男	男	女	男	女
70	90	84	95	86	87	87	92	93
89	75	93	67	78	67	89	45	99
83	80	90	75	80	73	88	59	97

图 7.13　表 7.1 中数据元素顺序存储示意图

在采用顺序存储进行存储时，将数据元素的值依次存储在连续的内存中。图 7.13 中形如 0X0047BDE8 的数字为每个数据元素在物理内存中的地址编号（习惯上，内存地址编号采用十六进制数表示）；在顺序存储时，没有采用额外的物理内存存储数据元素之间的逻辑关系，直接利用数据元素在物理内存的相邻性隐含地存储了数据元素之间的前驱和后继关系。

② 链式存储　在链式存储结构中，存储每个数据元素的物理内存不一定是连续的，因此，必须在存储数据元素的同时，利用另外的物理内存存储数据元素之间的逻辑关系（即数据元素之间的前驱后继关系）。图 7.14 是采用链式存储结构对表 7.1 中的数据元素和元素之间的逻辑关系进行存储的示意图（说明：在图 7.14 中，→表示内存地址的编号，该地址编号为当前数据元素的后继元素在物理内存中的地址。first 是头指针，记录链式存储结构中第一个结点的地址，链式存储结构中，最后一个数据元素中的 ∧ 表示当前数据元素没有后继）。

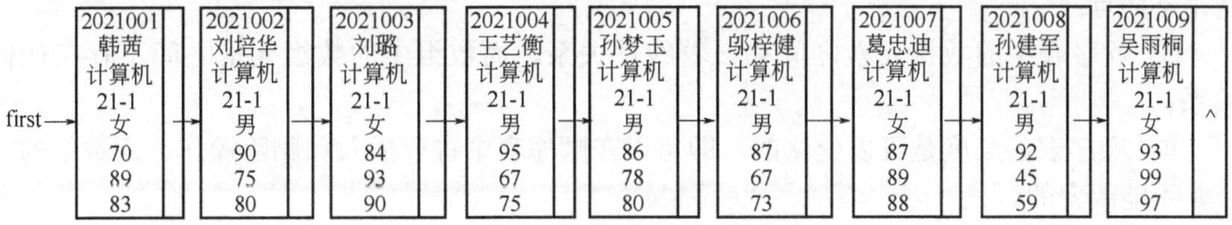

2021001		2021002		2021003		2021004		2021005		2021006		2021007		2021008		2021009	
韩茜		刘培华		刘璐		王艺衡		孙梦玉		邬梓健		葛忠迪		孙建军		吴雨桐	
计算机		计算机		计算机		计算机		计算机		计算机		计算机		计算机		计算机	
21-1		21-1		21-1		21-1		21-1		21-1		21-1		21-1		21-1	^
女		男		女		男		男		男		女		男		女	
70		90		84		95		86		87		87		92		93	
89		75		93		67		78		67		89		45		99	
83		80		90		75		80		73		88		59		97	

图 7.14　链式存储结构示意图

图 7.14 所示的链式存储结构称为一个单链表。在这条单链表中包含了 9 个结点，每个结点存储了两个信息，一是数据元素的值，二是线性结构中当前数据元素的后继在物理内存中的地址。由于链表中的每个结点只存储了后继结点的地址，因此该链表称为单链表。

上面以线性表为例，讨论了顺序存储和链式存储两种存储结构。对于树结构和图结构，也可以采用这两种存储方式进行存储。

7.2.5 典型的数据结构

在实际应用中，典型的数据结构有以下几种。

7.2.5.1 数组

数组（Array）由一组类型相同的数据元素组成，是一个具有固定格式和数量的数据集合。数组一旦定义，其大小是不能修改的，因此，采用顺序存储方式进行数组元素的存储。对于集合而言，由于集合中的数据元素之间不存在逻辑关系，在存储集合时，只需要存储集合中的数据元素，因此通常用数组来表示一个集合。

下面以计算导论课平均成绩的计算为例，来认识一下数组的应用场景。

从处理要求来看，待处理的数据是学生的成绩，并且只需要对学生的成绩数据进行读操作，根据读到的数据计算平均值。由于在数据处理过程中不会修改学生的成绩数据，因此，可以将学生的成绩看作是一个集合，采用数组存储每个学生的考试成绩。在计算平均值时，依次读出数组中每个学生的成绩并进行数据的累加操作，在读完所有学生的成绩数据后累加结束，之后用累加的结果除以学生的总人数，即可完成平均值的计算。

7.2.5.2 线性表

由 0 个或多个具有线性逻辑关系、类型相同的数据元素组成的一个有限序列称为线性表（Linear List）。线性表中数据元素的个数称为线性表的长度。可以采用下面的通用形式描述一个线表：

$$L = (a_1, a_2, a_3, \cdots, a_n)$$

在上述形式化的描述中，a_i 代表一个数据元素，下标 i 代表数据元素在线性表中的编号。

根据线性表的定义，表 7.1 所示的成绩表及英文字符表（A，B，C，…，Z）等均为线性表。

线性表支持数据元素的插入（添加）、数据元素的删除、数据元素的查找等基本操作。

线性表的顺序存储方式见图 7.13，在应用程序设计中，线性表的顺序存储是利用数组实现的，采用顺序存储方式存储的线性表又称为顺序表。

直观来看，顺序表的直接表现形式也是一个数组，但顺序表和数组所表达的含义有以下两个不同点：

① 顺序表中的数据元素之间存在着线性关系，而数组中的数组元素之间不存在任何关系；

② 顺序表的长度是可以变化的，即可以在顺序表中进行插入和删除操作，而数组的大小是不能改变的。

线性表也可以采用图 7.14 所示链式存储方式进行存储，也可以采用双向链表（链表中每个结点包含两个指针，分别记录其前驱和后继结点在内存中的地址）、循环链表等其他链式存储方式存储一个线性表。

7.2.5.3 栈

栈（Stack）也是一种线性表。与普通的线性表不同，栈只允许在线性表的一端进行插入操作，在同一端进行删除操作，进行插入和删除操作的一端称为栈顶（Top），另一端称为栈底（Bottom）。栈的插入操作又称为入栈（Push），删除操作又称为出栈（Pop）。栈是一种 FILO（First In Last Out）的结构。栈操作示意过程见图 7.15。在图 7.15 的操作过程中，从空栈出发，首先进行了 a_1、a_2、a_3 三个数据元素的入栈操作，接下来进行了一次出栈操作。

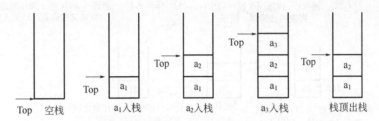

图 7.15　栈操作示意图 1

对栈而言，只限定了插入和删除操作的位置，没有限定插入或删除操作的时间，即随时可以进行入栈或者出栈操作。因此，在依次将三个数据元素 a_1、a_2、a_3 按顺序进行入栈操作时，a_2、a_3、a_1 也是一个有效的出栈序列，图 7.16 给出了得到该出栈序列的操作过程。

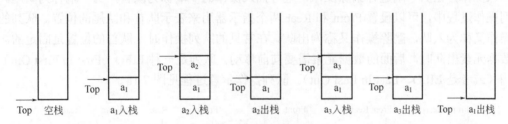

图 7.16　栈操作示意图 2

栈的基本操作包括数据元素入栈、数据元素出栈、访问栈顶元素等。由于栈也是线性表，因此可以采用图 7.13、图 7.14 所示的两种不同的方式进行数据元素及数据元素之间的线性关系的存储。

表达式中括号匹配的检查、算术表达式的求值等问题的解决都需要栈结构。下面以后缀表达式求值为例，来看一下栈的应用。

常见的算术运算符＋、－、×、÷等都是二元运算符，常见的算术表达式的书写形式是运算符在两个操作数的中间，称为中缀表达式，例如形如(a＋b)×c 的表达式为中缀表达式。可以将运算符放在两个操作符之后，称为后缀表达式，例如 a b＋c×为一个后缀表达式，其功能和中缀表达式(a＋b)×c 相同。中缀表达式中使用括号用来改变运算顺序，后缀表达式中不使用括号，直接利用运算符在表达式中的位置将运算顺序体现出来。

后缀表达式的求值过程需要定义一个栈，用来存储表达式中的操作数。在对后缀表达式求值时，需要按照从左向右的顺序扫描表达式，在扫描过程中，当遇到一个操作数时，则将操作数入栈；当遇到操作符时，则将栈顶的两个操作数（二元运算符）出栈，之后完成操作符所指定的运算并将运算结果入栈。重复上述过程，直到表达式扫描完毕，此时，栈里只有一个操作数，这个数即为表达式的值。

图 7.17 以"123　33＋　12　6－÷5－"为例，展示了后缀表达式的求值过程[注：该后缀表达式对应中缀表达式为（123+33）÷（12-6)−5]。

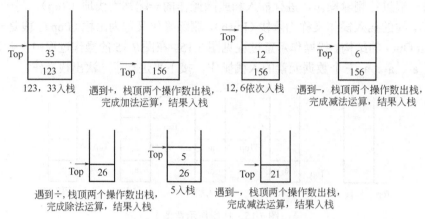

图 7.17　使用栈进行后缀表达式求值

7.2.5.4　队列

队列（Queue）也是一种线性表。与普通的线性表不同，队列只允许在线性表的一端进行插入操作，在另一端进行删除操作，进行插入操作的一端称为队首，另一端称为队尾。在队列操作过程中，可以设置 Front 和 Rear 两个指示器用来表示队首和队尾的位置。队列的插入操作又称为入队，删除操作又称为出队。在常见的队列操作时，队首的位置是固定的，当有数据元素出队时，后面的数据元素需要向前移动。队列是一种 FIFO（First In First Out）的结构（或者是 LILO，Last In Last Out）。队列操作示意过程见图 7.18。

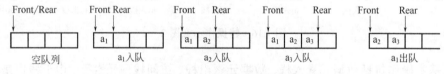

图 7.18　队列操作示意图

在图 7.18 的操作过程中，首先进行了 a_1、a_2、a_3 三个数据元素的入队操作，接下来进行了一次出队操作。

队列的基本操作包括数据元素入队、数据元素出队、访问队首元素等。由于队列也是线性表，因此可以采用图 7.13、图 7.14 所示的两种不同的方式进行数据元素及数据元素之间的线性关系的存储。

操作系统中打印队列的管理、医院挂号系统、银行的排队系统等都是队列的典型应用。

7.2.5.5　二叉树

二叉树（Binary Tree）是最简单、最常用的树结构，由 0 个或多个数据元素组成。包含 0 个数据元素的二叉树称为空树；在非空的二叉树中，存在一个结点，该结点没有直接前驱，称为根结点，除根结点外，其余结点可以分成两个互不相交的子集，每个子集又对应一棵二叉树。

（1）二叉树的特点

① 二叉树中的每个结点最多有两个后继，分别称为左儿子和右儿子。

② 二叉树是有序的树，即对树中的每个结点而言，其左儿子和右儿子的次序不能交换；

即使结点只有一个直接后继,也必须区分是左儿子还是右儿子。

根据二叉树的特点,二叉树存在如图7.19所示的5种形态。

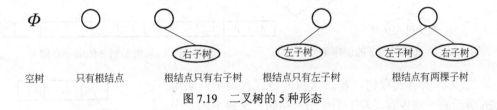

图 7.19 二叉树的 5 种形态

(2)二叉树的存储

根据 7.2.4 节中关于存储结构的讨论可以知道,二叉树也可以采用顺序存储和链式存储两种方式进行数据元素和数据元素之间逻辑关系的存储。下面以图7.20中所示的二叉树为例,认识一下这两种存储方式的实现。

① 二叉树的顺序存储 从图 7.20 可以看到,树结构是一种层次结构。约定根结点在第 1 层;第 k 层的结点,其孩子结点在第 $k+1$ 层。在顺序存储过程中,可以逐层进行数据元素的存储,每层按照从左到右的方式将数据元素依次存入连续的存储空间。

图 7.20 所示的二叉树中共有 7 个结点,可以逐层对这 7 个结点进行编号,每个结点的编号依次是 1~7,编号结果见图7.21。将这 7 个结点依次存放在连续的 7 块内存中(每块内存存储一个数据元素,每块内存的大小由要存储的数据元素的类型决定),存储示意结构见图 7.22。

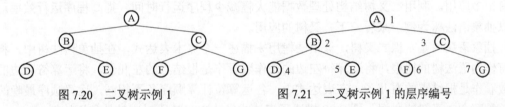

图 7.20 二叉树示例 1 　　　　图 7.21 二叉树示例 1 的层序编号

观察这 7 个结点,对于编号是 i 的结点,如果有左儿子,左儿子的编号是 $2i$,如果有右儿子,右儿子的编号是 $2i+1$。因此,在图7.22 所示的存储方式中,既完成了数据元素的存储,又存储了数据元素之间的逻辑关系。

图 7.20 所示的二叉树中,除叶子结点之外,每个结点都有两个儿子,并且叶子结点都在同一层上。并不是所有的二叉树都具有这样的特点。图7.23 描述了另外形态的一棵二叉树,对于该二叉树中的每个结点,按照前面讨论的"编号是 i 的结点,将其左儿子的编号定义为 $2i$,将其右儿子的编号定义为 $2i+1$"规则进行编号,采用该规则对图7.23 中二叉树的结点编号结果见图7.24,其顺序存储结构见图7.25(存储结构中的 ∧ 表示该结点不存在,这样做的目的是用来存储二叉树中结点之间的逻辑关系)。

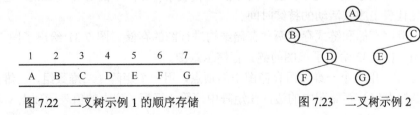

1	2	3	4	5	6	7
A	B	C	D	E	F	G

图 7.22 二叉树示例 1 的顺序存储 　　　图 7.23 二叉树示例 2

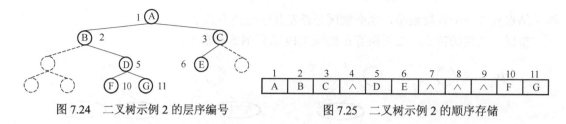

图 7.24　二叉树示例 2 的层序编号　　　　图 7.25　二叉树示例 2 的顺序存储

② 二叉树的链式存储　在二叉树的链式存储中，采用图 7.26 所示的一块内存（若干个字节）存储二叉树中的一个结点。在该内存中，data 表示数据元素的值，两个 "→" 分别代表当前数据元素的左儿子和右儿子在内存中的地址。

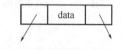

图 7.26　结点存储结构示意图

" ∧ " 表示当前数据元素没有左儿子或右儿子。图 7.20 中二叉树的链式存储结构示意图见图 7.27，图 7.23 所示二叉树的链式存储结构见图 7.28。

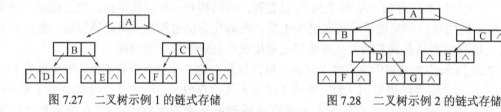

图 7.27　二叉树示例 1 的链式存储　　　　图 7.28　二叉树示例 2 的链式存储

③ 二叉树的应用　二叉树在数据压缩、排序、查找、大规模数据索引、决策分析等方面有很多应用。利用二叉树结构处理数据能大幅减少程序运行时间，提高程序运行效率。下面以抽象语法树为例，来看一下二叉树的应用。

抽象语法树是一棵二叉树，该语法树用来描述一个算术表达式。在抽象语法树中，将运算符作为语法树的树根，将运算符左边的操作数看作是根结点的左儿子，将运算符右边的操作数看作是根结点的右儿子；在表达式中，各运算符计算顺序各不相同，运算顺序最晚的运算符是整个二叉树的树根。图 7.29 描述了表达式 (A＋B)×C 所对应的抽象语法树。

按照 "先访问根结点的左子树中的所有结点，再访问根结点的右子树中的所有结点，最后再访问树根" 的顺序遍历抽象语法树（其中，每棵子树也是按照相同的方法进行访问），就可以得到对应的后缀表达式。

7.2.5.6　图

可以将教学计划、土木工程的施工过程、企业中产品的生产流程、应用软件开发过程等看作一个工程。对于一个工程而言，通常会包含若干个工序或活动，各工序或活动之间具有一定的关联，有些工序可以并行进行（同时进行），有些工序需要串行进行（前面工序结束后，后面工序才能启动），因此，各工序之间的逻辑关系可以利用图进行描述。图 7.30 描述了一个工程。在图 7.30 所示的工程中，图中的顶点 v_i 代表事件，图中的边 a_i 代表某一道工序或活动，边的长度代表工序或活动的持续时间。

可以采用顺序存储和链式存储两种存储结构进行图的存储。图 7.31 给出了图 7.30 的顺序存储示意图，图 7.32 给出了该图的链式存储示意图。

在图 7.31 中，用一个一维数组存储图中的顶点，用一个矩阵（二维数组，二维数组的存储方式也是顺序存储）存储图中的边，在矩阵中，第 i 行第 j 列中的值表示顶点 v_i 和顶点 v_j

之间的边的长度，∞表示两个顶点之间没有边。

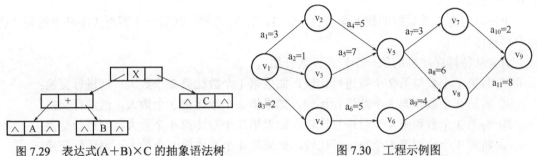

图 7.29　表达式(A+B)×C 的抽象语法树　　　　　图 7.30　工程示例图

在图 7.32 中包含了 9 条单链表，单链表中的一个结点对应于图中的一条边。单链表中的每个结点存储了三个数据：这条边所依附的另外一个顶点编号，边的长度，下一个条边所对应的结点的地址。

顶点：	v_1	v_2	v_3	v_4	v_5	v_6	v_7	v_8	v_9

边：	0	3	1	2	∞	∞	∞	∞	∞
	∞	0	∞	∞	5	∞	∞	∞	∞
	∞	∞	0	∞	7	∞	∞	∞	∞
	∞	∞	∞	0	∞	5	∞	∞	∞
	∞	∞	∞	∞	0	∞	3	6	∞
	∞	∞	∞	∞	∞	0	∞	4	∞
	∞	∞	∞	∞	∞	∞	0	∞	2
	∞	∞	∞	∞	∞	∞	∞	0	8
	∞	∞	∞	∞	∞	∞	∞	∞	0

图 7.31　图的顺序存储示意图　　　　　图 7.32　图的链式存储示意图

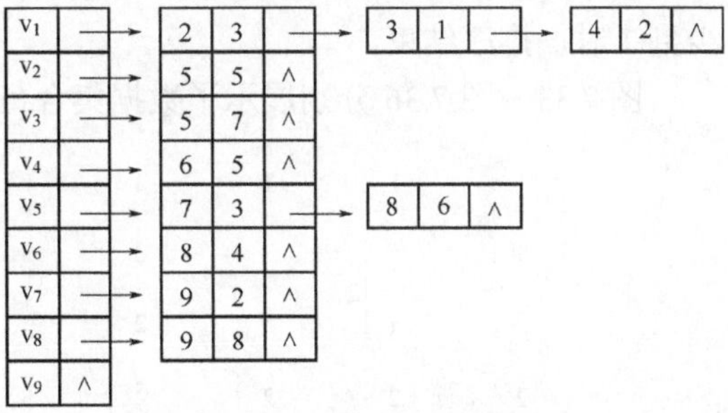

对于图而言，可以计算图中最长路的长度（代表工程的工期）、最短路径长度（交通导航系统）、最小代价生成树（网络布线、公路选址）等，相关的算法将在后续课程中进一步的介绍。

7.3　典型算法

7.3.1　排序算法

排序操作是非常典型的非数值计算问题，许多问题的解决都需要排序算法的支持，例如在前文提到的二分查找算法，在进行折半查找时，必须先构造一个升序的序列（说明：升序序列或降序序列均可进行二分查找）。可以采用冒泡排序、选择排序、希尔排序、快速排序、插入排序、堆排序等基于数据比较的方法完成排序，也可以采用桶式排序、基数排序等基于数据分配的方法完成排序。众多的排序算法在时间复杂度和空间复杂度方面有所不同。下面看一下冒泡排序。

冒泡排序是一种基于比较操作的排序算法，又称为相邻比序法，是一种简单的排序算法，所谓简单是指算法思想简单，但从算法运行效率来看，冒泡排序是一种平均时间复杂度较高的排序算法。

下面以包含 5 个数据的数据集合{1，5，3，2，7}为例，来看一下冒泡排序基本过程（进行升序排序）。

首先从待排序序列的第一个数据元素开始：

① 将第 1 个数与第 2 个数进行比较，如果第 1 个数比第 2 个数大，则进行交换；

② 将第 2 个数和第 3 个数进行比较，如果第 2 个数比第 3 个数大，则进行交换；

③ 将第 3 个数和第 4 个数进行比较，如果第 3 个数比第 4 个数大，则进行交换；

④ 将第 4 个数和第 5 个数进行比较，如果第 4 个数比第 5 个数大，则进行交换。

对于包含 5 个数据的排序序列而言，经上面的 4 次比较之后，就把序列中最大的数找出来，放在序列的最后。

上面的过程称为一趟，经过一趟排序之后，排出了最大的数，该数被放在了它最终应该在的位置上。

显然对冒泡排序而言，一趟冒泡只能排出一个数据，当待排序的序列中包含 n 个数据时，要进行 $n-1$ 趟冒泡。根据冒泡排序过程的特点，下一趟的排序过程中参与排序的数据会比上一趟排序的数据少一个，即每进行一趟排序，无序序列的长度减少 1，当无序序列的长度减少到 1 时，排序结束。

图 7.33～图 7.36 分别展示了数据集合{1，5，3，2，7}的每趟冒泡的过程。

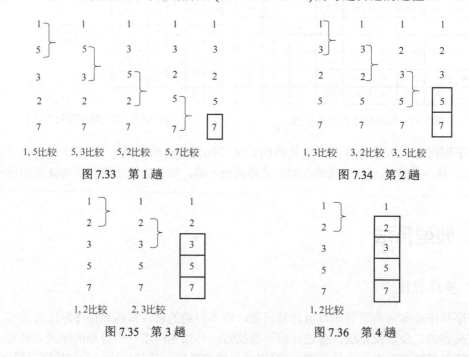

图 7.33　第 1 趟　　　　　　　　　　图 7.34　第 2 趟

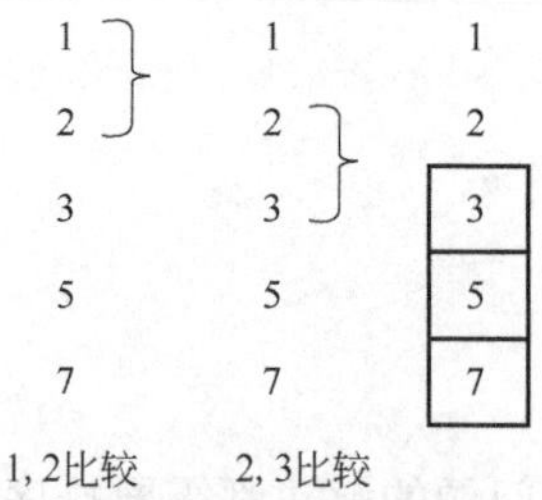

图 7.35　第 3 趟　　　　　　　　　　图 7.36　第 4 趟

7.3.2　枚举算法

枚举算法又称为穷举算法，是最简单的一种方法。该算法在对问题求解的过程中，会列举出所有可能的情况，并依次检查每一种情况是否满足要求。下面以水仙花数为例，看一下枚举算法。

水仙花数是指一个 3 位数，它的每个位上的数字的 3 次幂之和等于它本身（例如：153 是一个水仙花数，$1^3+5^3+3^3=153$）。水仙花数的算法见图 7.37。

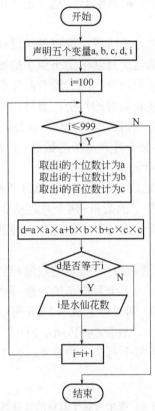

图 7.37　水仙花数的算法流程图

在图 7.37 所描述的算法中，对于变量 i 而言，从最小的三位数开始依次枚举出 i 的每一个值（100，101，102，…，999），在枚举 *i* 的过程中，根据水仙花数的特点，判断 i 是否是水仙花数。

枚举算法的缺点是时间复杂度高，算法运行时间长。对有些问题而言，采用枚举方法的运算时间会非常长。

7.3.3　递推算法

递推算法是一种重要的数学方法，在数学的各个领域中都有广泛的运用，也是计算机用于数值计算的一个重要算法。

对于一个待求解的问题，如果该问题的求解过程可以清晰地划分为若干个阶段（或过程），相邻两个阶段的问题之间有确切的依赖关系，可以根据这个依赖关系确定一个问题的求解规则，这个规则称为递推式。利用这个递推式，可以逐次推出所要求的各中间结果及最后结果。下面采用递推算法计算斐波那契数列。

斐波那契数列问题起源于 13 世纪意大利数学家斐波那契的《算盘书》中记载的兔子产仔问题，其大意如下：假定一对大兔子每月能生一对小兔子，且每对新生的小兔子经过一个月可以长成一对大兔子，长成大兔子具备繁殖能力（长成大兔子的当月不能繁殖，从下个月开始,每个月都能繁殖一对小兔子,即第一个月生的小兔子,第三个月开始繁殖),如果不发生死亡,且每次均生下一雌一雄一对兔子,现在有一对小兔子(新生的兔子),计算接下来的每个月共有多少对兔子(包括大兔子和小兔子)。这个记录每个月兔子数量的序列称为斐波那契数列。

从问题的描述来看,该问题以月为阶段,需要按阶段计算出每个月的兔子的数量,这个数量既包括大兔子的数量,也包括这个月新生的小兔子的数量。

影响每个月大兔子数量的因素有两个:因为没有产生兔子死亡事件,所以,上个月的大兔子,经过一个月的生长,会延续到当前的月份;另外,对于新生的小兔子,经过 1 个月的生长,也会长成大兔子,因此,可以得到式(7.2),该公式计算每个月大兔子数量。

当月大兔子的数量=上个月大兔子的数量+上个月新生兔子的数量

=上个月兔子的数量   (7.2)

根据问题的描述,可以得到式(7.3)所示的计算每个月新生兔子的递推式。

当月新生兔子的数量=两个月之前兔子的数量   (7.3)

每个月的兔子包括大兔子和新生的兔子,因此可以得到计算每个月兔子数量的递推式,见式(7.4)。

每个月的兔子的数量=当月大兔子的数量+当月新生兔子的数量

=上个月兔子的数量+两个月前的兔子的数量   (7.4)

用 $f(n)$ 表示第 n 月兔子的数量,可以得到式(7.5)所示的递推式。

$$f(n)=f(n-1)+f(n-2)   (7.5)$$

根据这个递推式,可以计算出每个月兔子的数量。表 7.3 演示了利用式(7.5)计算每个月兔子数量的过程。

表 7.3   每个月兔子数量的计算过程

月份	大兔子的数量	新生兔子的数量	总数量
1	0	1	1
2	1	0	1
3	1	1	2
4	2	1	3
5	3	2	5
6	5	3	8
7	8	5	13
8	13	8	21
9	21	13	34
10	34	21	55
11	55	34	89
12	89	55	144
13	144	89	233

在递推算法计算过程中,为保证递推算法正确执行,必须确定递推的边界条件,即已知值。根据讨论问题的不同,边界条件各不相同。在斐波那契数列的计算过程中,边界条件是 $f(1)$ 和 $f(2)$,即斐波那契数列中前两个数是已知的,在已知这两个数据的基础上,可以利用式(7.5)所描述的递推式逐阶段计算出之后每个月兔子的数据值。图 7.38 描述了输出斐波那契数列前 n 个数(从 1 开始计数,并且 $n \geq 2$)的算法。

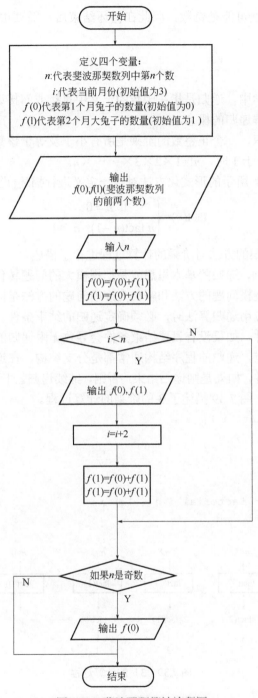

图 7.38　斐波那契算法流程图

根据斐波那契数列计算方法的讨论可以知道，数列中每一个数据的计算方法相同，所以，该算法的框架是一个循环结构，在循环的过程中，使用表达式 $f(0)+f(1)$ 计算数列中的一个数，尽管两次使用同一个表达式进行，第一次的计算结果被保存在变量 $f(0)$ 中，即两个表达式中变量 $f(0)$ 的值是不同的，同样，第二个表达式重新计算了变量 $f(1)$ 的值，不断使用这两个表达式进行迭代计算，最终完成了序列的输出。由于在循环体中每次计算两个数，而要输出的序列长度可能是奇数，因此在循环结束后，需要根据 *n* 的奇偶性的不同进行相关处理。

7.3.4 递归

在数学与计算机科学中，递归是指在函数的定义中直接或间接调用函数自身的方法。可以通过阶乘的计算来理解递归的概念。

根据所学的数学知识，一个正整数的阶乘是所有小于及等于该数的正整数的积，并且 0 的阶乘为 1，当 *n* 大于等于 1 时，$n!=1×2×3×\cdots\cdots×n$。

可以采用如式（7.6）所示的形式化方法对这一定义进行描述[说明：fact(*n*)表示 *n*!]。

$$\text{fact}(n)=\begin{cases} 1, & n=0 \\ n\,\text{fact}(n-1), & n\geqslant 1 \end{cases} \tag{7.6}$$

式（7.6）中采用递归的方法对阶乘的计算过程进行了描述。

从式（7.6）可以看到，递归的基本思想就是把规模大的问题转化为规模小的相似的子问题来解决，并且解决小规模问题的方法和解决大规模问题的方法是同一个方法，这是递归算法核心。除此之外，在应用递归算法时，必须确定递归的结束条件。在阶乘的计算中，*n* 等于 0 即为递归的结束条件，如果没有设置结束条件会导致无限递归的情况。

根据递归算法的特点，递归的程序结构通常都是分支结构，在递归程序执行的过程中检查是否满足递归结束条件，如果是则递归结束；否则，继续递归。下面的代码采用了 C++ 语言对阶乘算法进行描述，图 7.39 描述了 3 的阶乘的计算过程。

```cpp
int Factorial ( int n ){
  if ( n == 0 )
    return 1 ;
  else
    return  n * Factorial ( n - 1 ) ;
}
```

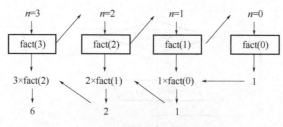

图 7.39 3! 的计算过程

7.3.5 分治算法

古代杰出的军事家孙武在《孙子兵法》一书中提到"凡治众如治寡，分数是也"，该兵法提出了大部队的管理方法，即治理大部队与治理小分队原理是一样的。这个方法即为分治方法。

任何一个可以用计算机求解的问题，其规模越小，越容易直接求解。分治方法是把一个大规模的复杂问题分解为两个或更多个相同或相似的子问题，再把子问题分解成更小的子问题，直到最后子问题可以简单地直接求解，然后对子问题的解进行合并从而得到原问题的解。

二路归并排序算法是一种典型的分治算法。图 7.40 展示了对含有 8 个数的序列{28，2，56，38，14，45，7，66}进行归并排序的过程。

在图 7.40 所示的归并排序过程中，首先将待排序的序列分为 8 个子序列，每个子序列中只有一个数据元素，当序列中只有一个数据时，该序列是一个有序的序列。

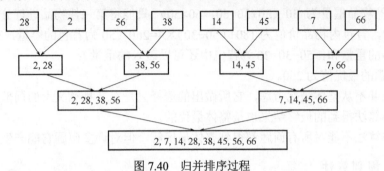

图 7.40　归并排序过程

在得到子问题的解之后，接下来需要对子问题的解进行合并。首先对长度是 1 的两个相邻的子序列进行合并，得到 4 个长度是 2 的有序的子序列；接下来再对长度是 2 的子序列进行两两合并，得到两个长度是 4 的子序列；继续对这两个长度是 4 的子序列进行合并，最终完成排序过程。

7.3.6　贪心算法

贪心算法是用来求解最优值的一种方法。所谓的最优值是指符合条件的最好的值。下面以背包问题为例，来看一下贪心算法的基本原理。

背包问题是指有若干物品和一个背包，每个物品有自己的价值和重量，背包有总重量（即背包能容纳的物品的最大容量），在此前提下，需要计算将哪些物品装入背包，使得在不超过背包总重量的前提下，装入背包中的物品的价值和最大，这个最大值就是此处讨论的最优值。根据物品是否可以拆分（将一件物品全部或部分装入背包），背包问题也分为普通的背包问题（物品可以拆分）和 0-1 背包问题（物品不能拆分，即对每件物品的处理方案只有两种，装入背包或不装入背包）。不同的背包问题，可以采用不同的方法解决。贪心算法所解决的背包问题为普通的背包问题，即物品可以拆分的背包问题。

贪心算法的核心是贪心策略。例如对于前面提到的普通的背包问题的贪心策略是对所有物品按照单位价值（价值/重量）进行降序排序，优先将单位价值最大的物品装入背包中，按照这种策略进行处理，可以使得装入背包中的物品的价值最大。

例如，现有 3 件物品，每件物品的重量和价值以及单位价值见表 7.4，现有一个重量为50 的背包，计算该背包问题的最优值。

表 7.4　物品信息表

物品编号	1	2	3
重量	10	20	30
价值	80	100	120
单位价值	8	5	4

根据该问题的贪心策略，普通背包问题最优值的计算过程如下：

① 根据表中的信息可以看到，物品已经按单位价值降序排序（单位价值依次是 8，5，4）；

② 第一件物品重量 10（10<50），可以完整地装入背包，此时，背包内物品价值为 80；

③ 第二件物品重量为 20（10+20=30，30<50），可以完整地装入背包，此时，背包内物品价值为 80+100=180（此时，背包内物品的总重量为 10+20=30）；

④ 第三件物品重量为 30（30+30=60，60>50），只能将第三件物品进行分割后部分地装入背包，此时，背包内物品价值为 180+（50−30）×4=260（50 为背包的容量，30 为已经装入背包内的物品的重量和，50−30=20 为背包中还可以装入的重量）；

⑤ 该问题的最优值为 260。

贪心算法并不从整体最优考虑，它所做出的选择只是在某种意义上的局部最优选择。当然，希望贪心算法得到的最终结果也是整体最优的。

虽然贪心算法不能对所有问题都得到整体最优解，但对许多问题它能产生整体最优解。

7.3.7　动态规划算法

在现实生活中有些活动，由于其特殊性，可将活动过程分解为若干个互相联系的阶段，在活动的每一阶段都要做出决策从而使整个活动过程达到最好的效果。各个阶段决策的选取不是任意确定的，它依赖于当前面临的状态，又影响以后的发展，这种把一个问题看作是一个前后关联具有链状结构的多阶段过程称为多阶段决策过程，这种问题就称为多阶段决策问题。

图 7.41 为一个数字三角形。从三角形的顶部出发，每一步可以向左走或向右走，一直走到三角形的底部，需要设计一个算法计算出从三角形的顶至底的一条路径，使该路径经过的数字总和最大。

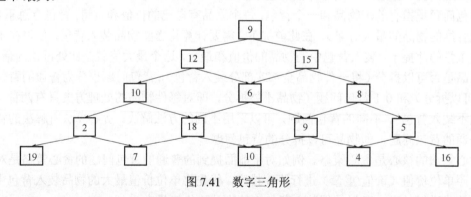

图 7.41　数字三角形

数字三角形的问题是一个典型的多阶段决策问题（每走一层称为一个阶段）。该问题的求解可以采用动态规划算法解决。

对于图 7.41 所示的数字三角形中的数据 6，根据处理要求，可以经过 9、12 到达 6，也可以经过 9、15 到达 6，这两种不同的走法，到达数字 6 所经过的数字和分别是 27 和 30。根据数字三角形问题的要求，需要选择 9、15、6 这条行走路线到达数字 6，这种决策可以保证最终求解出最优值。

对数字三角形的中的每个位置，都需要做出行走路线的决策。这个决策，既与已经走过的位置相关（已经做出的决策），又对以后的决策产生影响。

同贪心算法一样，动态规划算法也是求解最优值的一种方法。与贪心算法不同，动态规划算法是从全局出发，进行最优值的计算。贪心算法的选择策略即贪心选择策略，通过对候选解按照一定的规则进行排序，然后就可以按照这个排好的顺序进行选择了，选择过程中仅需确定当前元素是否要选取，与后面的元素是什么没有关系。动态规划的选择策略是试探性的，每一步要试探所有的可行解并将结果保存起来，最后通过回溯的方法确定最优解，其试探策略称为决策过程。关于该算法的求解过程将在后续课程中进行详细介绍。

7.3.8　回溯算法

回溯算法是一种寻找问题的全部可行解或最优解时采用的一种搜索方法，又称为试探法。回溯方法按照一定的规则在问题的解空间中进行搜索，以达到目标；当搜索到某一步发现搜索过程不能继续进行时，就退回到上一步重新选择，这种走不通就退回再走的技术称为回溯法。

回溯算法进行搜索时，首先需要定义问题的解空间。图 7.42 是包含 3 件物品的 0-1 背包问题的解空间。

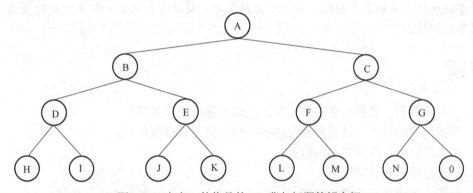

图 7.42　含有 3 件物品的 0-1 背包问题的解空间

对于 0-1 背包问题而言，对每一件物品的选择方案只有两种：放入背包或不放入背包，因此其解空间是一棵形如图 7.42 的二叉树。在这棵二叉树中，每一层代表一件物品（三件物品，共有四层，二叉树的最后一层代表搜索的结束），左儿子代表将这件物品放入背包，右儿子代表不将这件物品放入背包。可以设置先搜索左子树，左子树搜索结束后再搜索右子树的搜索策略，即按照树的前序遍历的顺序在解空间中进行搜索（在搜索过程中计算最优值）。

假设有三件物品，其重量分别是（10，45，30），背包的重量是 50。首先从二叉树的根结点 A 进行搜索，根据先搜索左子树的策略，接下来会依次搜索到 B、D，此时的背包装入方案是将前两件物品装入背包，根据这种方案，背包中物品的重量是 55，超过了背包重量的要求，因此当搜索的 D 时，停止搜索，返回到 B，继续沿着 B 的右分支进行搜索，这个过程，就是一个回溯过程。根据这样一种搜索过程，可以找到问题的所有的可行解，在所有可行解的求解过程中，可以得到最优解。

7.3.9　分支限界法

分支限界法也是一种搜索方法。与回溯法相同，在搜索之前，都需要明确问题的解空间。回溯法采用前序遍历的策略在问题的解空间中进行搜索，而分支限界算法采用的是层序遍历

（又称为广度优先搜索）的策略对解空间进行搜索。

与回溯法相同，在分支限界法进行搜索问题的解的过程中，需要根据待处理问题的特点，设计剪枝规则，把不符合条件的树枝剪掉，以加快搜索速度。

关于搜索过程和剪枝策略的设计问题，将在后续课程中进行介绍。

本章小结

算法和数据结构是计算机程序的两个核心内容。算法是程序设计的灵魂，给出了解决现实问题的步骤和方法。数据结构是基础，解决数据描述的问题，包括数据的逻辑结构和存储结构，为算法服务。本章介绍了算法的特点，并对常用的算法的描述方法及算法的评价方法进行了简单介绍，重点介绍了数据的四种逻辑结构及其特点、数据的两种存储方式，并结合实例对线性表、二叉树、栈和队列等常见的数据结构的逻辑结构、存储结构及应用场景进行了介绍。

在计算机技术的发展过程中，形成了大量经典的算法，本章介绍了常见的几类经典算法。学习并掌握这些算法的基本原理，有利于开阔思维，提升分析问题和解决问题的能力，进行计算思维的训练。

思考题

1．什么是数据、数据元素？数据元素之间有哪些逻辑关系？

2．简述内存的特点，讨论数据在内存中的存储方式有哪两种。

3．什么是队列？队列有哪些特点？

4．什么是栈？栈有何特点？

5．设栈 S 初始状态是空，元素 e_1、e_2、e_3、e_4、e_5、e_6 依次入栈后，得到 e_2、e_4、e_3、e_6、e_5、e_1 这一出栈序列，则栈的容量至少是多少？

6．我国古代数学名著《九章算术》中提出了用"更相减损术"（又称为等值法）计算两个数的余数的方法。采用该方法计算 98 与 63 的最大公约数的过程如下：

$$98-63=35$$
$$63-35=28$$
$$35-28=7$$
$$28-7=21$$
$$21-7=14$$
$$14-7=7$$
$$7-7=0$$

所以，98 和 63 的最大公约数等于 7。

请采用自然语言对"更相减损法"进行描述。

7．将军战前点兵，他命令士兵 3 人排成一排整队，结果多出 2 名；接着又命令士兵 5 人排成一排整队，结果多出 3 名；他又命令士兵 7 人排成一排整队，结果又多出 2 名。于是将军马上说道："我军有 1073 名兄弟。"

请问：可以采用本章所介绍的哪种算法计算士兵人数？请画出解决该问题的流程图。

8．试写出计算 1+2+3+···+n 的递归式。

9．汉诺塔（Tower of Hanoi）是一个源于印度古老传说的益智玩具。大梵天创造世界的时候做了三根金刚石柱子，分别记为 A、B、C，在 A 柱子上从下往上按照大小顺序摞着若干片黄金圆盘（每个圆盘的直径各不相同）。大梵天命令婆罗门把圆盘从 A 柱子上移动到 C 柱子上，要求：

（1）每次只能移动一个盘子。

（2）盘子可以放在 A、B、C 中的任意一根柱子上，但在任何一根柱子上都要求时刻保持直径大的圆盘在柱子底端、直径小的盘子在柱子顶端的方式有序摆放。

试讨论以下问题：

（1）当 A 柱子上只有一个盘子时如何移动？

（2）采用自然语言的方式，描述一下 A 柱子上有 $n(n>1)$个盘子时的移动规则。（提示：采用递归方法）

（3）写出将 A 柱子上的 $n(n\geqslant1)$个盘子移动到 C 柱子上所需要的移动次数的递推式。

10．小明学完了算术，妈妈打算给小明一个买礼物的任务。他们即将去拜访亲戚，妈妈给小明 m 元钱，要他去买些礼物，以备到时候用作给亲戚家的小朋友的见面礼。因为不知道即将来迎接他们的人数，为了尽可能让亲戚家的小朋友们高兴，妈妈要小明尽量多买几件礼物备着。假设现有 5 件礼物，购买每件礼物分别需要花费 45 元、22 元、18 元、25 元、30元。现在小明有 100 元钱，请设计一个算法，计算小明最多可以买几件礼物。

11．设有 5 个整数的集合 {1,2,···,n}，从中取出任意 3 个数进行排列，试画出该问题的解空间。

第8章 网络技术

学习目标：
① 掌握计算机网络的基础知识；
② 掌握 Internet 的基本概念及基本服务；
③ 了解移动互联网的基础知识；
④ 了解网络空间安全的概念及技术。

随着人类社会的不断进步、经济的迅猛发展以及计算机的广泛应用，人们对信息的要求越来越强烈，为了更有效地传送和处理信息，计算机网络应运而生。到了 20 世纪 90 年代，Internet 的兴起和极其快速的发展，使越来越多的人接触并使用计算机网络。现在，计算机网络无处不在，它正在改变我们的生活，让我们的生活更加便捷、丰富多彩。通过本章的学习，大家对计算机网络相关的基本概念及技术会有一定的了解，为以后的学习打下良好的基础。

8.1 网络基础知识

计算机技术和通信技术是推动计算机网络发展的两个重要方面，虽然计算机网络出现的历史不算长，但发展非常迅速，目前计算机网络已成为计算机应用的一个非常重要的领域。

8.1.1 计算机网络的定义及发展

什么是计算机网络？从不同时期、不同角度出发，人们对计算机网络有不同的理解，其意义也不同。从技术门类的角度来看，计算机网络可以认为是计算机技术和通信技术相结合，实现远程信息处理、资源共享的系统。从现代计算机网络的角度出发，可以认为其是自主计算机系统的互联集合。"自主"这一概念排除了网络系统中的从属关系，"互联"不仅指计算机之间物理上的连通，而且指计算机间的交换信息、资源共享，这就需要通信设备和传输介质的支持以及网络协议的协调控制。

计算机网络（Computer Network）是将处于不同地理位置的相互独立（自主）的计算机，通过通信设备和线路按一定的通信协议连接起来，以达到共享资源为目的的计算机互联系统。

计算机网络定义的核心是具有"独立功能的计算机互联"，"独立"的含义是指计算机网络连接失败时，网络中的计算机也可以单独运行。计算机网络的"互联"包括了网络硬件之间的互联以及系统软件之间的互联。

　　计算机网络的形成与发展，实质上是计算机技术与通信技术密切结合并不断发展的过程。众所周知，第一台电子计算机诞生自 20 世纪 40 年代，早期计算机的主要用途是进行科学计算，但随着计算机技术的快速发展和计算机应用的普及，计算机之间交换和共享信息的需求不断增长。计算机技术与通信技术的结合，始于 20 世纪 50 年代。随着 Internet 的普及，计算机网络技术已经进入了一个崭新的时代，特别是在当今的信息社会，网络技术已经日益深入国民经济各部门和社会生活的各个方面，成为人们日常生活工作中不可或缺的工具。

　　计算机网络的形成与发展大致经历了以下几个阶段。

　　（1）面向终端的计算机联机系统

　　以单计算机为中心的联机系统将一台计算机经通信线路与若干台终端直接相连，如图 8.1（a）所示（图中 HOST 表示主机，T 表示终端），这类网络有时称为第一代计算机网络。20世纪 60 年代中期以前，计算机主机价格昂贵，而通信线路和通信设备的价格相对低廉，为了共享主机资源和进行信息的采集及综合处理，以单计算机为中心的联机终端网络是一种主要的系统结构形式。

　　为了提高通信线路的利用率并减轻主机的负担，20 世纪 60 年代初，面向终端的计算机联机系统有了新的发展，在主机和通信线路之间设置了通信控制处理机，专门负责通信控制。在终端聚集处设置了集中器，用低速线路将各终端汇集到集中器，再通过高速线路与计算机相连，如图 8.1（b）所示。这样不但将主机承担的通信控制交由通信控制处理机完成，减轻了主机负担，而且降低了通信线路的成本。

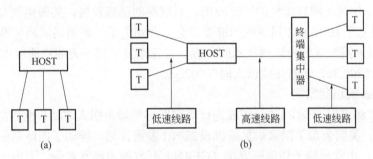

图 8.1　面向终端的计算机联机系统

　　面向终端的计算机联机系统是一种主从式结构，主机处于主控地位，承担着数据处理和通信控制工作，而各终端一般只具备输入/输出功能，处于从属地位。这种网络与现在所说的计算机网络的概念不同，可以说只是现代计算机网络的雏形。

　　（2）计算机-计算机网络

　　第二代计算机网络由多台主计算机通过通信线路互联起来为用户提供服务，即所谓的计算机-计算机网络。从 20 世纪 60 年代中期到 70 年代中期，随着计算机技术和通信技术的发展，将多个单计算机联机终端网络互相连接起来，形成了计算机互联的网络。第一种形式是通过通信线路将主计算机直接互联起来，主机既承担数据处理任务，又承担通信任务，如图 8.2 所示。

　　第二种形式是把通信从主机分离出来，在主机与主机之间设置通信控制处理机（Communication Control Processor，CCP），主机间的通信通过 CCP 的中继功能间接进行。由 CCP 组成的传输网络称为通信子网，如图 8.3 所示。

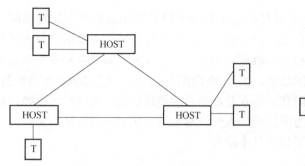

图 8.2 主机直接互联网络

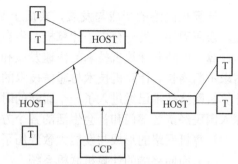

图 8.3 具有通信子网的计算机网络

（3）体系结构标准化的计算机网络

现代意义上的计算机网络产生于 20 世纪 60 年代中期，其标志是由美国国防部高级研究计划局研制的 ARPANET，该网络首次使用了分组交换（Packet Switching）技术，为计算机网络的发展奠定了基础。ARPANET 起源于美国军方高层人士对通信系统的新设想，即建立一个类似于蜘蛛网的网络系统，使得在现代战争中，如果通信网络中的某一交换节点被破坏，系统能够寻找其他路径并保证通信畅通和共享信息资源。1968 年，美国国防部高级研究计划局（Defense Advanced Research Project Agency，DARPA）将此项目交给了加州大学洛杉矶分校的研究小组，于 1969 年 8 月成功推出了由 4 个交换节点组成的分组交换式计算机网络 ARPANET，标志着世界进入了网络技术的新纪元。

20 世纪 80 年代，随着微机的广泛应用、局域网的迅速发展，美国电气与电子工程师协会于 1980 年成立了 IEEE 802 局域网标准委员会，并制定了一系列局域网标准。其中，IEEE 802.3 标准（以太网）成为局域网技术的主流，并逐渐发展到今天的快速以太网（802.3u）、千兆位以太网（802.3z）和万兆位以太网（802.3ae）等。

（4）Internet 的迅猛发展

从 20 世纪 80 年代开始，Internet 成为计算机网络领域最引人注目，也是发展最快的网络技术。1993 年，美国公布了国家信息基础设施 NII 发展计划，推动了国际范围内的网络发展热潮。1993 年，由欧洲粒子物理研究所（CERN）开发的万维网诞生，万维网大大方便了非专业人员对网络的使用，世界上最早的浏览器 Mosaic 于 1993 年发布，并成为 Internet 日后呈指数级增长的主要驱动力。20 世纪 90 年代，网络技术在路由与高速路由器和局域网两个领域取得了重大进展，到 2000 年末，Internet 已可支持数百个流行的应用程序，包括电子邮件、即时信息和对等文件共享等。

今天的 Internet 已不再是计算机人员和军事部门进行科研的领域，而是变成了一个开发和使用信息资源的覆盖全球的信息海洋。同时，Internet 的应用也渗透到了各个领域，从学术研究到股票交易，从学校教育到娱乐游戏，从联机信息检索到在线居家购物等，都有了长足的进步。互联网的影响正在日益影响着人们的生活。

8.1.2 计算机网络的组成与功能

（1）计算机网络的组成

从网络逻辑的角度，可以把计算机网络分为通信子网和资源子网两部分。计算机网络主要完成网络通信和资源共享两种功能，从而可将计算机网络看成一个两级网络，即内层的通信子网和外层的资源子网，两级计算机子网是现代计算机网络结构的主要形式。通信子网实现网络通信功能，包括数据的加工、传输和交换等通信处理工作，即将一台计算机的信息传送给另一台计算机。资源子网实现资源共享功能，包括数据处理、提供网络资源和网络服务。网络上的主机负责数据处理，是计算机网络资源的拥有者，它们组成了网络的资源子网，是网络的外层。通信子网为资源子网提供信息传输服务，资源子网中用户间的通信建立在通信子网的基础上。

从物理构成的角度，完整的计算机网络系统是由硬件系统和软件系统组成的。在网络系统中，网络上的每个用户都可共享系统中的各种资源，所以系统必须对用户进行控制，否则就会造成系统混乱、信息数据的破坏和丢失。为了协调资源，系统需要通过软件工具对网络资源进行全面管理、合理调度和分配，并采取一系列安全措施，防止因用户对资源的不合理访问而造成数据和信息的破坏与丢失。网络软件是实现网络功能所不可缺少的保证。通常网络软件包括以下几类。

① 网络协议和通信软件：网络协议是网络上所有设备之间通信规则的集合，不同的计算机之间必须使用相同的网络协议才能进行通信。

② 网络操作系统：用以实现系统资源共享、管理用户的应用程序对不同资源的访问，没有网络操作系统的支持，计算机是无法正常连接到网络的。常用的网络操作系统有 Window 系列、UNIX、OS/2、Linux 等。

③ 网络管理及网络应用软件：网络管理软件是用来对网络资源进行监控管理、对网络进行维护的软件。网络应用软件是为网络用户提供服务，网络用户用以在网络上解决实际问题的软件。网络软件最重要的特征是：网络软件所研究的重点不是在网络中所互联的各个独立的计算机本身的功能方面，而是在如何实现网络特有的功能方面。

网络硬件是指计算机网络中所使用的物理设备，主要分为两大类，即网络节点和通信链路。网络节点又分为端节点和转接节点。端节点是指通信的源和目的节点，例如，用户主机和用户终端。转接节点则是指网络通信过程中起控制和转发信息作用的通信处理设备，主要包括调制解调器、中继器、集中器、网桥、交换机、路由器和网关等。通信链路是指传输信息的传输介质，可以是电话线、同轴电缆、双绞线、光纤、微波中继线路等。

（2）计算机网络的基本功能

① 数据通信：计算机联网之后，便可以相互传送数据，进行通信。随着 Internet 在世界各地的普及，传统的电话、电报、邮政通信方式受到很大冲击，电子邮件、网上电话、视频会议等各种现代通信方式的应用也越来越广泛。

② 共享资源：计算机网络的主要目的是共享资源，资源子网中各主机的资源原理上都可共享，可突破地域范围的限制。可共享的资源包括硬件、软件和数据。硬件资源有超大型存储器、特殊的外部设备以及大型机、巨型机的 CPU 处理能力等，共享硬件资源是共享其他资源的物质基础。软件资源有各种语言处理程序、服务程序和各种应用程序等。数据资源有各种数据文件、数据库等，共享数据资源是计算机网络最重要的目的，这是由于数据产生的"源"在地理上是分散的，用户无法改变这种状况。

③ 提高可靠性：计算机网络一般都属于分布式控制方式，如果有个别计算机或网络出现故障，由于相同的资源可分布在不同的计算机上，这样，网络可通过不同路由来访问这些资源，不影响用户对同类资源的访问，与传统的单机系统相比，可靠性大大提高。

④ 促进分布式数据处理：利用计算机网络技术，可以将许多计算机连接成具有更高性能的计算机系统，使计算机网络具有解决复杂问题的能力。对于复杂的大型计算问题，可以

采用合适的算法，将计算任务分布到网络中不同的计算机上分别进行处理。

8.1.3 计算机网络的分类

由于计算机网络的广泛使用，目前世界上已出现了多种形式的计算机网络，对网络的分类方法也很多。其中，常用的分类方法是按网络的拓扑结构和按地理位置进行划分。从不同角度观察网络、划分网络，有利于全面了解网络系统的各种特性。

（1）按网络的拓扑结构分类

拓扑学是从图论演变而来的，主要研究几何图形在连续改变形状时还能保持不变的一些特性，它只考虑物体间的位置关系，而不考虑它们的距离和大小。计算机网络的拓扑结构是引用拓扑学中研究与大小、形状无关的点、线、面特征的方法，把工作站、服务器等网络单元抽象为节点，把网络中节点间的电缆等通信介质抽象为链路，则网络节点和链路的几何位置就是网络的拓扑结构。网络拓扑结构对整个网络的设计、功能、可靠性、费用等方面有着重要的影响。计算机网络的拓扑结构主要有总线型、星型、环型、树型等几种。

① 总线型拓扑结构 总线型拓扑结构是将网络中的所有设备都通过一根公共总线连接，所有节点都通过总线，沿着总线的两个方向传送信息，并可被任一节点所接收，通信方式为广播方式，最著名的总线网是以太网，如图8.4所示。

总线型拓扑结构简单，增删节点容易，网络中任何节点的故障都不会造成全网的瘫痪，可靠性高。但是任何两个节点之间传送数据都要经过总线，当节点数目多时，总线为整个网络的瓶颈，易发生信息堵塞。

② 星型拓扑结构 星型拓扑结构由一个中央节点和若干从节点组成，中央节点可以与从节点直接通信，而从节点之间的通信必须经过中央节点的转发，如图8.5所示。

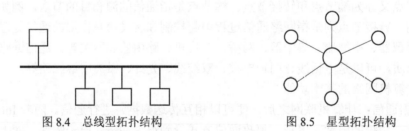

图 8.4 总线型拓扑结构　　　　　　　图 8.5 星型拓扑结构

星型拓扑结构简单，建网容易，传输速率高，每个节点独占一条传输线路，消除了数据传送堵塞现象。一台计算机及其接口的故障不会影响到整个网络，扩展性好，配置灵活，站点的增、删、改容易实现，网络易管理和维护。缺点是网络可靠性过于依赖中央节点，中央节点一旦出现故障将导致全网瘫痪。目前的星型网的中央节点多采用集线器、交换机等网络交换设备。

③ 环型拓扑结构 环型拓扑结构是将所有设备连接成环状，信息通过环以广播式传送，在环型拓扑结构中每一台设备只能和相邻节点直接通信，与其他节点通信时，信息必须依次经过二者间的每一个节点，如图8.6所示。

环型拓扑结构传输路径固定，无路径选择问题，实现简单。但任何节点的故障都会导致全网瘫痪，可靠性较差。网络管理比较复杂，投资费用较高。当环型拓扑结构需要调整时，如节点的增、删、改，一般需要将整个网重新配置，扩展性、灵活性差，维护困难。

环型网有单环和双环两种结构。双环结构常用于以光导纤维作为传输介质的环型网中，目的是设置一条备用环路，当光纤环发生故障时，可迅速启用备用环，提高环型网的可靠性。

④ 树型拓扑结构　树型拓扑结构是一种分级结构，可看成是多级星型结构的组合，一般越靠近树根的节点处理能力越强，如图 8.7 所示。在实际组建一个较大型网络时，往往采用多级星型网络，将多级星型网络按层次方式排列，即形成树型网络。

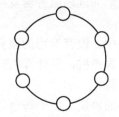
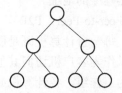

图 8.6　环型拓扑结构　　　　图 8.7　树型拓扑结构

树型拓扑结构扩充方便、灵活，建网费用也较低，故障隔离容易，适用于分主次或分等级的层次型管理系统。由于采用分级的集中控制，整个网络对根节点的依赖性太大，如果根发生故障，则整个网络不能正常工作。

必须特别注意网络的物理拓扑和逻辑拓扑之间的区别。物理拓扑是指网络布线的连接方式，而逻辑拓扑是指网络的访问控制方式。自 20 世纪 90 年代以来，网络的物理拓扑大多向星型网演化。

（2）按网络的作用范围分类

按网络的作用范围划分，计算机网络可分为广域网、城域网、局域网和个人区域网。

① 广域网（Wide Area Network，WAN）　作用范围通常为几十到几千千米，可以跨越辽阔的地理区域进行长距离的信息传输，所包含的地理范围通常是一个国家或洲。在广域网内，用于通信的传输装置和介质一般由电信部门提供，网络则由多个部门或国家联合组建，网络规模大，能实现较大范围的资源共享。

② 局域网（Local Area Network，LAN）　作用范围通常为几米至几千米，是一个单位或部门组建的小型网络，一般局限在一座建筑物或园区内。局域网规模小，速度快，应用非常广泛。

③ 城域网（Metropolitan Area Network，MAN）　作用范围介于广域网和局域网之间，是一个城市或地区组建的网络，作用范围一般为几十千米。城域网以及宽带城域网的建设已成为目前网络建设的热点。

④ 个人区域网（Personal Area Network，PAN）　个人区域网是把属于个人使用的电子设备（如便携式计算机、手机等）用无线技术连接起来的网络，因此也常称为无线个人区域网（Wireless PAN，WPAN），其范围在 10m 左右。

（3）按通信介质分类

根据通信介质的不同，可将网络划分为以下两种：

① 有线网：采用同轴电缆、双绞线、光纤等导向传输媒体来传输数据的网络。

② 无线网：采用卫星、微波等非导向传输媒体来传输数据的网络。

（4）按计算机程序之间的通信方式分类

在网络边缘的端系统中运行的程序之间的通信方式通常可划分为两大类。

① 客户机/服务器模式（Client/Server，C/S）　客户和服务器都是指通信中所涉及的两

个应用进程。客户/服务器模式所描述的是进程之间服务和被服务的关系。客户是服务的请求方，服务器是服务的提供方。服务器软件是一种专门用来提供某种服务的程序，系统启动后即自动调用并一直不断地运行着，被动地等待并接受客户的通信请求，可同时处理多个远程或本地客户的请求，一般需要强大的硬件和高级的操作系统支持。

而客户软件被用户调用后运行，在需要通信时主动向远地服务器发起请求，因此，客户程序必须知道服务器程序的地址。

② 对等网络（Peer-to-Peer，P2P）　在对等网络中，没有专用的服务器，网络中的所有计算机都是平等的，每一台计算机既是服务器，又是客户机，各计算机分别管理自己的资源和用户，同时又可以作为客户机访问其他计算机的资源。

对等网络也称为工作组，各计算机必须配置相同的协议。由于每台计算机独立管理自己的资源，因此很难控制网络中的资源和用户，安全性稍差。

8.1.4　计算机网络的体系结构

计算机网络是一个非常复杂的系统，要想实现两台计算机的通信和互联，既需要硬件上的互联互通（包括通信介质和网络节点的连接），更需要软件上的支持（网络通信协议）。而将网络互联这个比较复杂的问题分解成若干个相对比较容易处理的子问题是设计方法常用的手段之一，协议层次化就是解决网络互联复杂性的系统分解方法。

由此我们给出计算机网络体系结构的定义：计算机网络体系结构是计算机网络层次模型和各层协议的集合。分层是为了把复杂问题简单化，各层协议是为了解决每个具体问题而给出的方法。体系结构是一个抽象的概念，它只从功能上描述了计算机网络的结构，而不涉及每层的具体组成和实现细节。网络体系结构的出现，极大地推动了计算机网络的发展。

国际标准化组织 ISO 提出了一个试图使各种计算机在世界范围内互联成网的标准框架，即著名的开放系统互联参考模型 OSI/RM（Open Systems Interconnection Reference Model），简称为 OSI。"开放"是指非独家垄断的。因此只要遵循 OSI 标准，一个系统就可以和位于世界上任何地方的也遵循同一标准的其他任何系统进行通信。"系统"是指在现实的系统中与互联有关的各部分。

OSI 试图达到一种理想境界，即全世界的计算机网络都遵循这个统一的标准，因而全世界的计算机将能够很方便地进行互联和交换数据。然而到了 20 世纪 90 年代初期，虽然整套的 OSI 国际标准都已经制定出来了，但由于因特网已抢先在全世界覆盖了相当大的范围，而与此同时却几乎找不到有什么厂家生产出符合 OSI 标准的商用产品，因此人们得出这样的结论：OSI 只获得了一些理论研究的成果，但在市场化方面 OSI 则事与愿违地失败了。得到最广泛应用的不是国际标准 OSI，而是非国际标准 TCP/IP。这样，TCP/IP 就常被称为是事实上的国际标准。OSI/RM 参考模型共分为 7 层，从下到上分别为物理层、数据链路层、网络层、传输层、会话层、表示层和应用层，如图 8.8 所示。

TCP/IP 体系结构（或简称为 TCP/IP）是现在的国际互联网所使用的体系结构。TCP/IP 体系结构包含了四个层次，从下到上依次为网络接口层、网际层、传输层和应用层，如图 8.8 所示。不过，TCP/IP 参考模型并未定义网络接口层的具体内容。只有在端系统主机中才可能需要包含所有四层的功能，而在通信子网中的处理设备一般只需要最低两层的功能，实现对等实体间的通信过程及信息流动。

无论是 OSI 还是 TCP/IP 参考模型与协议，都有它成功的一面和不足的一面。国际标准化组织原本计划通过推动 OSI 参考模型与协议的研究来促进网络的标准化，但事实上这个目标没有达到。而 TCP/IP 参考模型与协议利用正确的策略，伴随着因特网的发展而成为目前公认的工业标准。在网络标准化的进程中，始终面对这样一个艰难的抉择。OSI 参考模型由于要照顾各方面的因素，使得它变得大而全，效率很低。尽管它只是一种理想化的网络模型，至今没有流行起来，但它的研究思想、方法和成果以及提出的概念对于今后的网络发展还是有很好的指导意义。TCP/IP 协议应用广泛，赢得了市场，但它的参考模型的研究却很薄弱。TCP/IP 参考模型的网络接口层本身并不是实际的一层，物理层与数据链路层的划分是必要和合理的，而 TCP/IP 参考模型却没有做到这点。

现在网络界有一种主流观点（由 AndrewS.Tanenbaum 首先提出），使用一种新的网络参考模型来描述网络体系结构。这是一种折中的方案，它吸收了 OSI 参考模型和 TCP/IP 参考模型的优点。该参考模型将网络划分为 5 个功能明确的层次，如图 8.9 所示。事实上，实际的网络正是由这 5 层的模型实现的，物理层和数据链路层的功能一般由通信链路和网卡实现，网络层的功能由网络中的路由器实现，而传输层和应用层的功能由主机端实现。一般的计算机网络教材也是按照 5 层网络模型来讲解的。

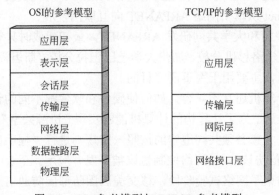

图 8.8　OSI 参考模型与 TCP/IP 参考模型　　　　图 8.9　一种建议的参考模型

8.2　Internet 基础

Internet 译为因特网，也称国际互联网，从字面上讲就是互相连接的网络，通常指的是世界范围的计算机网络互联构成的交互网。Internet 把全球各种计算机网络连接起来，包含了难以计数的信息资源，向全世界提供信息服务，见图 8.10。

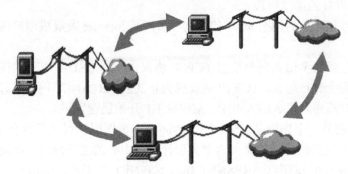

图 8.10　Internet 示意图

从网络通信的角度来看，Internet 是一个以 TCP/IP 网络协议连接各个国家、各个地区、各个机构的计算机网络的数据通信网。

从信息资源的角度来看，Internet 是一个集各个部门、各个领域的各种信息资源为一体，供网上用户共享的信息资源网。现在的 Internet 已经远远超过了一个网络的含义，它是一个信息社会的缩影。

8.2.1 Internet 概述

8.2.1.1 Internet 的起源与发展

Internet 起源于 1969 年美国军方的 ARPANET（阿帕网）。ARPANET 是美国国防部高级研究计划署 ARPA 开发的世界上第一个运营的分组交换网络，它是全球互联网的始祖，来自一个设想：设计一个分散的指挥系统——它由一个个分散的指挥点组成，当部分指挥点被摧毁后其他点仍能正常工作，而这些分散的点又能通过某种形式的通信网取得联系。

（1）Internet 发展的第一阶段

自 1969 年 ARPANET 诞生到 20 世纪 80 年代中期，这一阶段是 Internet 研究及技术成型阶段，研究出了 TCP/IP 协议，使 Internet 从单个网络 ARPANET 向互联网发展。

1969 年，ARPA 联合相关计算机公司和大学共同研发 ARPANET，最初建成时只有 4 个节点，分布在洛杉矶的加利福尼亚大学洛杉矶分校、加州大学圣巴巴拉分校、斯坦福大学、犹他州大学四所大学的 4 台大型计算机，主要用于军事研究目的。

在 ARPANET 问世之际，大部分计算机还互不兼容，如何使硬件和软件都不同的计算机实现真正的互联成为人们力图解决的难题。为了让异构的计算机能够实现"资源共享"，科学家提出在这些系统的标准之上建立一种大家必须共同遵守的按照一定规则进行"握手谈判"的通信标准。1970 年 12 月，最初的通信协议 NCP 网络控制协议被开发并应用。至 1975 年，ARPANET 已连入 100 多台主机，并结束了网络试验阶段，移交美国国防部国防通信局正式运行。

20 世纪 70 年代末，ARPA 启动一个 Internet 研究计划，开始重点研究异构网络互联问题，即如何将各种局域网和广域网互联。研究项目的成果就是 TCP/IP 协议，该协议与以往的协议不同点在于技术和规范等都是完全公开的，任何公司都可以用其开发兼容的产品。1980 年前后，ARPANET 所有的主机都转向 TCP/IP 协议，至 1983 年 1 月转换全部结束。同时美国国防部国防通信局将 ARPANET 分为两个独立的部分，一部分保留为 ARPANET 用于进一步的研究工作，另一部分用于军方的非机密通信成为著名的 MILNET。

（2）Internet 发展的第二阶段

自 20 世纪 80 年代中后期至 90 年代，这一阶段是 Internet 发展成型阶段，建成了三级结构的 Internet。

美国加利福尼亚大学伯克利分校把 TCP/IP 协议作为其 BSD-UNIX 操作系统的一部分，使得该协议在社会上流行起来。TCP/IP 协议成为正式的 ARPANET 网络互联标准后，大量的网络、主机和用户都连入了 ARPANET，ARPANET 开始迅速发展。

Internet 发展的另一个先驱是 NSFNET。1986 年，美国国家科学基金会（National Science Foundation，NSF）资助构建连接全美六个大型计算机中心的主干网络，以使研究人员能够共享这些资源。最初 NSF 试图以 ARPANET 作为 NSFNET 的干线，但由于 ARPANET 的军事性质且受控于政府机构，该决策没有成功。1987 年，NSF 着手建立自己的基于 IP 协议的 NSFNET（NSF Network）。NSFNET 采取一种三级层次结构的广域网络，整个网络系统由主干网、地区网和校园网组成。各大学的主机可连接到本校的校园网，校园网可就近连接到地区网，每个地区网又连接到主干网，主干网再通过高速通信线路与 ARPANET 连接。后来，NSFNET 覆盖范围逐渐扩大到全美各大学和科研机构。

NSFNET 和 ARPANET 可谓美国乃至世界 Internet 的基础。同时期，其他一些国家、大学和科研机构也在建设自己的广域网络，这些网络都与 NSFNET 兼容，它们最终构成 Internet 在各地的基础。20 世纪 90 年代以后，NSFNET 取代 ARPANET 成为 Internet 的主干网，其他各国也相继建立本国主干网并接入 Internet。

（3）Internet 发展的第三阶段

自 20 世纪 90 年代以来，这一阶段的 Internet 开始迅猛发展，逐渐形成了基于 ISP（Internet Service Provider，即 Internet 服务提供者）的多层次结构的商业网络。

20 世纪 90 年代以来，以美国 Internet 为中心的网络联网迅速向全球发展，Internet 规模一直呈指数增长。除了网络规模在扩大外，Internet 应用领域也在走向多元化。最初的网络应用主要是电子邮件、新闻组、远程登录和文件传输，网络用户大多是科技工作者，但 20 世纪 90 年代 WWW 万维网问世后，以其信息量大、快捷方便而很快被广泛应用。商业机构发现了 Internet 在通信、资料检索、客户服务等方面的巨大潜力，许多企业开始对公众提供 Internet 联网和各种商业网络服务。1995 年，NSFNET 不再作为 Internet 主干网，而被若干商用网替代，政府机构也不再负责 Internet 的运营。Internet 服务提供者和 Internet 管理机构成为重要的管理机构，Internet 逐渐演变成基于 ISP 的多层次结构的商业网络。

Internet 已经成为人们生活中不可或缺的一部分，它影响并改变着人们的生活方式，加速了社会的信息化。由于 Internet 的快速增长，用户数量猛增，Internet 逐渐不堪重负，现有技术和功能有待发展，一些研究机构开始筹划实施"下一代 Internet 计划"，主要目标包括：开发下一代网络结构，使用更先进的网络服务技术和开发更多革命性的应用，使用超高速全光网络，实现更快速的交换和路由选择，提高整个 Internet 的管理，加强保障信息可靠性和安全性等。Internet 的未来，不管是技术或结构，还是服务方式，都充满无限可能。

8.2.1.2　IP 地址

（1）IP 地址的定义

在 Internet 上，每台主机都被分配一个指定的地址，这个地址称为 IP（Internet Protocol，即互联网协议）地址，也称为网际协议地址。IP 地址是 IP 协议提供的一种统一的地址格式，它为互联网上的每一个网络和每一台主机分配一个逻辑地址，以此来屏蔽物理地址的差异。

IP 地址是一个 32 位的二进制数，通常被分隔为 4 个"8 位二进制数"（也就是 4 个字节），每个字节再转换为十进制表示，称为"点分十进制"表示法。IP 地址通常用"点分十进制"表示成（a.b.c.d）的形式，其中，a、b、c、d 都是 0～255 之间的十进制整数。例如，点分十进 IP 地址（100.4.5.6），实际上是 32 位二进制数（01100100.00000100.00000101.00000110）。

常见的 IP 地址，分为 IPv4 与 IPv6 两大类，此处的 IP 地址是 IPv4 地址，这种编址方法可以实现 Internet 容纳约 40 亿台计算机。随着网络的不断发展，为解决 IP 地址紧张的情况，正在研究下一代 IP 协议 IPv6，它采用 128 位 IP 编址方案，可以实现更多的 IP 编址。

（2）IP 地址的分类

最初设计互联网络时，为了便于寻址以及层次化构造网络，每个 IP 地址包括两个标识码（ID），即网络 ID 和主机 ID。同一个物理网络上的所有主机都使用同一个网络 ID，网络上的一个主机（包括网络上的工作站、服务器和路由器等）有一个主机 ID 与其对应。

Internet 委员会定义了 5 种 IP 地址类型以适合不同容量的网络，包括 A 类、B 类、C 类、D 类和 E 类，其中 A 类、B 类和 C 类为基本地址，具体格式如图 8.11 所示。地址数据中的全 0 或全 1 有特殊意义，不能作为普通地址使用，在计算网络规模和主机容量时需要去除。

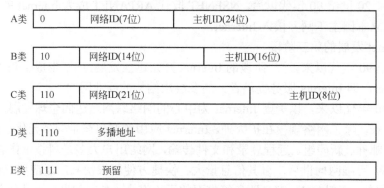

图 8.11 IP 地址类型格式

A 类地址中表示网络的地址有 8 位，其中最高位是 0，主机地址有 24 位。第一字节对应十进制数范围为 0～127（00000000～01111111）。地址 0 和 127 有特殊用途，因此第一字节有效地址范围是 1～126，即此类地址可以表示 126 个 A 类网络。A 类地址适用于主机多的网络，网络中可含 $2^{24}-2=16777214$ 台主机。

B 类地址表示网络的地址有 16 位，其中最高 2 位是 10，可以表示 $2^{14}=16384$ 个 B 类网络，第一字节对应十进制数范围为 128～191（10000000～10111111）。主机地址有 16 位，网络中可含 $2^{16}-2=65534$ 台主机的中型网络。

C 类地址表示网络的地址有 24 位，其中最高 3 位是 110，可以表示 2^{21} 个 C 类网络，第一字节对应十进制数范围为 192～223（11000000～11011111）。主机地址有 8 位，网络中可含 $2^8-2=254$ 台主机的小型网络。

D 类地址（前 4 位是 1110）用于多播（一对多通信）。多播就是同时把数据发送给一组主机，只有那些已经登记可以接收多播地址的主机，才能接收多播数据包。而 E 类地址（前 4 位是 1111）保留为以后用。

通过点分十进制编址方式可以很容易通过第一字节识别 Internet 地址属于哪一类。例如，121.14.1.190（新浪网）是 A 类地址，202.194.133.5 是 C 类地址。

（3）子网掩码

在实际应用中，两级结构的 IP 地址存在着地址空间利用率低，地址不灵活，一个单位不能随时灵活地增加网络，随着网络规模扩大网络性能变坏等问题，解决上述问题的方法是采用子网划分技术。1985 年，在 IP 地址中增加了一个"子网号字段"，将两级 IP 地址扩展到三级 IP 地址。

子网的划分方法是将原网络地址的主机地址分成两部分，一部分称为子网地址，也称为子网号，另一部分称为主机地址。这样两级的 IP 地址在本单位内部就变成为三级的 IP 地址：

网络号+子网号+主机号。为识别子网，需要子网掩码。子网掩码是在 IPv4 地址资源紧缺的背景下为了解决 IP 地址分配而产生的虚拟 IP 技术，通过子网掩码将 A、B、C 三类地址划分为若干子网，从而显著提高了 IP 地址的分配效率，有效解决了 IP 地址资源紧张的局面。另一方面，在企业内网中为了更好地管理网络，网管人员也利用子网掩码的作用，人为地将一个较大的企业内部网络划分为更多个小规模的子网。

子网掩码是一个 32 位地址，是与 IP 地址结合使用的一种技术。如果一个网络不划分子网，就使用默认子网掩码，对 A、B、C 三类 IP 地址，对应的默认子网掩码依次为 255.0.0.0、255.255.0.0、255.255.255.0。默认子网掩码中 1 的位置和 IP 地址中的网络号正好相对应。

在求子网掩码之前必须先搞清楚要划分的子网数目，以及每个子网内的所需主机数目。

① 将子网数目转化为二进制来表示。

② 取得该二进制的位数，为 N。

③ 取得该 IP 地址的类子网掩码，将其主机地址部分的前 N 位置 1 即得出该 IP 地址划分子网的子网掩码。

如欲将 B 类 IP 地址 168.195.0.0 划分成 27 个子网：

① 27 的二进制形式为 11011。

② 该二进制为五位数，$N = 5$。

③ 将 B 类地址的子网掩码 255.255.0.0 的主机地址前 5 位置 1（B 类地址的主机位包括后两个字节，所以这里要把第三个字节的前 5 位置 1），得到 255.255.248.0，即为划分成 27 个子网的 B 类 IP 地址 168.195.0.0 的子网掩码（实际上是划成了 32 个子网）。

（4）IPv6

IPv6 是英文"Internet Protocol Version 6"（互联网协议第 6 版）的缩写，是互联网工程任务组设计的用于替代 IPv4 的下一代 IP 协议，其地址数量可以为全世界的每一粒沙子编上一个地址。IPv4 最大的问题在于网络地址资源不足，严重制约了互联网的应用和发展。IPv6 的使用，不仅能解决网络地址资源数量的问题，而且解决了多种接入设备连入互联网的障碍。

IPv6 的地址长度为 128 位，是 IPv4 地址长度的 4 倍。于是 IPv4 点分十进制格式不再适用，采用十六进制表示。IPv6 有以下 3 种表示方法。

① 冒分十六进制表示法　格式为 X:X:X:X:X:X:X:X，其中每个 X 表示地址中的 16 位，以十六进制表示，例如：ABCD:EF01:2345:6789:ABCD:EF01:2345:6789，这种表示法中，每个 X 的前导 0 是可以省略的，例如：2001:0DB8:0000:0023:0008:0800:200C:417A →2001:DB8:0:23:8:800:200C:417A。

② 0 位压缩表示法　在某些情况下，一个 IPv6 地址中间可能包含很长的一段 0，可以把连续的一段 0 压缩为"::"。但为保证地址解析的唯一性，地址中"::"只能出现一次，例如：

FF01:0:0:0:0:0:0:1101→FF01::1101

0:0:0:0:0:0:0:1→ ::1

0:0:0:0:0:0:0:0→ ::

③ 内嵌 IPv4 地址表示法　为了实现 IPv4-IPv6 互通，IPv4 地址会嵌入 IPv6 地址中，此时地址常表示为：X:X:X:X:X:X:d.d.d.d，前 96 位采用冒分十六进制表示，而最后 32 位地址则使用 IPv4 的点分十进制表示，例如::192.168.0.1 与::FFFF:192.168.0.1 就是两个典型的例子，注意在前 96 位中，压缩 0 位的方法依旧适用。

8.2.1.3　域名系统（Domain Name System，DNS）

虽然因特网上的节点都可以用 IP 地址唯一标识，并且可以通过 IP 地址被访问，但即使是将 32 位的二进制 IP 地址写成 4 个 0～255 的十位数形式，也依然太长、太难记，因此，人们发明了域名。域名可将一个 IP 地址关联到一组有意义的字符上去。用户访问一个网站的时候，既可以输入该网站的 IP 地址，也可以输入其域名，对访问而言，两者是等价的。例如：微软公司的 Web 服务器的 IP 地址是 207.46.230.229，其对应的域名是 www.microsoft.com，不管用户在浏览器中输入的是 207.46.230.229 还是 www.microsoft.com，都可以访问其 Web 网站。

现在域名采用点分层次结构的命名形式，一个完整的域名由 2 个或 2 个以上的部分组成，各部分之间用英文的句号"."来分隔，最后一个"."的右边部分称为顶级域名（也称为一级域名），最后一个"."的左边部分称为二级域名，二级域名的左边部分称为三级域名，以此类推，每一级的域名控制它下一级域名的分配。例如一个域名 www.sdau.edu.cn，"cn"是顶级域名，"edu"是二级域名，"sdau"是三级域名。

域名由因特网域名与地址管理机构（ICANN，Internet Corporation for Assigned Names and Numbers）管理。ICANN 为不同的国家或地区设置了相应的顶级域名，这些域名通常都由两个英文字母组成。例如：.uk 代表英国、.fr 代表法国、.jp 代表日本。中国的顶级域名是.cn，.cn 下的域名由中国互联网信息中心（China Internet Network Information Center，CNNIC）进行管理。

除了代表各个国家顶级域名之外，ICANN 最初还定义了 7 个顶级类别域名，它们分别是.com、.top、.edu、.gov、.mil、.net、.org，其中.com、.top 用于企业，.edu 用于教育机构，.gov 用于政府机构，.mil 用于军事部门，.net 用于互联网络及信息中心等，.org 用于非营利性组织。

随着因特网的发展，ICANN 又增加了两大类共 7 个顶级类别域名，分别是.aero、.biz、.coop、.info、.museum、.name、.pro。其中，.aero、.coop、.museum 是 3 个面向特定行业或群体的顶级域名：.aero 代表航空运输业，.coop 代表协作组织，.museum 代表博物馆；.biz、.info、.name、.pro 是 4 个面向通用的顶级域名：.biz 表示商务，.name 表示个人，.pro 表示会计师、律师、医师等，.info 则没有特定指向。

计算机和路由器只识别 IP 地址，当用户以域名为地址访问某台计算机时，域名要先转换为对应的 IP 地址，然后根据 IP 地址找到目的主机。把域名翻译成对应的 IP 地址的服务就是域名服务，将域名转换为 IP 地址的过程就是域名解析，域名解析需要由专门的域名解析服务器来完成。域名注册后只是拥有了使用权，如果没有人提供域名到 IP 地址的转换服务，域名就无法发挥作用。

域名服务器就是专门用来建立和维护网上所有主机的域名和 IP 地址对应关系的数据库，理论上只用一台域名服务器即可，但为了避免域名服务器超负荷工作，以及服务器出故障导致整个 Internet 瘫痪，Internet 使用分层次、分布式的域名系统。

DNS 服务系统分布在全世界不同地理区域，由不同管理机构负责管理的域名服务器共同协作提供域名服务。每个 DNS 域名服务器维护其管辖子域的所有主机域名与 IP 地址的映射信息，并向整个 Internet 用户提供其域内域名的解析服务。通过每个 DNS 域名服务器实现域名到 IP 地址的转换服务，这个转换过程是自动进行的，对用户来说是透明的。

8.2.2　Internet 的基本服务功能

8.2.2.1　WWW 服务

WWW 是 World Wide Web 的缩写，也可简称为 Web，中文译名为"万维网"。WWW 以 Internet 为基础，允许用户在一台计算机上通过 Internet 存取另一台计算机上相互链接的超文本文件资源，它本质上是基于 Internet 运行的一项服务，通俗地讲 WWW 就是以网页形式提供资源共享的一种服务。虽然 WWW 不是 Internet 上最早出现的信息服务，却常被当作 Internet 的同义词，WWW 应用在 Internet 中的广泛性和重要性可见一斑。

WWW 起源于欧洲粒子物理研究所的软件工程师蒂姆·伯纳斯·李（Tim Berners Lee）提出的一个超文本项目计划，该计划的目的是设计一个供研究所工作人员交换资料的线上工作空间，并期望通过 Internet 推广到全球。当时，超文本技术已经出现很久，但没有人想到把超文本技术应用到计算机网络上，蒂姆·伯纳斯·李创造性地将它们有效组合在一起，使信息以超文本的形式传输并实现网络共享。

1989 年，蒂姆·伯纳斯·李成功开发出世界上第一个 Web 服务器和第一个 Web 客户机，并为他的发明正式定名为 World Wide Web。1991 年，WWW 在 Internet 上首次露面就立即引起轰动。虽然国际互联网 Internet 在 1960 年代就诞生了，但由于接入 Internet 的复杂性，Internet 上内容的表现形式单调枯燥，Internet 并没有迅速推广。而 WWW 服务使得 Internet 上能发布图文并茂的信息，甚至在软件支持的情况下还可以发布音频和视频信息，Internet 的许多其他功能，如 E-mail、Telnet、FTP 等，都可通过 Web 实现。可以说 WWW 的诞生给了 Internet 更多的发展可能和强大的生命力。美国著名的信息专家尼葛洛庞帝教授认为 1989 年是 Internet 历史上划时代的分水岭。

蒂姆·伯纳斯·李的贡献还在于向全世界无偿贡献了他的创造，他认为对软件的专利保护危及推动互联网技术发展的核心精神。为了避免 WWW 技术引发网络软件大战导致国际互联网陷入割据分裂，他放弃了商业利益。1994 年，他还创建了非营利性的万维网联盟 W3C（World Wide Web Consortium），邀集 Microsoft、Netscape、Sun、Apple、IBM 等共 155 家互联网的著名公司，致力达到 WWW 技术标准化的协议，并进一步推动 Web 技术的发展。

现在 Internet 上 WWW 形式的应用丰富多彩，各种技术层出不穷，但 WWW 最基本的组成还是三个：HTML、URL、HTTP。

（1）HTML

HTML（Hyper Text Markup Language，超文本标记语言）是一种标记语言，它包括一系列标签。通过这些标签可以将网络上的文档格式统一，使分散的 Internet 资源连接为一个逻辑整体。HTML 文本是由 HTML 命令组成的描述性文本，HTML 命令可以说明文字，图形、动画、声音、表格、链接等。

超文本是一种组织信息的方式，它通过超级链接方法将文本中的文字、图表与其他信息媒体相关联。这些相互关联的信息媒体可能在同一文本中，也可能是其他文件，或是地理位置相距遥远的某台计算机上的文件。这种组织信息方式将分布在不同位置的信息资源用随机方式进行连接，为人们查找、检索信息提供方便。

在浏览器中打开一个网页，执行浏览器菜单"查看|查看源文件"，就能观察到 HTML 超文本文件的实际内容，如图 8.12 所示，其中"<a href="网页地址">"形式的文本处就是超文本实现链接功能的地方。所以，超文本文件就像编织在一张大网上的资源，通过链接用户可

以方便地穿梭在各种资源信息中。超文本的链接不只局限于文档所在机器，多个提供 Web 服务的站点的超文本之间也可以链接。

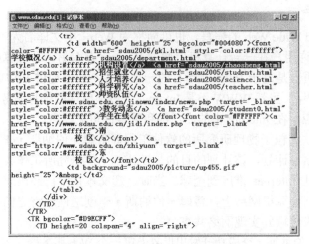

图 8.12　HTML 超文本文件内容示例

（2）URL

URL（Uniform Resource Locator，统一资源定位符）是互联网上标准资源的地址。而互联网上的每个文件都有唯一的一个 URL，它包含的信息指出文件的位置以及浏览器应该怎么处理它。基本 URL 包含：模式（或称协议）、服务器名称（或 IP 地址/网址）、路径和文件名，协议部分则以"//"为分隔符，如"协议：//授权/路径?查询"。其一般语法格式为：

protocol :// hostname[:port] / path / [;parameters][?query]#fragmen。

例如：http://www.sdau.edu.cn:80/index.html。

模式/协议告诉浏览器如何处理将要打开的文件。最常用的模式是超文本传输协议（Hypertext Transfer Protocol，HTTP），这个协议可以用来访问网络，当在地址栏输入一个网址的时候，协议部分是不用输入的，浏览器会自动补上默认的 HTTP 协议。还有其他协议，如 HTTPS（用安全套接字层传送的超文本传输协议）、FTP（文件传输协议）、MAILTO（电子邮件地址）、LDAP（轻型目录访问协议搜索）、FILE（当地电脑或网上分享的文件）、NEWS（Usenet 新闻组）、GOPHER（Gopher 协议）、TELNET（Telnet 协议）。

文件所在的服务器的名称或 IP 地址后面是到达这个文件的路径和文件本身的名称。服务器的名称或 IP 地址后面有时还跟一个冒号和一个端口号。它也可以包含接触服务器必需的用户名称和密码。

路径部分包含等级结构的路径定义，一般来说不同部分之间以斜线（/）分隔。询问部分一般用来传送对服务器上的数据库进行动态询问时所需要的参数。

有时候，URL 以斜杠"/"结尾，而没有给出文件名，在这种情况下，URL 引用路径中最后一个目录中的默认文件（通常对应于主页），这个文件常常被称为 index.html 或 default.htm。

（3）HTTP

HTTP 是一个简单的请求-响应协议，通常运行在 TCP 之上。它指定了客户端可能发送给服务器什么样的消息以及得到什么样的响应。请求和响应消息的头以 ASCII 形式给出；而消息内容则具有一个类似 MIME 的格式。

HTTP 是基于客户/服务器模式，且面向连接的。典型的 HTTP 事务处理有如下的过程：

① 客户与服务器建立连接；

② 客户向服务器提出请求；

③ 服务器接收请求，并根据请求返回相应的文件作为应答；

④ 客户与服务器关闭连接。

客户与服务器之间的 HTTP 连接是一种一次性连接，它限制每次连接只处理一个请求，当服务器返回本次请求的应答后便立即关闭连接，下次请求再重新建立连接。这种一次性连接主要考虑到 WWW 服务器面向的是 Internet 中成千上万个用户，且只能提供有限个连接，故服务器不会让一个连接处于等待状态，及时地释放连接可以大大提高服务器的执行效率。

HTTP 是一种无状态协议，即服务器不保留与客户交易时的任何状态。这就大大减轻了服务器记忆负担，从而保持较快的响应速度。HTTP 是一种面向对象的协议，允许传送任意类型的数据对象。它通过数据类型和长度来标识所传送的数据内容和大小，并允许对数据进行压缩传送。当用户在一个 HTML 文档中定义了一个超文本链接后，浏览器将通过 TCP/IP 协议与指定的服务器建立连接。

下面我们了解一下 WWW 服务的工作过程（见图 8.13）。

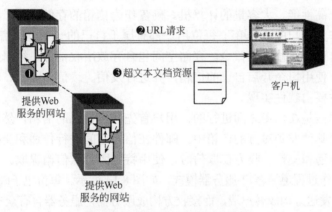

图 8.13　WWW 实现过程示意图

① 由提供 Web 服务的一方以超文本的形式准备好要共享的资源。这些资源就是网络上丰富多彩的各种网页文件，这些网页文件都存储在提供 Web 服务的服务器上。

② 客户机向 Web 服务器提出资源请求。就是用户在自己的浏览器里输入要访问的网页的 URL。

③ 服务器端传输超文本到用户的本地浏览器。服务器接收客户端请求后，要按照规定的流程将资源传送给客户。HTTP 规定了浏览器和服务器怎样互相交流，包括浏览器如何向 WWW 服务器提出请求，服务器如何传输超文本网页到本地浏览器等。

一般网页数据的封包、传输过程都要遵循 HTTP 协议规定。但由于传统的 TCP/IP 协议都是开放的，传递的都是明文信息，因此在一些应用场合往往不具备安全性，随着网络安全协议的发展，WWW 服务在实现时完全可以实现保密传输。例如网上银行、电子支付等一些对安全要求较高的网站，其 URL 形式一般是 https://www.***.com/。这就表示访问这类网站时请求的是安全的 https 服务，其实现原理一般是服务器和客户端在传输层建立 TCP 连接后，在其上再通过一个安全层协商密钥，然后利用协商的加密算法和密钥将报文加密后传输。因安全协商和处理过程对用户是透明的，所以对用户而言与以往的传统 WWW 服务没什么变化。但是由于 HTTPS 服务会增加协商和计算开销，故一般是在安全性要求较高的时候才使用，现今 WWW 服务还是基于传统的 HTTP 协议的应用占比重较多。

8.2.2.2 电子邮件服务

电子邮件服务是指通过网络传送信件、单据、资料等电子信息的通信方法，它是根据传统的邮政服务模型建立起来的，当发送电子邮件时，这份邮件是由邮件发送服务器发出，并根据收件人的地址判断对方的邮件接收器而将这封信发送到该服务器上，收件人要收取邮件也只能访问这个服务器才能完成。

电子邮件服务（E-mail 服务）是目前最常见、应用最广泛的一种互联网服务。通过电子邮件，可以与 Internet 上的任何人交换信息。电子邮件与传统邮件比有传输速度快、内容和形式多样、使用方便、费用低、安全性好等特点。

电子邮件的传输是通过电子邮件简单传输协议（Simple Mail Transfer Protocol，SMTP）这一系统软件来完成的，它是 Internet 下的一种电子邮件通信协议。而用户要把邮件从电子邮箱中传输到本地计算机读取邮件就要使用邮局（Post Office Protocol，POP）协议，目前使用的版本为 POP3。

电子邮件的基本原理是在通信网上设立"电子信箱系统"，它实际上是一个计算机系统。系统的硬件是一个高性能、大容量的计算机。硬盘作为信箱的存储介质，在硬盘上为用户分一定的存储空间作为用户的"信箱"，每位用户都有属于自己的一个电子信箱，并确定一个用户名和用户可以自己随意修改的口令。存储空间包含存放所收信件、编辑信件以及信件存档三部分空间，用户使用口令开启自己的信箱，并进行发信、读信、编辑、转发、存档等各种操作。系统功能主要由软件实现。

电子邮件的通信是在信箱之间进行的。用户首先开启自己的信箱，然后通过输入命令的方式将需要发送的邮件发到对方的信箱中。邮件在信箱之间进行传递和交换，也可以与另一个邮件系统进行传递和交换。收方在取信时，使用特定账号从信箱提取。

电子邮件的工作过程遵循客户/服务器模式，如图 8.14 所示。每份电子邮件的发送都要涉及发送方与接收方，发送方构成客户端，而接收方构成服务器，服务器含有众多用户的电子信箱。发送方通过邮件客户程序，将编辑好的电子邮件向邮局服务器（SMTP 服务器）发送。邮局服务器识别接收者的地址，并向管理该地址的邮件服务器（POP3 服务器）发送消息。邮件服务器识别消息存放在接收者的电子信箱内，并告知接收者有新邮件到来。接收者通过邮件客户程序连接到服务器后，就会看到服务器的通知，进而打开自己的电子信箱来查收邮件。

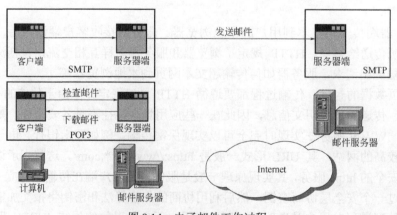

图 8.14　电子邮件工作过程

通常 Internet 上的个人用户不能直接接收电子邮件，而是通过申请 ISP 主机的一个电子信箱，由 ISP 主机负责电子邮件的接收。一旦有用户的电子邮件到来，ISP 主机就将邮件移到用户的电子信箱内，并通知用户有新邮件。因此，当发送一条电子邮件给另一个客户时，电子邮件首先从用户计算机发送到 ISP 主机，再到 Internet，再到收件人的 ISP 主机，最后到收件人的个人计算机。

ISP 主机起着"邮局"的作用，管理着众多用户的电子信箱。每个用户的电子信箱实际上就是用户所申请的账号名。每个用户的电子邮件信箱都要占用 ISP 主机一定容量的硬盘空间，由于这一空间是有限的，因此用户要定期查收和阅读电子信箱中的邮件，以便腾出空间来接收新的邮件。

IMAP（Internet Message Access Protocol，交互邮件访问协议）目前的版本为 IMAP4，是POP3 的一种替代协议，提供了邮件检索和邮件处理的新功能，这样用户可以完全不必下载邮件正文就可以看到邮件的标题摘要，从邮件客户端软件就可以对服务器上的邮件和文件夹目录等进行操作。IMAP 协议增强了电子邮件的灵活性，同时也减少了垃圾邮件对本地系统的直接危害，同时相对节省了用户查看电子邮件的时间。除此之外，IMAP 协议可以记忆用户在脱机状态下对邮件的操作（如移动邮件、删除邮件等）在下一次打开网络连接的时候会自动执行。

MIME 的英文全称是"Multipurpose Internet Mail Extensions"，即多功能 Internet 邮件扩充服务，它是一种多用途网际邮件扩充协议，在 1992 年最早应用于电子邮件系统，但后来也应用到浏览器。最初的 Internet 电子邮件系统被设计为只能处理文本，信息的正文被限制为可打印的 ASCII 字符。

MIME 扩展了电子邮件的标准，使其能够支持非 ASCII 字符、二进制格式附件等多种格式的邮件消息。这个标准被定义在多个 RFC（Request For Comments，请求评论）中。MIME规定了用于表示各种各样的数据类型的符号化方法。此外，在万维网中使用的 HTTP 协议也使用了 MIME 的框架。

电子邮件地址如真实生活中人们常用的信件一样，有收信人姓名、收信人地址等。电子邮件地址的格式一般由三部分组成，如 somebody@domain_name。第一部分"somebody"代表用户信箱的账号，对于同一个邮件接收服务器来说，这个账号必须是唯一的；第二部分"@"是分隔符，是英文 at 的意思；第三部分 domain_name 是用户信箱的邮件接收服务器域名，用以标识其所在的位置。例如，abc@163.com 即为一个邮件地址，其中 abc 为用户的邮箱账号，163.com 为邮件服务器的域名。

8.2.2.3　文件传输服务

FTP（File Transfer Protocol，文件传输协议）是因特网历史上最悠久的网络工具，从 1971年由 A.K.Bhushan 提出第一个 FTP 的 RFC 至今 FTP 凭借其独特的优势一直都是因特网中最重要、最广泛的服务之一。

FTP 是用于在网络上进行文件传输的一套标准协议，它工作在 OSI 模型的第七层，TCP模型的第四层，即应用层，使用 TCP 传输而不是 UDP 传输，客户在和服务器建立连接前要经过一个"三次握手"的过程，保证客户与服务器之间的连接是可靠的，而且是面向连接，为数据传输提供可靠保证。

FTP 是基于客户/服务器（C/S）模型而设计的，在客户端与 FTP 服务器之间建立两个连接。开发任何基于 FTP 的客户端软件都必须遵循 FTP 的工作原理，FTP 的独特优势同时也是与其他客户服务器程序最大的不同点就在于它在两台通信的主机之间使用了两条 TCP 连接，一条是数据连接，用于数据传送；另一条是控制连接，用于传送控制信息（命令和响应），这种将命令和数据分开传送的思想大大提高了 FTP 的效率，而其他客户服务器应用程序一般只有一条 TCP 连接。图 8.15 给出了 FTP 的基本模型。客户有三个构件：用户接口、客户控制进程和客户数据传送进程。服务器有两个构件：服务器控制进程和服务器数据传送进程。在整个交互的 FTP 会话中，控制连接始终是处

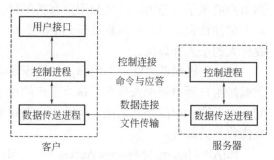

图 8.15　FTP 的基本模型

于连接状态的，数据连接则在每一次文件传送时先打开后关闭。

FTP 的用户有三类：

① Real 用户：指在 FTP 服务上拥有账号。当这类用户登录 FTP 服务器的时候，其默认的主目录就是其账号命名的目录。但是，其还可以变更到其他目录中去，如系统的主目录等。

② Guest 用户：指在 FTP 服务器中，往往会给不同的部门或者某个特定的用户设置一个账户。但是，这个账户有个特点，就是其只能够访问自己的主目录。服务器通过这种方式来保障 FTP 服务上其他文件的安全性。这类账户，在 Vsftpd 软件（一个 FTP 服务器软件）中就叫做 Guest 用户。拥有这类用户的账户，只能够访问其主目录下的目录，而不得访问主目录以外的文件。

③ Anonymous 用户：也是通常所说的匿名访问。这类用户是指在 FTP 服务器中没有指定账户，但是其仍然可以进行匿名访问某些公开的资源。

FTP 的传输有两种方式：ASCII、二进制。

ASCII 传输方式是假定用户正在拷贝的文件包含简单 ASCII 码文本，如果在远程机器上运行的不是 UNIX，当文件传输时 FTP 通常会自动地调整文件的内容以便于把文件解释成另外那台计算机存储文本文件的格式。但是常常有这样的情况，用户正在传输的文件包含的不是文本文件，它们可能是程序、数据库、字处理文件或者压缩文件。在拷贝任何非文本文件之前，用 Binary 命令告诉 FTP 逐字拷贝。

二进制传输模式是在二进制传输中保存文件的位序，以便原始和拷贝的是逐位一一对应的，即使目的地机器上包含位序列的文件是没意义的。例如，Macintosh 以二进制方式传送可执行文件到 Windows 系统，在对方系统上，此文件不能执行。如在 ASCII 方式下传输二进制文件，即使不需要也仍会转译，这会损坏数据（ASCII 方式一般假设每一字符的第一有效位无意义，因为 ASCII 字符组合不使用它。如果传输二进制文件，所有的位都是重要的）。

对于客户而言，可以使用 FTP 命令、浏览器、专门的 FTP 客户端等多种方式访问 FTP 服务器获取资源。一般 Windows 操作系统的资源浏览器和 IE 浏览器中都带有 FTP 程序模块，可以直接在地址栏输入 FTP 服务器的地址，以文件浏览或网页浏览的方式访问 FTP 服务器，能方便地利用文件复制、粘贴、另存等操作实现文件上传和下载。使用专门的 FTP 下载工具能更好地提高 FTP 的访问效率，当数据传输出现意外时可以通过断点续传功能能继续进行剩余部分的传输，较常用的 FTP 下载工具有 CuteFTP、LeapFTP 等。

8.2.2.4 远程登录服务

（1）远程登录的概念

远程登录也是 Internet 上最诱人和重要的服务工具之一，用户可以通过远程登录来使用主机的强大运算能力。通常，用户使用的微机在运行大的、复杂的程序时要耗费大量的时间，甚至根本无法完成。这样，用户可以登录到一台他具有合法账户的主机上，在该主机上运行他的程序。主机完成运行后，将结果传送到用户的计算机中。其次，用户还可以登录到别的主机中来运行该机中的程序。例如，工作站上的软件非常昂贵，一般用户无法完全配齐，这样，不同工作站的拥有者可以协商购买不同的软件，他们互相向对方提供账户就可以运行各种软件了。

与普遍使用的微型计算机一样，Internet 上的主机也有其操作系统。网络上有各种各样的计算机，因而存在着多种操作系统，UNIX 是最常用的一种多用户、多任务的操作系统，当用户需要通过 Windows 等的客户端直接操作和管理某个 UNIX 主机时，远程登录就可以很好地解决这个问题，它可以让用户登录到远程 UNIX 主机上，进而对远程主机进行各种操作和管理。

先来看看什么叫登录。分时系统允许多个用户同时使用一台计算机，为了保证系统的安全和记账方便，系统要求每个用户有单独的账号作为登录标识，系统还为每个用户指定了一个口令。用户在使用该系统之前要输入标识和口令，这个过程被称为"登录"。

远程登录是指用户使用 Telnet 命令，使自己的计算机暂时成为远程主机的一个仿真终端的过程。仿真终端等效于一个非智能的机器，它只负责把用户输入的每个字符传递给主机，再将主机输出的每个信息回显在屏幕上。

（2）Telnet 协议

Telnet 协议是 TCP/IP 协议族中的一员，是 Internet 远程登录服务的标准协议。Telnet 使用客户机/服务器模式。应用 Telnet 协议能够把本地用户所使用的计算机变成远程主机系统的一个终端。它提供了三种基本服务。

① Telnet 定义一个网络虚拟终端为远程系统提供一个标准接口。客户机程序不必详细了解远程系统，它们只需构造使用标准接口的程序。

② Telnet 包括一个允许客户机和服务器协商选项的机制，而且它还提供一组标准选项。

③ Telnet 对称处理连接的两端，即 Telnet 不强迫客户机从键盘输入，也不强迫客户机在屏幕上显示输出。

Telnet 是远程登录程序，它由运行在用户的本地计算机（客户端）上的 Telnet 客户程序和运行在要登录的远程计算机（服务器端）上的 Telnet 服务器程序所组成。客户端安装的客户程序是可发出请求的终端软件，服务器端安装的服务器程序具有应答登录请求的功能，并且都遵循相同的网络终端协议。

（3）Telnet 的工作过程

使用 Telnet 协议进行远程登录时需要满足的条件：在本地计算机上必须装有包含 Telnet 协议的客户程序，必须知道远程主机的 IP 地址或域名，必须知道登录标识与口令。

Telnet 远程登录服务分为以下 4 个过程，如图 8.16 所示。

① 本地与远程主机建立连接。该过程实际上是建立一个 TCP 连接，用户必须知道远程主机的 IP 地址或域名。

② 将本地终端上输入的用户名和口令及以后输入的任何命令或字符以 NVT（Net Virtual

Terminal)格式传送到远程主机。该过程实际上是从本地主机向远程主机发送一个 IP 数据报。

③ 将远程主机输出的 NVT 格式的数据转化为本地所接受的格式送回本地终端，包括输入命令回显和命令执行结果。

④ 最后，本地终端对远程主机进行撤销连接。该过程是撤销一个 TCP 连接。

图 8.16　Telnet 工作过程

为了使多个操作系统间的 Telnet 交互操作成为可能，就必须详细了解异构计算机和操作系统。比如，一些操作系统需要每行文本用 ASCII 回车控制符（CR）结束，另一些系统则需要使用 ASCII 换行符（LF），还有一些系统需要用两个字符的序列回车-换行（CR-LF）；再比如，大多数操作系统为用户提供了一个中断程序运行的快捷键，但这个快捷键在各个系统中有可能不同（一些系统使用 CTRLC，而另一些系统使用 ESCAPE）。如果不考虑系统间的异构性，那么在本地发出的字符或命令，传送到远程并被远程系统解释后很可能会不准确或者出现错误。因此，Telnet 协议必须解决这个问题。

为了适应异构环境，Telnet 协议定义了数据和命令在 Internet 上的传输方式，此定义被称作网络虚拟终端（Net Virtual Terminal，NVT）。它的应用过程如下：

对于发送的数据：客户机软件把来自用户终端的按键和命令序列转换为 NVT 格式，并发送到服务器，服务器软件将收到的数据和命令，从 NVT 格式转换为远程系统需要的格式。

对于返回的数据：远程服务器将数据从远程机器的格式转换为 NVT 格式，而本地客户机将接收到的 NVT 格式数据再转换为本地的格式。

（4）Telnet 的使用

使用远程登录，本地用户可以访问一台远程主机的资源，本地用户就好像是它的一个终端用户一样。一般都要求在远程主机上有全功能的账号（用户名及口令），但是 Internet 上还有许多主机允许公众访问，当用户使用 Telnet 登录到这些主机时，它们并不要求输入账号密码，Internet 上许多资源正是通过这种方式让公众访问的。

一般在访问 Telnet 的服务器站点时，需要用到以下三项内容。

① Telnet 客户机的地址　通常为主机地址，有时也用 IP 地址，表示用户已接入 Internet 网络，如果是拨号用户可自动获取动态 IP 地址。

② 端口号　有时用户所登录的 Telnet 服务器要同时处理多个 Telnet 对话，那么，利用端口便可使用户找到相应的 Telnet 连接。

③ Telnet 网点的地址　Telnet 是远程登录程序，它由运行在用户本地计算机上的 Telnet 客户程序和运行在要登录的远程计算机上的 Telnet 服务器程序所组成。

Telnet 的作用就是让用户以模拟终端的方式，登录到 Internet 的某台主机上。一旦连接成功，这些个人计算机就好像是远程计算机的一个终端，可以像使用自己的计算机一样输入命令，运行远程计算机中的程序。

8.2.2.5　信息搜索

随着互联网的发展，现在网络上的信息量是非常庞大的，所以为了找到对用户有用的信息，信息搜索就成了充分利用互联网资源的必备技能。搜索引擎就是伴随互联网的发展而产生和发展的，互联网已成为人们学习、工作和生活中不可缺少的平台，几乎每个人上网都会使用搜索引擎。

搜索引擎是指根据一定的策略运用特定的计算机程序从互联网上采集信息，在对信息进行组织和处理后，为用户提供检索服务，将检索的相关信息展示给用户的系统。搜索引擎是工作于互联网上的一门检索技术，它旨在提高人们获取搜集信息的速度，为人们提供更好的网络使用环境。从功能和原理上分，搜索引擎大致被分为全文搜索引擎、元搜索引擎、垂直搜索引擎和目录搜索引擎等四大类。

搜索引擎的整个工作过程分为三个部分：一是蜘蛛（搜索程序 Spider）在互联网上爬行和抓取网页信息，并存入原始网页数据库；二是对原始网页数据库中的信息进行提取和组织，并建立索引库；三是根据用户输入的关键词，快速找到相关文档，并对找到的结果进行排序，并将查询结果返回给用户。

（1）网页抓取

Spider 每遇到一个新文档，都要搜索其页面的链接网页。搜索引擎蜘蛛访问 Web 页面的过程类似普通用户使用浏览器访问其页面，即 B/S 模式。引擎蜘蛛先向页面提出访问请求，服务器接收其访问请求并返回 HTML 代码后，把获取的 HTML 代码存入原始页面数据库。搜索引擎使用多个蜘蛛分布爬行以提高爬行速度。搜索引擎的服务器遍布世界各地，每一台服务器都会派出多只蜘蛛同时去抓取网页。那么，如何做到一个页面只访问一次，从而提高搜索引擎的工作效率？在抓取网页时，搜索引擎会建立两张不同的表，一张表记录已经访问过的网站，一张表记录没有访问过的网站。当蜘蛛抓取某个外部链接页面 URL 的时候，需把该网站的 URL 下载回来分析，当蜘蛛全部分析完这个 URL 后，将这个 URL 存入相应的表中，这时当另外的蜘蛛从其他的网站或页面又发现了这个 URL 时，它会对比看看已访问列表有没有，如果有，蜘蛛会自动丢弃该 URL，不再访问。

（2）预处理、建立索引

为了便于用户在数万亿级别以上的原始网页数据库中快速便捷地找到搜索结果，搜索引擎必须将 Spider 抓取的原始 Web 页面做预处理。网页预处理最主要的过程是为网页建立全文索引，之后开始分析网页，最后建立倒排文件（也称反向索引）。Web 页面分析包含的步骤：判断网页类型，衡量其重要程度、丰富程度，对超链接进行分析、分词，把重复网页去掉。经过搜索引擎分析处理后，Web 网页已经不再是原始的网页页面，而是浓缩成能反映页面主题内容的、以词为单位的文档。数据索引中结构最复杂的是建立索引库，索引又分为文档索引和关键词索引。每个网页唯一的 docID 号是由文档索引分配的，每个 wordID 出现的次数、位置、大小格式都可以根据 docID 号在网页中检索出来。最终形成 wordID 的数据列表。倒排索引形成过程是这样的：搜索引擎用分词系统将文档自动切分成单词序列→对每个单词赋予唯一的单词编号→记录包含这个单词的文档。倒排索引是最简单的，实用的倒排索引还需记载更多的信息。在单词对应的倒排列表除了记录文档编号之外，单词频率信息也被记录进去，便于以后计算查询和文档的相似度。

（3）查询服务

在搜索引擎界面输入关键词，点击"搜索"按钮之后，搜索引擎程序开始对搜索词进行以下处理：分词处理、根据情况对整合搜索是否需要启动进行判断、找出错别字和拼写中出现的错误、把停止词去掉。接着搜索引擎程序便把包含搜索词的相关网页从索引数据库中找出，而且对网页进行排序，最后按照一定格式返回到"搜索"页面。查询服务最核心的部分是搜索结果排序，其决定了搜索引擎的质量好坏及用户满意度。实际搜索结果排序的因子有很多，但最主要的因素之一是网页内容的相关度。影响相关性的主要因素包括五个方面：关键词常用程度、词频及密度、关键词位置及形式、关键词距离、链接分析及页面权重。

对于用户而言，了解一些著名的搜索引擎可以提高用户的检索速度和效率。这些搜索引擎维护得比较好，而且更新频繁，用户能查询到更多可靠、完整的结果。目前使用率比较高的搜索引擎包括英文搜索引擎和中文搜索引擎两类。例如：Google、Yahoo、AOL、HotBot 等英文搜索引擎；百度、Google 简体中文、北大天网、新浪等中文搜索引擎。其中百度是全球最大的中文搜索引擎，它一直致力于让网民更平等地获取信息，找到所求。百度是用户获取信息的最主要入口，随着移动互联网的发展，百度网页搜索完成了由 PC 向移动的转型，由连接人与信息扩展到连接人与服务，用户可以在 PC、Pad、手机上访问百度主页，通过文字、语音、图像多种交互方式瞬间找到所需要的信息和服务。

8.3 移动互联网

移动互联网是 PC 互联网发展的必然产物，将移动通信和互联网二者结合起来，成为一体。它是互联网的技术、平台、商业模式和应用与移动通信技术结合并实践的活动的总称。

8.3.1 移动互联网概述

虽然目前业界对移动互联网并没有一个统一定义，但对其概念却有一个基本的判断，即从网络角度来看，移动互联网是指以宽带 IP 为技术核心，可同时提供语音、数据、多媒体等业务服务的开放式基础电信网络；从用户行为角度来看，移动互联网是指采用移动终端通过移动通信网络访问互联网并使用互联网业务，这里对于移动终端的理解既可以认为是手机也可以认为是包括手机在内的上网本、PDA（Personal Digital Assistant，个人数字助理)、数据卡方式的笔记本电脑等多种类型，其中前者是对移动互联网的狭义理解，后者是对移动互联网的广义理解。

随着移动通信网络的全面覆盖，我国移动互联网伴随着移动网络通信基础设施的升级换代快速发展，尤其是在 2009 年国家开始大规模部署 3G 移动通信网络，2014 年又开始大规模部署 4G 移动通信网络。两次移动通信基础设施的升级换代，有力地促进了中国移动互联网快速发展，服务模式和商业模式也随之大规模创新与发展，4G 移动电话用户扩张带来用户结构不断优化，支付、视频广播等各种移动互联网应用普及，带动数据流量呈爆炸式增长。

整个移动互联网发展历史可以归纳为四个阶段：萌芽阶段、培育成长阶段、高速发展阶段和全面发展阶段。

（1）萌芽阶段（2000～2007 年）

萌芽阶段的移动应用终端主要是基于 WAP（Wireless Application Protocol，无线应用协议）

的应用模式。该时期由于受限于移动 2G 网速和手机智能化程度，中国移动互联网发展处在一个简单 WAP 应用期。WAP 应用把 Internet 网上 HTML 的信息转换成用 WML 描述的信息，显示在移动电话的显示屏上。由于 WAP 只要求移动电话和 WAP 代理服务器的支持，而不要求现有的移动通信网络协议做任何的改动，因而被广泛地应用于 GSM、CDMA、TDMA 等多种网络中。在移动互联网萌芽期，利用手机自带的支持 WAP 协议的浏览器访问企业 WAP 门户网站是当时移动互联网发展的主要形式。

2000 年 12 月中国移动正式推出了移动互联网业务品牌"移动梦网"。移动梦网就像一个大超市，包括了短信、彩信、手机上网、百宝箱（手机游戏）等各种多元化信息服务。在移动梦网技术支撑下，当时涌现了雷霆万钧、空中网等一大批基于梦网的服务提供商，用户通过短信、彩信、手机上网等模式享受移动互联网服务。但由于移动梦网服务提供商存在业务不规范、乱收费等现象，2006 年 4 月，国家开展了移动梦网专项治理行动，明确要求扣费必须用户确认、用户登录 WAP 需要资费提示等相关规范，大批服务提供商因为违规运营退出了市场。

（2）培育成长阶段（2008～2011 年）

2009 年 1 月 7 日，工业和信息化部为中国移动、中国电信和中国联通发放 3 张第三代移动通信（3G）牌照，此举标志着中国正式进入 3G 时代，3G 移动网络建设掀开了中国移动互联网发展新篇章。随着 3G 移动网络的部署和智能手机的出现，移动网速的大幅提升初步破解了手机上网带宽瓶颈，移动智能终端丰富的应用软件让移动上网的娱乐性得到大幅提升。同时，我国在 3G 移动通信协议中制定的 TDSCDMA 协议得到了国际的认可和应用。

在成长培育阶段，各大互联网公司都在摸索如何抢占移动互联网入口，一些大型互联网公司企图推出手机浏览器来抢占移动互联网入口，还有一些互联网公司则是通过与手机制造商合作，在智能手机出厂的时候，就把企业服务应用（如微博视频播放器等应用）预安装在手机中。

（3）高速发展阶段（2012～2013 年）

随着手机操作系统生态圈的全面发展，智能手机规模化应用促进移动互联网快速发展，具有触摸屏功能的智能手机的大规模普及应用解决了传统键盘机上网众多不便，安卓智能手机操作系统的普遍安装和手机应用程序商店的出现极大地丰富了手机上网功能，移动互联网应用呈现了爆发式增长。进入 2012 年之后，由于移动上网需求大增，安卓智能操作系统的大规模商业化应用，传统功能手机进入了一个全面升级换代期，传统手机厂商纷纷效仿苹果模式，普遍推出了触摸屏智能手机和手机应用商店，由于触摸屏智能手机上网浏览方便，移动应用丰富，受到了市场极大欢迎。同时，手机厂商之间竞争激烈，智能手机价格快速下降，千元以下的智能手机大规模量产，推动了智能手机在中低收入人群的大规模普及应用。

（4）全面发展阶段（2014 年至今）

移动互联网的发展永远都离不开移动通信网络的技术支撑，而 4G 网络建设将中国移动互联网发展推上快车道。随着 4G 网络的部署，移动上网网速得到极大提高，上网网速瓶颈限制得到基本破除，移动应用场景得到极大丰富。2013 年 12 月 4 日工信部正式向中国移动、中国电信和中国联通三大运营商发放了 TD-LTE 4G 牌照，中国 4G 网络正式大规模铺开。

由于网速、上网便捷性、手机应用等移动互联网发展的外在环境基本得到解决，移动互联网应用开始全面发展。在桌面互联网时代，门户网站是企业开展业务的标配；在移动互联网时代，手机 APP 应用是企业开展业务的标配，4G 网络催生了许多公司利用移动互联网开展业务。特别是由于 4G 网速大大提高，促进了实时性要求较高、流量较大、需求较大类型的移动应用快速发展，许多手机应用开始大力推广移动视频应用。

现在，随着制造商推出更多 5G 手机，以及全球各大电信公司推进 5G 部署，5G 在 2020 年实现了快速成长，从而推动移动互联网进入新的发展阶段。

8.3.2 移动互联网的组成

依托电子信息技术的发展，移动互联网能够将网络技术与移动通信技术结合在一起，而无线通信技术也能够借助客户端的智能化实现各项网络信息的获取，这也是作为一种新型业务模式所存在的，涉及应用、软件以及终端的各项内容。在结合现代移动通信技术的发展特点的前提之下，实现与移动互联网的各项内容加以融合，实现平台以及运营模式的一体化应用。

相对传统互联网而言，移动互联网强调可以随时随地，并且可以在高速移动的状态中接入互联网并使用应用服务，主要区别在于：终端、接入网络以及由于终端和移动通信网络的特性所带来的独特应用。此外还有类似的无线互联网，一般来说移动互联网与无线互联网并不完全等同：移动互联网强调使用蜂窝移动通信网接入互联网，因此常常特指手机终端采用移动通信网接入互联网并使用互联网业务；而无线互联网强调接入互联网的方式是无线接入，除了蜂窝网外还包括各种无线接入技术。

从图 8.17 可以看出，移动互联网的组成可以归纳为移动通信网络、移动互联网终端设备、移动互联网应用和移动互联网相关技术四大部分。

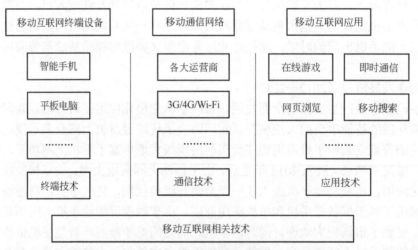

图 8.17　移动互联网的组成

（1）移动通信网络

移动互联网时代无需连接各终端、节点所需要的网线，它是指移动通信技术通过无线网络将网络信号覆盖延伸到每个角落，让用户能随时随地接入所需的移动应用服务。

（2）移动互联网终端设备

无线网络技术只是移动互联网蓬勃发展的动力之一，移动互联网终端设备的兴起才是移动互联网发展的重要助推器。移动互联网发展到今天，成为全球互联网革命的新浪潮航标，受到来自全球高新科技跨国企业的强烈关注，并在世界范围内迅猛发展，移动互联终端设备在其中的作用功不可没。智能手机、平板、导航仪等移动终端设备已成为我们生活中不可或缺的一部分。

（3）移动互联网应用

当用户随时随地接入移动网络时，运用最多的就是移动互联网应用程序。大量新奇的应用逐渐渗透到人们生活、工作的各个领域，进一步推动着移动互联网的蓬勃发展。移动音乐、手机游戏、视频应用、手机支付、位置服务等丰富多彩的移动互联网应用发展迅猛，正在深刻改变信息时代的社会生活，移动互联网正在迎来新的发展浪潮。

（4）移动互联网相关技术

移动互联网相关技术总体上分成三大部分，分别是移动互联网终端技术、移动互联网通信技术和移动互联网应用技术。

移动互联网终端技术包括硬件设备的设计和智能操作系统的开发技术。无论对于智能手机还是平板电脑来说，都需要移动操作系统的支持，现在用得最多的是 Android 系统和 iOS 系统。在移动互联网时代，用户体验已经逐渐成为终端操作系统发展的至高追求。

移动互联网通信技术包括通信标准与各种协议、移动通信网络技术和中短距离无线通信技术。在过去的十年中，全球移动通信发生了巨大的变化，移动通信特别是蜂窝网络技术的迅速发展，使用户彻底摆脱终端设备的束缚，实现灵活的个人移动性。

移动互联网应用技术包括服务器端技术、浏览器技术和移动互联网安全技术。目前，支持不同平台、操作系统的移动互联网应用很多。

越来越多的新技术被研发出来并运用到移动互联网的发展中，为移动互联网的发展创造出新的活力和生命力。下面介绍几种目前移动互联网的热点技术。

① 5G：第五代移动通信技术（简称 5G）是最新一代蜂窝移动通信技术，也是继 4G 之后的延伸。5G 的发展来自于对移动数据日益增长的需求。5G 网络的主要优势在于，数据传输速率远远高于以前的蜂窝网络，最高可达 10Gbit/s，比当前的有线互联网要快，比先前的 4G LTE 蜂窝网络快 100 倍。另一个优点是较低的网络延迟（更快的响应时间），低于 1ms，而 4G 为 30～70ms。由于数据传输更快，5G 网络将不仅仅为手机提供服务，还将成为一般性的家庭和办公网络供应商，与有线网络供应商竞争。以前的蜂窝网络提供了适用于手机的低数据率互联网接入，但是一个手机发射塔不能经济地提供足够的带宽作为家用计算机的一般互联网供应商。5G 采用超密集异构网络、自组织网络、内容分发网络、D2D（Device to Device，终端直通）通信、M2M（Machine to Machine，机器对机器）通信、信息中心网络等多项关键技术。

② SOA（Service-Oriented Architecture）技术：即面向服务的架构，是面向服务的架构模型，其对应用程序的不同功能单元（服务）之间定义良好的接口和协议，使得不同的服务有机联系起来，接口则独立于硬件系统、操作系统和编程语言，各个服务能以统一的方式进行交互。SOA 技术为移动互联网提供了一种全新的设计和服务思想，强调端到端的服务和用户体验。针对现存的问题和相应的解决方案，实现解决方案的整合分析，为用户提供完善而全面的服务。目前，SOA 技术已日益成熟，在移动互联网上的应用更加广泛和深入。

③ HTML5：对于移动应用便携性意义重大，但是它的分裂性和不成熟会产生许多实施和安全的风险。然而，随着 HTML5 及其开发工具的成熟，移动网站和混合应用的普及将增长。因此，尽管有许多挑战，HTML5 对于提供跨多平台应用的机构来说仍是一项重要的技术。

④ 多平台/多架构应用开发工具：大多数机构需要应用开发工具支持未来的"3×3"平台

与架构，即三个主要平台（Android、iOS 和 Windows）和三个主要架构（本地、混合和移动 Web）。工具选择是一个复杂的平衡行动，权衡许多技术和非技术问题，如生产效率和厂商的稳定性。大多数新机构将需要一些工具组合提供他们需要的架构和平台。

8.3.3 移动互联网的主要特征

移动互联网是在传统互联网基础上发展起来的，因此二者具有很多共性，但由于移动通信技术和移动终端发展不同，它又具备许多传统互联网没有的新特性。

（1）交互性

用户可以随身携带和随时使用移动终端，在移动状态下接入和使用移动互联网应用服务。一般而言，人们使用移动互联网应用的时间往往是在上、下班途中，在空闲间隙任何一个有网络覆盖的场所，移动用户接入无线网络实现移动业务应用的过程。现在，从智能手机到平板电脑，随处可见这些终端发挥强大功能的身影。当人们需要沟通交流的时候，随时随地可以用语音、图文或者视频解决，大大提高了用户与移动互联网的交互性。

（2）便携性

相对于 PC，由于移动终端小巧轻便、可随身携带两个特点，使人们可以将其装入随身携带的书包和手袋中，并使得用户可以在任意场合接入网络。除了睡眠时间，移动设备一般都以远高于 PC 的使用时间伴随在其主人身边。这个特点决定了使用移动终端设备上网，可以带来 PC 上网无可比拟的优越性，即沟通与资讯的获取远比 PC 设备方便。用户能够随时随地获取娱乐、生活、商务相关的信息，进行支付、查找周边位置等操作，使得移动应用可以进入人们的日常生活，满足衣食住行、吃喝玩乐等需求。

（3）隐私性

移动终端设备的隐私性远高于 PC 的要求。由于移动性和便携性的特点，移动互联网的信息保护程度较高。通常不需要考虑通信运营商与设备商在技术上如何实现它，高隐私性决定了移动互联网终端应用的特点，数据共享时既要保障认证客户的有效性，也要保证信息的安全性。这不同于传统互联网公开、透明、开放的特点。传统互联网下，PC 端系统的用户信息是容易被搜集的。而移动互联网用户因为无须共享自己设备上的信息，从而确保了移动互联网的隐私性。

（4）定位性

移动互联网有别于传统互联网的典型应用是位置服务应用。它具有以下几个服务：位置签到、位置分享及基于位置的社交应用；基于位置围栏的用户监控及消息通知服务；生活导航及优惠券集成服务；基于位置的娱乐和电子商务应用；基于位置的上下文感知及信息服务。

（5）娱乐性

移动互联网上的丰富应用，如图片分享、视频播放、音乐欣赏、电子邮件等，为用户的工作、生活带来更多的便利和乐趣。

（6）局限性

移动互联网应用服务在便捷的同时，也受到了来自网络能力和终端硬件能力的限制。在网络能力方面，受到无线网络传输环境、技术能力等因素限制；在终端硬件能力方面，受到终端大小、处理能力、电池容量等的限制。移动互联网各个部分相互联系、相互作用并制约发展，任何一部分的滞后都会延缓移动互联网发展的步伐。

（7）强关联性

由于移动互联网业务受到了网络及终端能力的限制，因此，其业务内容和形式也需要匹配特定的网络技术规格和终端类型，具有强关联性。移动互联网通信技术与移动应用平台的发展有着紧密联系，没有足够的带宽就会影响在线视频、视频电话、移动网游等应用的扩展。同时，根据移动终端设备的特点，也有其与之对应的移动互联网应用服务，这是区别于传统互联网而存在的。

（8）身份统一性

这种身份统一是指移动互联用户自然身份、社会身份、交易身份、支付身份通过移动互联网平台得以统一。信息本来是分散到各处的，互联网逐渐发展、基础平台逐渐完善之后，各处的身份信息将得到统一。例如，在网银里绑定手机号和银行卡，支付的时候验证了手机号就直接从银行卡扣钱。

目前，移动互联网正逐渐渗透到人们生活、工作的各个领域，微信、支付宝等丰富多彩的移动互联网应用迅猛发展，正在深刻改变信息时代的社会生活，近几年，更是实现了 3G 经 4G 到 5G 的跨越式发展。全球覆盖的网络信号，使得身处大洋和沙漠中的用户仍可随时随地保持与世界的联系。

8.4　网络空间安全

我国已成为网络大国，但由于网络技术基础薄弱和网络空间安全人才不足，我国还不是网络强国。网络安全关系到国家安全、社会稳定、经济发展、人民生活等各个方面，必须确保我国的网络空间安全。目前网络空间和网络空间安全成为社会公众最为关注的话题之一，网络空间安全人才培养体系更成为人们关注的焦点。

8.4.1　网络空间安全概述

网络空间是一种包含互联网、通信网、物联网、工控网等信息基础设施，并由人-机-物相互作用而形成的动态虚拟空间。网络空间安全既涵盖包括人、机、物等实体在内的基础设施安全，也涉及其中产生、处理、传输、存储的各种信息数据的安全。随着云计算、大数据、物联网、量子计算等新兴技术的迅猛发展，网络空间安全面临着一系列新的威胁和挑战。

由于网络虚拟空间与物理世界呈现出不断融合、相互渗透的趋势，网络空间的安全性不仅关系到人们的日常工作生活，更对国家安全和国家发展具有重要的战略意义。虽然网络空间安全已经得到普遍重视，但近年来一些新的焦点问题相继显露，例如："伪基站"导致的诈骗事件频频发生，暴露了通信领域对物理接入安全的忽视；云计算、大数据相关的新概念、新应用的不断出现，使个人数据隐私泄露问题日益凸显；计算和存储能力日益强大的移动智能终端承载了人们大量工作、生活相关的应用和数据，急需切实可用的安全防护机制，而互联网上匿名通信技术的滥用更是对网络监管、网络犯罪取证提出了严峻的挑战。在国家层面，危害网络空间安全的国际重大事件也是屡屡发生，2013 年，美国棱镜计划被曝光，表明自 2007 年起美国国家安全局即开始实施绝密的电子监听计划，通过直接进入美国国际网络公司的中心服务器挖掘数据、收集情报，涉及海量的个人聊天日志、存储的数据、语音通信、文件传输、个人社交网络数据。上述安全事件的发生，凸显了网络空间仍然面临着从物理安全、系统安全、网络安全到数据安全等各个层面的挑战，迫切需要进行全面而系统化的安全基础理论和技术研究。

鉴于网络空间安全所面临的严峻挑战，2014 年 2 月我国成立了中央网络安全和信息化领导小组，大力推进网络空间安全建设。国务院学位委员会、教育部在 2015 年 6 月决定增设"网络空间安全"一级学科，并于 2015 年 10 月决定增设"网络空间安全"一级学科博士学位授权点。为了更好地布局和引导相关研究工作的开展，国家自然科学基金委员会信息科学部选定"网络空间安全的基础理论与关键技术"为"十三五"期间十五个优先发展研究领域之一。

网络空间面临着从物理安全、系统安全、网络安全到数据安全等各个层面严峻的安全挑战，因此有必要建立系统化的网络空间安全研究体系，为相关研究工作提供框架性的指导，并最终为建设、完善国家网络空间安全保障体系提供理论基础支撑，如图 8.18 所示。

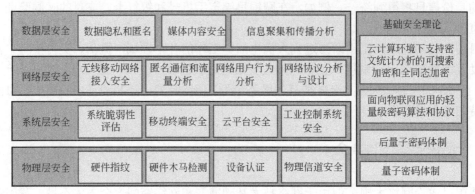

图 8.18 安全研究层次体系及代表性研究方向

网络空间由各种物理设备组成，物理层安全是网络空间安全的基础，具体研究工作包括硬件指纹、硬件木马检测、设备认证、物理信道安全等；物理设备的互联和通信需要相应系统的支持，因此物理层之上为系统层安全，主要关注系统脆弱性评估、移动终端安全（包括用户认证、恶意软件识别等）、云平台安全（包括虚拟化安全、虚拟机取证等）和工业控制系统安全；设备与设备之间的数据交换通过各类网络来进行，因此系统层之上为网络层安全，包括无线移动网络接入安全、匿名通信和流量分析、网络用户行为分析、网络协议分析与设计等研究内容；网络空间中流动和存储的核心要素是信息数据，而这些信息数据也是人在网络空间中的具体映射，因此该研究体系的最上层为数据层安全，涉及数据隐私和匿名、媒体内容安全、信息聚集和传播分析等方面的研究工作；而安全基础理论作为整个网络空间安全体系的基石，贯穿于 4 层结构，研究工作包括量子密码体制、后量子密码体制、面向物联网应用的轻量级密码算法和协议、云计算环境下支持密文统计分析的可搜索加密和全同态加密等方面的理论与方法。

（1）物理层安全

它主要研究针对各类硬件的恶意攻击和防御技术，以及硬件设备在网络空间中的安全接入技术。在恶意攻击和防御方面的主要研究热点有侧信道攻击、硬件木马检测方法和硬件信任基准等，在设备接入安全方面主要研究基于设备指纹的身份认证、信道及设备指纹的测量与特征提取等。此外，物理层安全还包括容灾技术、可信硬件、电子防护技术、干扰屏蔽技术等。

（2）系统层安全

它包括系统软件安全、应用软件安全、体系结构安全等层面的研究内容，并渗透到云计算、移动互联网、物联网、工控系统、嵌入式系统、智能计算等多个应用领域，具体包括系统安全体系结构设计、系统脆弱性分析、软件的安全性分析、智能终端的用户认证技术、恶意软件识别、云计算环境下虚拟化安全分析和取证等重要研究方向。同时，智能制造与工业 4.0 战略提出后，互联网与工业控制系统的融合已成为当前的主流趋势，而其中工控系统的安全问题也日益凸显。

（3）网络层安全

该层研究工作的主要目标是保证连接网络实体的中间网络自身的安全，涉及各类无线通信网络、计算机网络、物联网、工控网等网络的安全协议、网络对抗攻防、安全管理、取证与追踪等方面的理论和技术。随着智能终端技术的发展和移动互联网的普及，移动与无线网络安全接入显得尤为重要。而针对网络空间安全监管，需要在网络层发现、阻断用户恶意行为，重点研究高效、实用的匿名通信流量分析技术和网络用户行为分析技术。

（4）数据层安全

数据层安全研究的主要目的是保证数据的机密性、完整性、不可否认性、匿名性等，其研究热点已渗透到社会计算、多媒体计算、电子取证、云存储等多个应用领域，具体包括数据隐私保护和匿名发布、数据的内在关联分析、网络环境下媒体内容安全、信息的聚集和传播分析、面向视频监控的内容分析、数据的访问控制等。

（5）安全基础理论和方法

安全基础理论与方法既包括数论、博弈论、信息论、控制论、可计算性理论等共性基础理论，也包括以密码学和访问控制为代表的安全领域特有的方法和技术手段。在云计算环境下，可搜索加密和全同态加密技术，可以在保证数据机密性的同时支持密文的统计分析，是云平台数据安全的一个重要研究方向。在物联网应用中，传感设备普遍存在着计算能力弱、存储空间小、能耗有限的特点，不适宜应用传统密码算法，这就使得轻量级密码算法成为解决物联网感知安全的基础手段。同时，为抵抗量子计算机攻击，新兴的量子密码体制和后量子密码体制不可或缺。这些研究工作为网络空间安全提供了理论基础与技术支撑。

简言之，物理层安全主要关注网络空间中硬件设备、物理资源的安全，系统层安全关注物理设备上承载的各类软件系统的安全。网络层安全则保证物理实体之间交互的安全。数据层安全是指网络空间中产生、处理、传输和存储的数据信息的安全。

8.4.2　网络空间安全研究方向及关键技术

作为国家安全的重要组成部分，网络空间安全对国际政治、经济、军事等方面的影响日益凸显，迫切需要对其进行全面而系统化的研究。然而，网络空间安全是一个覆盖面很广的综合性研究学科，具体涉及的研究领域非常多。国家自然科学基金委"十三五"期间"网络空间安全的基础理论与关键技术"优先发展研究领域中所提及的内容，主要涉及 6 个研究方向，这 6 个研究方向既是目前的研究热点，具有重要的理论意义和应用价值，又涵盖了网络空间安全研究体系的各个层面，具有足够的代表性和覆盖面。

（1）基于设备指纹、信道特征的硬件身份认证与安全通信

① 基于设备指纹的硬件身份认证　与生物学中人的指纹可用于身份认证类似，在网络空间中接入的设备也具有其特有的"指纹"，可实现接入控制或者终端识别、追踪等目的。传统上，通常根据 MAC 地址、IP 地址等信息来标识网络设备，但这些特征很容易被伪装、篡改，因此设备指纹认证技术主要是通过收集设备的各种隐性特征来实现对其硬件身份的唯一识别，如何选取识别精确度高、稳定性好的隐性特征是该研究领域的核心问题。目前，设备指纹认证技术主要分为基于瞬态特征、基于调制信号和基于内部传感器 3 类。

② 基于无线信道特征的安全通信　早在 1949 年，Shannon 即指出只有实现"一次一密"才能达到绝对安全。由于无线信道具有快速时变性，即在时间间隔大于信道相干时间的情况

下，信道特征相互独立，因此可利用无线信道特征来生成高安全性、低计算复杂度的密钥，从而实现"一次一密"，保证通信的安全。

Maurer 首先提出根据无线信道的互易性，利用通信双方的公共信道特征生成密钥。由于无线信道的空变性，窃听者无法获得完整的信道特征，因而无法生成和合法用户一致的密钥，从而保证了密钥的安全。由此可见，基于无线信道特征的安全通信的核心是密钥的生成。根据提取的信道特征的不同，基于信道特征的密钥生成方法主要分为 3 大类：基于接收信号强度（Received Signal Strength，RSS）的密钥生成方法、基于信道相位（Channel Phase）的密钥生成方法和基于其他信道特征的密钥生成方法。

（2）云计算环境下的虚拟化安全分析和防御技术

① 云计算环境下虚拟机攻击技术　云计算环境下针对虚拟机（Virtual Machine，VM）的攻击可分内部攻击和外部攻击两类。攻击者可以通过虚拟机攻击虚拟机监控器（Virtual Machine Manager，VMM），或者通过虚拟机管理工具攻击虚拟机监控器，从而实现对同一宿主机上的其他虚拟机的攻击。由于上述攻击是利用虚拟机内部漏洞发起的，故可归为内部攻击。此外，攻击者还可以通过在宿主机安装 Rootkit 软件，从而控制虚拟机监控器实现对整个虚拟机环境的攻击。由于此类攻击是利用宿主机的漏洞从虚拟机外部发起的，故称为外部攻击。

② 云计算环境下虚拟机防御技术　针对上述攻击，现有的防御技术主要包括虚拟机安全监控、虚拟机隔离性保护和虚拟机监控器安全防护三个方面：通过虚拟机监控，发现对虚拟机系统的恶意攻击；通过虚拟机隔离保护，防止对虚拟机隔离性的攻击和破坏；利用虚拟机监控器安全技术，抵御来自虚拟机监控器的攻击。

（3）移动智能终端用户认证技术

依据认证事件发生时间的不同，现有移动智能终端的认证技术可分为登录阶段的认证技术和会话期间的认证技术两类。

① 登录阶段的认证技术　登录阶段的认证技术在用户登录系统时验证用户身份，系统依据认证结果授权或禁止用户访问。依据认证过程中是否需要用户直接的物理性参与，可以将其分为显式认证和隐式认证两类。其中显式认证需要用户与设备直接交互，如输入密码或验证指纹，传统认证技术多为显式认证；相反，隐式认证的过程对用户透明，不需用户显式执行指定操作。

② 会话期间的认证技术　会话期间的认证技术是指在用户登录系统后的会话期间对用户进行认证，从而弥补传统认证技术仅在登录阶段进行的不足，形成对系统更完整的保护。这类认证技术通常是一种持续认证，即在一次授权会话期间重复性地验证用户身份的机制。类似于登录阶段的认证，会话期间的认证技术也包括显式认证和隐式认证。但是，由于在会话期间对用户进行显式认证会影响系统的用户体验，因此通常使用隐式认证的方式。考虑到基于知识和基于令牌的方案较难实现透明认证，而基于生理特征的方案存在一些限制，如指纹识别技术需要特殊硬件支持且认证过程很难对用户透明，因此目前主要采用基于行为特征的认证技术。

（4）网络环境下的电力工业控制系统安全技术

目前，面向电力工业控制系统的安全机制研究主要围绕智能电网开展，在智能电表安全与隐私保护、智能电网数据采集与监控系统的攻击与防御等方面取得了一些研究成果。

① 智能电表安全与隐私保护　为了提高智能电表终端的安全性，研究者根据潜在的威胁模型，提出了一些解决方案：McLaughlin 等从攻击者的角度，研究如何通过操纵高级量测体系（AMI）系统来欺骗电网，并对这种攻击的可行性进行验证，从而发现现有 AMI 系统中

存在多种能源窃取的途径。为了防止攻击者伪造智能电表读数，Varodayan 等提出了一种新的冗余测量机制来验证接收到的智能电表用户用电量读数，从而保证其数据的完整性。Liu 等针对 AMI 中的信息多混合传输模型、智能电表的信息存储和计算约束以及需求响应中参与者不固定 3 个问题，提出一种新的密钥管理方案，该方案基于密钥图技术，采用密钥管理方法解决信息混合传输问题，并采用加密和定期刷新两个策略解决后两个问题。

② 数据采集与监控系统的攻击与防御　SCADA（Supervisory Control And Data Acquisition，数据采集与监视控制）系统的高效、安全运行依赖于设备数据的准确性和完整性，通过注入虚假数据，攻击者可以误导和操纵控制中心，从而对整个电网造成严重危害。Liu 等展示了一种新类型的攻击，可以探测现存的虚假数据监测算法中的漏洞，从而绕过系统的安全防护。Huang 等从虚假数据攻击的角度进行研究，提出攻击方可以进行独立组件分析，在没有电网拓扑先验知识的情况下对电网拓扑进行推断，并根据结果进一步发起攻击。Yu 等利用主成分分析法在不知道电网拓扑信息的情况下达到隐秘攻击的目的。针对虚假数据注入攻击，一些研究机构提出了相应的防御机制，来保证状态评估的准确性。Bobba 等提出一种监控系统防御机制，通过加密足够数量的测量设备，来保护状态评估系统不受隐秘攻击者的影响，但是该机制的实施依赖于操作人员对被保护的传感器度量数据的实时获取。D′an 等则拓展了上述研究工作，提出了两种加密设备放置算法，通过充分利用在系统中放置的加密设备来最大化整个系统的安全性。Liu 等将虚假数据检测问题看成一个矩阵分离问题，提出利用核范数最小化和低秩矩阵分解的方法对矩阵进行分离。

③ 信息传输安全　为了提高信息传输过程中的安全性与隐私性，一些研究者提出了多种标准和防御措施。美国国家标准与技术研究所指出，网络不可用会导致无法实时监控关键电力设备和全局电力灾难，所以鲁棒性是设计智能电网信息传输网络的首要标准。Lu 等针对智能电网中通信网络面临的安全威胁进行分类评估，基于自顶向下的分析，将通信网络中潜在攻击分为网络可用性攻击、数据完整性攻击和隐私信息窃取 3 种类型，并定性分析了这 3 种攻击的影响和可行性。Li 等针对隐私信息窃取问题，从信息论角度分析隐秘通信所需的信道容量，提出了单电表情况下 Gauss 噪声通信信道方法。Khurana 等提出一系列安全协议设计原则，包括明确的节点名、统一编码、信任假设、时间戳、协议适用范围、机密公开、明确的安全参数等，并讨论实际工程中如何确保智能电网身份认证协议的正确性和有效性。

（5）匿名通信和流量分析技术

① 匿名通信系统　按照转发代理数量的不同，匿名通信系统大致可分为单跳匿名通信系统和多跳匿名通信系统。单跳匿名通信系统由用户、匿名服务器和应用服务器 3 部分组成：用户通过匿名服务客户程序和匿名代理建立加密隧道，由匿名代理将用户数据解密并转发给应用服务器。应用服务器并不知道用户真正的 IP，只是将响应数据返回给匿名代理，再由代理服务器返回给用户。相对于单跳匿名通信系统，多跳匿名通信系统的网络拓扑更为复杂，协议更为完善。

② 流量分析技术　流量分析是指通过嗅探并分析通信流量（通常是加密流量）的各种模式以获取有价值信息的一种技术。从通信者的角度而言，流量分析是一种针对通信匿名性的网络攻击行为，但实际上该类技术被广泛地应用于网络监管和取证领域。根据攻击者对通信行为的干涉程度，可以将流量分析技术分为被动分析和主动分析两类：被动流量分析是指通过被动网络窃听分析抽取流量特征的技术，在这个过程中并不会影响数据的正常传输，其优势在于隐蔽性强；而主动流量分析则对数据通信过程本身施加干扰，例如对数据包进行修改、重放、丢弃或延迟等操作，从而达到更高效地进行流量特征分析和抽取的目的。

（6）新密码体制基础理论与数据安全机制

① 抗量子密码　量子计算机的诞生及其量子位数的提升证明了量子计算机原理的正确性和可行性。得益于量子计算机的高速计算能力，科研人员已经研究出能够有效解决离散对数和因子分解的量子算法，这就意味着许多经典加密算法（如 RSA）已经无法保证信息的安全有效。为了应对量子计算给现行密码体制带来的挑战，学者们提出了"抗量子密码"的概念。目前，抗量子密码主要包括量子密码、基于数学问题构建的经典抗量子密码等。

② 面向云环境的密码技术　云环境给用户带来计算资源和存储资源的同时，也面临着数据机密性、访问可控性、数据完整性和隐私性等方面的严重安全威胁。与云环境相关的主要包括全同态加密、可搜索加密和功能加密等三种新兴密码技术。

③ 面向物联网环境的轻量级密码技术　随着物联网技术的快速发展，RFID 标签、智能卡、无线传感器等低能耗嵌入式智能设备受到越来越多的关注。由于这些设备的计算能力、存储空间和能量来源有限，如何设计适用于资源受限设备的轻量级密码技术逐渐成为研究热点。目前，轻量级密码体制主要分为轻量级对称密码、非对称密码和 Hash 函数等。

基于设备指纹、信道特征的硬件身份认证与安全通信技术主要涉及物理层的接入安全和信道安全；云计算环境下的虚拟化安全分析、防御技术和移动智能终端用户认证技术分别从不同应用领域的角度进行系统层安全的研究；而网络环境下的电力工业控制系统安全技术则跨越了系统层和网络层两个层次，用于保护智能电网的安全；匿名通信和流量分析技术通过对匿名滥用的有效监管，保护网络层的安全；在数据层安全中，主要介绍了抗量子新型密码，以及适用于云计算和物联网领域数据安全保护的新型数据加密技术。

本章小结

本章从计算机网络的定义出发，详细介绍了计算机网络的发展历史、组成、功能、分类、体系结构等计算机网络的基础知识，同时详述了 Internet 相关的基本概念。为了让学生对计算机网络有更深入的理解，本章还介绍了移动互联网、网络空间安全等当前网络研究的热点内容，为以后的学习打下良好的基础。

思考题

1. 计算机网络的发展可划分为哪几个阶段？各阶段有何特点？
2. 什么是计算机网络？它由哪两级子网组成？
3. 什么是计算机网络的拓扑结构？计算机网络有哪几种主要的拓扑结构？
4. 描述 OSI 和 TCP/IP 的层次结构参考模型。
5. 简述 IP 地址的概念、表示方法及分类。
6. 简述 Internet 的基本服务功能。
7. 简述域名的概念、域名的命名规范及域名系统的工作原理。
8. 移动互联网由哪些部分组成？
9. 移动互联网的主要特征有哪些？
10. 网络空间安全的研究体系是如何构成的？
11. 网络空间安全的研究方向有哪些？

第 9 章 数据库管理与应用

学习目标：

① 理解数据库基本概念；

② 理解数据库设计与管理的基本知识；

③ 掌握关系型数据库基本原理；

④ 掌握 SQL 结构化查询语言；

⑤ 了解不同规模数据的管理和应用手段。

　　人类生活无时无刻不和数据打交道，承载数据的介质从纸质材料到电子材料发生着变化，对数据进行存储、使用及管理的方法和技术手段也在不断发展进步。想象一些应用场景，小到家庭生活，比如有一天你要找一段重要的文字出自家里哪本读过的书；或者你需要完成公司布置的任务，形成一份年度财务报告；或者数据规模再大一些、数据处理需求更复杂的应用场景，如某知名购物平台每年购物节对大量用户产生的每秒 8 万多笔订单信息进行统计分析。这些不同的应用需求都离不开数据，有的应用需求侧重在数据的存储和简单查询使用，有的则侧重统计和分析；有的应用需求面对的数据简单、数据量规模小，而有的应用需求面对的数据复杂、数据量规模大。得益于计算机技术、信息技术等的发展，在信息化的今天，大量数据都已电子化，并且可以通过更科学的手段进行高效的数据管理。实际上复杂的应用需求往往需要复杂的算法和更多技术的支持才能实现，比如在数据的产生和获取上，物联网技术使得数据获取、智能控制更便捷，而对大规模数据进行数据分析则需要大数据分析、人工智能等技术的支持。数据应用的万丈高楼不会凭空而起，总有基础的底层数据管理支撑。侧重大规模数据采集、分析、综合应用的部分会重点在下一章大数据分析、人工智能、物联网等新技术介绍部分再展开，本章主要介绍数据库管理相关的基础概念，学习传统的数据库技术如何实现数据管理。

9.1 认识数据库系统

9.1.1 数据管理的发展

　　描述事物的符号记录称为数据，数据代表的含义称为语义。本章数据管理讨论的主要指通过计算机处理的电子化的数据。数据的表现形式是多样的，可以是数字，也可以是文字、图形、图像、音频、视频等。当数据以某种表现形式存在，如数字形式的 18，如果没有解释，无法知道该数字代表的是年龄还是价格。所以，数据与其语义是不可分的。当人类生产生活产生了大量数据时，对各种数据进行收集、存储、加工和传播的数据处理活动就无时不在进行着，作为数据处理的中心问题数据管理的需求也逐渐复杂。数据管理是指对数据进行分类、组织、编码、存储、检索和维护，其发展过程主要经历了 3 个阶段，即人工管理阶段、文件系统阶段和数据库系统阶段，为了方便理解这三个不同阶段，下面引入一个例子，比较 3 种数据管理方式的不同。

【例 9.1】为了实现对学生的信息管理，采集学生的个人体征信息、家庭信息、学生班级信息、学习成绩信息、课程信息等。这些信息里包含学生的姓名、年龄、身高、血型、性别、家庭住址、联系电话、父母姓名、班级、课程名、各科成绩等各种数据。这些数据可以支撑实现各种应用需求，现要求实现下面两个简单需求：

应用程序 1：计算得到学生张三的总成绩绩点。

应用程序 2：计算所有学生的成绩绩点，并输出成绩绩点最高学生的信息。

（1）人工管理阶段

采用特定应用对应特定数据的管理方式，应用程序与数据的对应关系如图 9.1 所示。

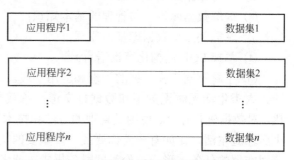

20 世纪 50 年代中期以前，计算机主要用于科学计算，虽然借助计算机技术可以实现电子化的数据管理，但由于受当时软硬件发展限制，数据管理技术也较落后。硬件方面，只有纸带、卡片、磁带等外存，没有容量大、直接存取较快的磁盘存储设

图 9.1　人工管理阶段应用程序与数据的对应关系

备；软件方面，还未形成软件的整体概念，没有操作系统以及管理数据的软件。

针对例题提出的问题，采用这样的管理方式：针对不同的应用，将需要的数据按应用需要的顺序组织成不同的数据集，程序执行时由用户输入（简单数据可采用的最原始的输入方式）或由输入设备从存储介质读入，然后执行程序逻辑得到结果，如：

为了计算学生张三的成绩绩点，应用程序 1 执行时读入数据集 1（如依次读出数据：数学,85,英语,90,计算机,92……），程序将数据解读为张三的数学、英语、计算机等科目成绩，再利用绩点计算式计算得到成绩绩点后输出；

为了得到某班成绩绩点最高的学生，应用程序 2 执行时读入另一个数据集 2（如依次读出数据：数学,85,英语,90,计算机,92……张三,21-1，数学,81,英语,79,计算机,85……李四,4班……），该数据集不仅有每个学生的各科成绩，还有学生的班级数据。程序执行时按绩点计算式计算多个学生的成绩绩点，再通过编程使学生的班级、姓名和成绩数据形成逻辑上的关联，当计算出所有学生的绩点并比较出最高绩点成绩时，能映射到该学生的姓名和班级，然后把结果输出。

该管理方式下，一般没有专门的软件负责所有数据集的组织管理，应用程序要自己管理需要的数据集的定义、组织等（如从学生的全部数据中把需要的成绩数据按某种顺序组织成数据集 1，把成绩、班级、姓名数据组织成数据集 2），数据集可保存在存储介质上。通过图 9.1 可以看出，数据是面向应用程序组织的，应用根据各自执行逻辑建立需要的数据集，一组数据对应一个程序。

数据集 2 包含所有学生的成绩，一定包含数据集 1 学生张三的成绩数据，所以两个数据集相同数据很多，数据冗余度很高。可以想象针对学生数据如果有更多应用时，该管理模式下各程序间会产生大量数据冗余。数据冗余是指数据之间的重复，也可以说是同一数据存储在不同位置的现象，数据冗余度高会耗费存储空间，同时对数据处理利用也会造成一些不便，如一个数据更新，副本也要更新保持一致。

另外，还要注意程序的执行逻辑和数据集里的数据逻辑结构和物理存储存在密切关系，如程序由计算 5 科成绩改为计算 7 科成绩，则数据集要跟着设计变化，或者如果数据集的数据修改了逻辑或物理结构，程序的执行和读写也要进行相应的修改，程序员对应用程序和数据的维护工作负担很大。

总之，总结人工管理数据阶段的特点有：

① 数据允许不长期保存，数据主要存储在纸带、磁带等介质上，或者直接通过手工录入。

② 应用程序各自管理自己需要的数据的物理结构和逻辑结构。

③ 数据不共享，程序间涉及相同数据时由于需要各自定义，存在大量冗余数据。

④ 数据没有独立性，完全依赖于应用程序。

（2）文件系统阶段

数据以文件形式保存并通过文件系统管理，不同的应用可以"共同"使用文件中的数据。应用程序与数据的对应关系如图 9.2 所示。

在 20 世纪 50 年代后期到 20 世纪 60 年代中期，计算机中的磁盘和磁鼓等直接存取设备开始普及。得益于存储介质和操作系统技术的发展，基于文件的数据管理方式中，数据可组织成文件长期保存在磁

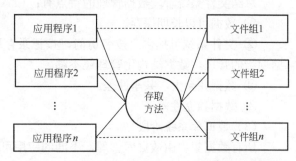

图 9.2　文件系统阶段应用程序与数据的对应关系

盘。文件系统通过文件的存储路径和文件名来访问文件中的数据，可以对数据实现方便地查找、修改、添加和删除。

针对例题提出的问题，分析文件系统的管理方式，对比图 9.1，可理解为针对应用程序的需求，数据集 1 和数据集 2 分别存为文件 1 和文件 2。文件系统阶段与人工管理阶段主要不同在于部分数据管理工作由操作系统的文件系统统一管理，应用程序不必单独定义数据的物理存储、存取方法等特性操作，而是可以利用操作系统提供的统一文件编程接口（包含通用的文件开/关、读/写等操作）以记录为单位实现数据读写。但基于文件的管理方式，文件的逻辑结构（记录的长度，记录包含哪些数据，以及记录间的联系等）是针对具体应用设计的，一般仍需要由应用程序自己定义。

从数据冗余度上看，假设以 txt 格式文件存储的数据一行看做一条记录。应用程序 1 可定义文件 1 的一行为一个学生的所有科目成绩，则学生张三的各科成绩形成的数据文件实际上就只有一条记录。应用程序 1 可利用文件编程接口一次读入一行数据（如：数学,85,英语,90,计算机,92……），对文件一行数据（一条记录）的解读由应用程序定义，程序将数据解读为数学、英语、计算机等科目的成绩，然后根据公式计算得学生绩点。同理，为了计算所有学生的成绩绩点，将需要的数据存成文件 2，应用程序 2 可定义文件 2 的一行数据为一个学生

的所有科目成绩、班级和姓名信息（如：数学,85,英语,90,计算机,92……张三,21-1，数学,81,英语,79,计算机,85……李四,21-4……），则 n 个学生的数据信息将形成 n 行记录。应用程序 2 也可通过文件系统的编程接口一行行的读入数据，然后由程序解读读出的 85、90 等数据是哪科成绩，张三是姓名还是班级。虽然文件 2 包含了所有学生的各科成绩，而为了根据应用 1 的计算逻辑单独计算张三的成绩绩点，应用 1 需要的是单独存放其需要数据的文件 1，同理，如果单独计算其他 m 个学生的成绩绩点，需单独存储 m 个文件，即使这些数据在文件 2 中已经有了。可见基于文件的数据管理，没有实现共享，没有解决数据冗余的问题。而且由于相同数据重复存储、各自管理，一旦某个数据修改，需要把所有重复存储的副本都修改，否则容易造成数据不一致性。

那么，如果应用程序 1 不单独存储数据为文件，而是直接读取包含全部学生成绩数据的文件 2，一条条筛选找到张三的成绩数据计算得到成绩绩点，可以一定程度上解决数据冗余问题。但如果多个应用程序同时读和写同一个数据文件，且程序执行又有着复杂的并发关系时，文件系统的功能就捉襟见肘了。文件仍是针对特定应用设计的，其数据仍依赖于应用程序逻辑，和人工管理阶段一样没有解决数据独立性问题。可以说文件系统阶段能提供简单的数据共享和数据管理能力，但无法提供完整统一的、细粒度的管理和数据共享能力。

总结文件系统阶段数据管理的特点有：

① 数据可以长期保存。

② 文件系统可提供"按名访问，按记录存取"的数据管理支持，无法细化到记录内数据项级的管理，数据结构化管理还不够。

③ 数据冗余大，共享性差。

④ 数据独立性差。

（3）数据库系统阶段

所有数据集中由数据库管理，不同的应用可以共享数据库中的数据。应用程序与数据的对应关系如图 9.3 所示。

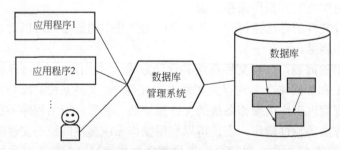

图 9.3　数据库系统阶段应用程序与数据的对应关系

20 世纪 60 年代后期以来，大规模数据量的、分布式的应用需求大量出现，多种应用共享数据集合的要求越来越强烈，数据管理开始注重以数据为中心组织管理。数据库技术应运而生，其数据管理注重减小数据冗余；增强数据独立性，当数据的逻辑结构改变时，不涉及数据的物理结构，也不影响应用程序；提高数据共享能力，从而使数据为尽可能多的应用服务。

针对例题提出的问题，分析数据库系统管理方式：不仅学生的成绩信息，学生的个人信息、课程信息、家庭信息等均可组织到数据库中，从分析数据关系角度而不是从应用程序角度将数据存储成数据库中的多个数据表。当应用程序 1 需要张三的数学成绩时，直接通过数据库提供的查询操作快速获得需要的数据；而应用程序 2 也可以同时通过数据库提供的操作获得它需要的各项数据。如果有更多的应用程序需要针对学生数据做处理，根据需要利用数据库操作从数据库获取相应的数据即可，不需再自行组织数据集或文件。

可以说类比文件针对记录的读写操作，数据库管理系统提供了对数据库内的数据精确到数据项的读写操作；数据的物理组织和逻辑组织问题不需要应用程序过多关注，主要由数据库管理系统承担；数据库还管理维护各数据表间的逻辑关系，在数据并发和数据一致性、异常恢复等方面也提供了强大的支撑。

总结数据库系统阶段的特点如下：

① 对数据进行整体结构化管理。这是数据库的主要特征之一，是其与文件系统的本质区别。在文件系统中，虽然有一定的记录结构，但文件内记录的结构管理不细化，文件间不存在逻辑关系联系，整体来说不能称之为数据结构化管理。而我们常见到数据库系统管理的数据虽然形式上看起来以文件形式存在（如*.mdb，*.mdf），但其管理本质面对的是数据库文件中的数据，它将记录继续划分为数据项，并进行更细粒度的数据管理和存取，而且比文件系统更注意同一数据库中各数据文件间的相互联系，维护着所有数据记录的结构和记录间的联系。

② 数据共享性高，冗余度低。由于数据库中组成记录的数据项不需要根据应用程序的需求重复存储，所以数据冗余度低（不是完全没有冗余度），而且由于数据库提供方便的存取操作和并发管理，多个应用可以共同使用相同的数据，数据库系统的数据共享性高。

③ 数据独立性强。应用程序与数据库中的数据相互独立，数据定义从程序中分离了，数据存取也由数据库管理系统提供，大大简化了应用程序的编制，减少了应用程序的维护和修改。

④ 数据库提供更强大的数据控制功能。在防止数据不合法使用造成的泄密和破坏方面，在数据的正确性、有效性和一致性方面，多用户的并发进程同时使用数据方面，异常软硬件故障等造成数据损坏的修复方面，数据库都提供了丰富的管理功能。

数据管理经历的各个阶段都有自己的背景及特点，数据管理技术也在发展中不断地完善，其 3 个阶段的比较如表 9.1 所示。

表 9.1 数据管理三个阶段的比较

	项目	人工管理阶段	文件管理阶段	数据库系统阶段
背景	应用背景	科学计算	科学计算、管理	大规模管理
	硬件背景	无直接存取存储设备	磁盘、磁鼓	大容量磁盘
	软件背景	无操作系统	有文件系统	有数据库管理系统
	处理方式	批处理	联机实时处理、批处理	联机实时处理、分布处理、批处理联机实时处理、分布处理、批处理
特点	数据的管理者	人	文件系统	数据库管理系统
	数据面向的对象	某一应用程序	某一应用程序	现实世界
	数据的共享程度	无共享，冗余度极高	共享性差，冗余度大	共享性高，冗余度低
	数据的独立性	不独立完全依赖于程序	独立性差	具有高度的物理独立性和一定的逻辑独立性
	数据的结构化	无结构	记录内有结构，整体无结构	整体结构化，用数据模型描述
	数据控制能力	应用程序自己控制	应用程序自己控制	由数据库管理系统提供数据安全性、完整性、并发控制和恢复能力

（4）数据库技术的发展

数据库技术是计算机相关技术中发展最快、应用最广的技术之一，是计算机信息系统与智能应用系统的核心技术和重要基础。数据库新技术内容层出不穷，应用领域广泛深入，在数据模型、与相关计算机技术结合和应用领域三个不同方面的发展如图 9.4 所示。

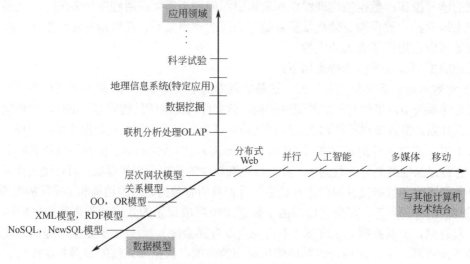

图 9.4 数据库系统在三个不同方面的发展

数据模型是数据库系统的核心和基础，根据数据模型的发展，数据库技术发展可分为 3 个阶段。

① 第一代数据库系统　层次模型和网状模型是格式化模型，从体系结构、数据库语言到数据存储管理方面都有共同特征，属于早期第一代数据库系统。

② 第二代数据库系统　基于数据库关系方法和关系数据理论研究的关系数据库系统是第二代数据库系统，具有模型简单、数据独立性强、数据库语言非过程化和标准化等特色。

③ 新一代数据库系统　为了表达数据对象更丰富的语义，满足广泛复杂的新应用的要求，新一代数据库系统发展了更丰富多样的数据模型和数据管理功能。1990 年，高级 DBMS 功能委员会提出了第三代数据库系统应具有的三个基本特征：支持数据管理、对象管理和知识管理；必须保持或继承第二代数据库系统的技术；必须对其他系统开放，支持数据库语言标准，支持标准网络协议等。

9.1.2 数据库系统基本概念

（1）数据

前面提到过，描述事物的符号记录称为数据，数据代表的含义称为语义，数据与其语义是不可分的。自然语言、图片、视频等都是人们生活中对信息的表达，而计算机中则需要将这些信息数字化，通过定义了数据类型的数值数据来表达。当大量数据形成时，还要考虑数据的结构和组织。比如，学生的姓名、性别、年龄、出生日期、家庭地址、联系电话、学校、专业等都是描述学生的数据，这些数据不是散乱无联系的，将这些数据组织在一起就构成描述学生的一个记录。

（2）数据库（DataBase，DB）

为了满足各种应用需求，人们收集了大量数据，这些数据不应是杂乱无章的，而应是在合理保存的基础上，进行有序地管理，从而充分、有效地发挥数据的价值。数据库就是长期存储在计算机存储设备上有组织的、可共享的大量数据的集合。它不仅描述事物的数据本身，还包括相关事物之间的联系。

数据库数据的组织是关键，共享是目的。为了充分利用存储空间，提供给多个用户方便的共享使用，数据库里的数据按一定的数据模型组织、描述，通过综合的管理使数据具有较小的数据冗余、较高的数据独立性，可方便地被大量用户或应用并发地使用。

以常用的关系数据库为例，各种信息处理系统都建有数据库，如学校管理涉及的人事管理系统、学籍管理系统、选课管理系统等都有相应的人事数据库、学籍数据库、选课课程数据库。

（3）数据库管理系统（DataBase Management System，DBMS）

数据库存储在计算机系统底层硬件上，其上的第一层软件是操作系统，再向上就是对数据库的数据组织、存储、维护和使用的数据库管理系统。DBMS 处于用户/应用程序与操作系统之间，是对数据库数据组织和管理的实施者。作为一个大型、复杂且基础的系统软件，其主要功能包括：

① 数据库定义和创建　根据支持的数据模型，提供对数据对象的组成与结构进行定义的数据定义语言（Data Definition Language，DDL）；

② 数据组织、存储和管理　DBMS 管理的数据包括数据字典、用户数据、存取路径等，要确定以何种文件结构和存取方式在存储器上组织这些数据；如何实现数据间的联系；提供多种存取方法提高存取效率。

③ 数据操纵功能　提供数据操纵语言，实现对数据库的增、删、改、查等基本操作。

④ 数据库的事务管理和运行管理　管理数据库的建立、运用和维护，要保证数据的一致性，事务的完整性，还要对多用户并发使用及故障恢复方面进行管控。

DBMS 的并发控制的目标是确保多个事务同时存取数据库中同一数据时不破坏事务的原子性、一致性、隔离性和持续性。如有两处火车票售票点，同时读取车票数据库中某一趟列车车票余额，若两处售票点同时卖出一张车票，同时修改余额为 $X-1$ 写回数据库，就造成了实际卖出两张火车票而数据库中的记录只少了一张。并发控制要解决的就是这类问题。封锁、时间戳、乐观并发控制、悲观并发控制、多版本和快照隔离是并发控制主要采用的技术手段。

DBMS 的数据库恢复就是利用技术手段把不可见或不可正常运行的数据文件恢复成正常运行的过程。当突然停电、出现硬件故障、软件失效、病毒或严重错误操作时，系统应提供恢复数据库的功能，如定期转存、恢复备份、回滚等，使系统有能力将数据库恢复到损坏以前的状态。

通过多种管理手段和安全机制，DBMS 在数据有效、及时地处理的基础上，保证数据的一致性和完整性，从而支持安全、可靠的数据应用。

⑤ 数据库的建立和维护及其他功能　它包括初始数据输入、数据库转储及恢复、数据库的重组织、重构造及性能监视分析，DBMS 与其他软件系统的通信功能，异构数据库的互访互操作等。

目前流行的 DBMS 主要是关系型数据库系统，如商业数据库 Oracle、MS SQL Server、DB2、Infomix，开源领域流行的 MySQL、PostgreSQL，云上较常见的 SQL Azure 和 Amazon Aurora 等。

（4）数据库系统（DataBase System，DBS）

数据库系统是存储、管理、处理和维护数据的大型系统，它涵盖了数据库、数据库管理系统，基于数据库管理的各种应用、应用开发工具以及数据库使用人员和管理人员，数据库系统组成参见图9.5。

一般地，普通用户不直接使用数据库，而是通过有特定应用功能的应用程序使用数据库。数据库管理员和应用程序访问数据库都是通过 DBMS 实现的，只是前者有专门的管理端界面，后者则使用程序编程接口。DBMS 支持多个应用程序同时对同一数据库进行操作。

① 用户/应用程序对数据库的使用　生活中人们使用的各种信息系统都是基于数据库的数据库应用系统（或者说数据库应用程序），如各单位专为人

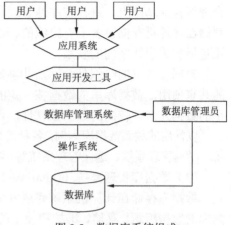

图 9.5　数据库系统组成

员管理开发的"人事管理程序"、学校专为学生开发的"选课程序"等都是数据库应用，这些数据库应用程序面向用户提供方便的操作界面，向下则通过 DBMS 使用数据库的数据。

② 数据库管理员对数据库的管理　数据库的管理员（DataBase Administrator，DBA）狭义上指负责管理和维护数据库服务器的人，负责全面管理和控制数据库系统，包括数据库的安装、监控、备份、恢复等基本工作。广义上的 DBA 职责大得多，需要覆盖产品从需求设计、测试到交付上线的整个生命周期，在此过程中不仅要负责数据库管理系统的搭建和运维，更要参与到前期的数据库设计、中期的数据库测试和后期的数据库容量管理和性能优化。DBA 核心目标是保证数据库管理系统的稳定性、安全性、完整性和高性能。

③ 数据库应用系统（DataBase Application System，DBAS）　DBAS 是 DBS 范畴内的概念，主要强调在 DBMS 支持下建立的计算机应用系统，包括数据库、数据库管理系统、数据库管理员、硬件平台、软件平台、应用软件、应用界面这 7 个部分。DBAS 是生活语境下人们侧重表达数据库应用目的常用的概念，如以数据库为基础的财务管理系统、人事管理系统、图书管理系统等。

9.1.3　数据库的数据模型

生活中我们常常见到一些模型，如战争沙盘、航模等。模型的作用就是对现实对象的特征进行模拟和抽象。数据模型（data mode）是对现实世界数据特征的模拟和抽象，通过数据模型描述数据、组织数据和对数据进行操作，可以使人们更全面、深入地认识事物，从而更好地解决问题。在数据库领域，数据模型是数据库系统的核心和基础，随着数据库技术发展，数据模型也在不断发展完善。

（1）数据模型抽象建模过程

数据模型的建模过程，就是从具体的现实世界抽象到信息世界，再由信息世界转换到机器世界的过程。如图9.6所示，首先把现实世界的客观对象抽象为不依赖于具体计算机系统的信息结构，完成概念级的概念模型（由数据库设计人员完成）。

然后把概念模型转换为计算机上某一数据库管理系

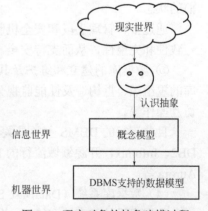

图 9.6　现实对象的抽象建模过程

统支持的数据模型，这个过程又分两步，先由数据库设计人员完成概念模型到逻辑模型的转换，再由 DBMS 完成逻辑模型到物理模型的转换。

（2）区别两类数据模型

设计数据模型的目标是要能真实地模拟现实世界，模型要易理解并便于在计算机上实现。开发数据库应用系统时，根据模型应用的不同目的，有两类不同层次地位的数据模型。

① 概念模型　概念模型也称信息模型，是从现实世界到信息世界的第一层抽象，按用户观点对数据和信息建模，通过简单、易理解的强有力的语义表达各种语义知识。概念模型常用的概念有：

a．实体（entity）。客观存在并可相互区别的事物称为实体，既是具体的事物，也是抽象的概念和联系。如一个学生、一次订货、老师与学生的任教关系等都是实体。

b．属性（attribute）。实体所具有的某一特性称为属性。一个实体可以由若干属性刻画。如学生实体由学号、姓名、年龄、生日、年级等多个属性组成，当各属性取一具体值时，即可表征一个特定的学生实体。

c．实体型（entity type）。用实体名和属性名集合来抽象和刻画同类实体叫实体型。如学生（学号，姓名，性别，生日，专业，年级）。

d．码（key）。唯一标识实体的属性集称为码。码可以是一个或多个属性。如学号或（姓名，性别，年龄）都可用于标识学生实体。

e．实体集（entity set）。同一类型实体的集合称为实体集。如全体学生就是一个实体集。

f．联系（relationship）。现实世界中事物之间的联系，反映到信息世界中就是实体（型）内部各属性间的联系和实体（型）的不同实体集之间的联系。

分析现实世界，抽取实体和实体间的联系，可建立概念模型。而概念模型的表示方法最常用的是 P.P.S.Chen 于 1976 年提出的实体-联系方法，该方法用 E-R 图（E-R diagram）描述现实世界的概念模型，也称 E-R 模型。

② 逻辑模型和物理模型　逻辑模型是按计算机系统的观点对数据建模，主要用于数据库管理系统的实现。物理模型是对数据最底层的抽象，描述了数据在系统内部的表示方式和存取方法。

（3）数据模型的组成要素

数据模型是严格定义的一组概念的集合，主要描述内容包括三个部分：数据结构、数据操作、数据约束。

① 数据结构：描述数据库的组成对象的类型、内容、性质等，以及对象间的联系。数据结构是数据模型的基础，数据操作和约束都建立在数据结构上，不同的数据结构具有不同的操作和约束。

② 数据操作：主要描述在相应的数据结构上对数据库的各种对象实例允许执行的操作及有关操作的规则。数据模型必须定义数据库主要的查询、更新等操作的确切含义，操作符号、操作规则（如优先级）及实现操作的语言。

③ 数据完整性约束条件：一组完整性规则，给定数据模型中数据及其联系所具有的制约和依存规则。它是数据动态变化的规则，用以保证数据的正确、有效和相容。

（4）常用逻辑数据模型

数据库领域主要的逻辑数据模型有：层次模型、网状模型、关系模型、面向对象数据模型、对象关系数据模型和半结构化数据模型。

层次模型和网状模型统称为格式化模型,已经逐渐被关系模型的数据库系统取代。20世纪80年代以来,随着面向对象的方法和技术在计算机各领域的发展,许多关系数据库厂商对关系模型做扩展,产生了对象关系数据模型。随着 Internet 的发展,Web 的半结构化、非结构化数据成为重要信息来源,又促使了半结构化数据模型的产生。有关新型数据模型的讨论在最后一节进行,下面主要介绍3种典型的基础的数据模型。

注意以下讨论的是逻辑数据模型,是能被用户看到的数据范围内的 DBMS 支持的数据视图;至于这些数据模型如何存储于数据库系统,则是物理存储模型关心的内容。

① 层次模型 它是数据库系统最早使用的一种模型,其数据结构是一棵"有向树",每个结点表示一个记录类型。根结点在最上端,层次最高;子结点在下,逐层排列。层次模型的特征是:有且只有一个根结点;其他结点有且仅有一个父结点。典型代表是 IBM 公司的 IMS(Information Management System)。

层次模型数据结构简单清晰,查询效率高但线路单一;可提供完整性支持,但对于一个结点有多个父结点的情况,需要通过引入冗余数据实现,增加了数据不一致的风险。现实世界很多联系是非层次的,结点间常具有多对多联系,所以该模型适用性不强。

② 网状模型 网状模型去掉了层次模型对结点的限制,允许结点有多个父结点,也允许多个结点没有父结点。所以,层次模型可看做网状模型的特例。网状结构中的每个结点代表一个记录类型,联系用链接指针来实现。网状模型可以表示多个从属关系的联系,也可以表示数据间的横向关系与纵向关系。网状模型可以方便地表示各种类型的联系,但结构复杂,实现的算法难以规范化。

③ 关系模型 关系模型以二维表结构来表示实体与实体之间的联系,以关系数学理论为基础。关系模型的数据结构是一个"二维表框架"组成的集合,每个二维表可称为关系,操作的对象和结果都是二维表。关系必须是规范化的关系,即每个属性是不可分的数据项,不许表中有表。关系模型是目前最流行的数据库模型。支持关系模型的数据库管理系统称为关系数据库管理系统,如 Oracle、MySQL、Access 都是关系数据库管理系统。

关系模型有很多优点:因其建立在严格的数学概念基础上,所以有较强的理论依据。其数据结构简单、清晰,用户易懂易用;存取路径对用户透明,简化了程序开发和数据库开发工作。下节将对关系数据库展开更详细讨论。

9.2 关系数据库

1962年 CODASYL 发表的"信息代数"已经开始应用数学方法处理数据库中的数据,之后1968年 David Child 在 IBM7090 机上实现了集合论数据结构,但系统、严格地提出关系模型的是1970年 IBM 研究员 E. F. Codd(埃德加·弗兰克·科德)博士,他在美国计算机学会会刊《Communication of the ACM》上发表的题为"A Relational Model of Data for Large Shared Data banks(大型共享数据库的关系模型)"的论文开创了数据库系统的新纪元。E.F.Codd 连续发表了多篇论文,奠定了关系模型的理论基础。E.F.Codd 凭借其杰出工作,于1981年获得 ACM 图灵奖,也被誉为"关系数据库之父"。

20世纪70年代末,关系方法的理论研究和软件系统的研制均取得了很大成果,IBM 公司的 San Jose 实验室在 IBM370 系列机上研制的关系数据库实验系统 System R 历时6年获得成功。1981年 IBM 公司又宣布了具有 System R 全部特征的新的数据库产品 SQL/DS。与

System R 同期，美国加州大学伯克利分校也研制了 INGRES 关系数据库实验系统，并由 INGRE S 公司发展成为 INGRES 数据库产品。关系模型简单明了、具有坚实的数学理论基础，可实现非常复杂的查询逻辑，一经推出就受到了学术界和产业界的高度重视和广泛响应，并很快成为数据库市场的主流。20 世纪 80 年代以来，计算机厂商推出的数据库管理系统几乎都支持关系模型，数据库领域的研究工作也大都以关系模型为基础。

随着数据的多样性、海量性发展，数据库系统也发展了各种不同类型，常用的关系型数据库有 Oracle、MySQL、PostgreSQL 等，非关系型数据库有 MongoDB、Redis 等，文档数据库有 Solr、ElasticSearch 等。就计算机数据处理而言，主要分联机事务处理 OLTP（On-Line Transaction Processing）和联机分析处理 OLAP（On-Line Analytical Processing）两大类，而当前在 OLTP 市场占有量上，关系数据库仍处于重头地位，所以关系数据库仍是本章学习的重点。

9.2.1　关系模型

在对现实世界的实体进行抽象得到概念模型后，就是按概念模型转换为 DBMS 支持的逻辑数据模型。按照数据模型的三要素，关系模型由三部分组成：关系数据结构、关系操作集合、关系完整性约束。

9.2.1.1　关系数据结构

关系数据库中只有单一的数据结构——关系，现实世界的实体以及实体间的各种联系均用关系来表示。与层次模型和网状模型不同，关系模型不依赖"父子关系"或"所有者-成员关系"，而是允许数据通过公共字段与其他数据关联。

（1）集合论角度的抽象关系概念的二维表解读

关系的定义来源于集合论，从抽象的角度给出关系相关概念的形式化定义：

① 域　含义：一组具有相同数据类型的值的集合。如自然数、整数、实数、长度小于若干字节的字符串集合都可以是域。

② 笛卡儿积　含义：定义在给定的一组域上的有序对的集合。给定一组域 D_1, D_2, …, D_n，这 n 个域的笛卡儿积为：

$$D_1 \times D_2 \times \cdots \times D_n = \{(d_1, d_2, \cdots, d_n) \mid d_i \in D_i, i=1, 2, \cdots, n\}$$

笛卡儿积中的每一个元素 $(d_1, d_2, \cdots, d_n)$ 叫作一个 n 元组（简称元组 Tuple）；元素中的每一个 d_i 值叫作一个分量（Component）；一个 D_i 域允许的不同值的个数称为域的基数。

若 D_i ($i=1,2,\cdots,n$) 为有限集，其基数为 m_i ($i=1,2,\cdots,n$)，则 $D_1 \times D_2 \times \cdots \times D_n$ 笛卡儿积的基数 M 为：

$$M = \prod_{i=1}^{n} m_i$$

③ 关系　含义：给定一组域，这 n 个域的笛卡儿积 $D_1 \times D_2 \times \cdots \times D_n$ 的子集叫作在域 D_1、D_2、…、D_n 上的关系，表示为

$$R(D_1, D_2, \cdots, D_n)$$

关系可对应为一个二维表，表的每行对应一个元组，表的每列对应一个域。

域可以相同，为了区分列，给每列取名，称为属性。

若关系中某一属性组的值能唯一地标识一个元组，而其子集不能，则称该属性组为候选码。

若一个关系有多个候选码，选定其中一个为主码（primary key）；候选码的诸属性称为主属性，不包含在任何候选码中的属性称为非主属性。当所有属性做候选码时，称为全码。

④ 关系模式　含义：关系的描述称为关系模式（Relation Schema），形式化表示为：

$$R（U, D, dom, F）$$

其中：R 为关系名，U 为组成该关系的属性名集合，D 为属性组 U 中属性所来自的域，dom 为属性向域的映象集合，F 为属性间数据的依赖关系集合。

关系模式通常简记为：

$$R(U)$$

或

$$R(A_1, A_2, \cdots, A_n)$$

其中：R 为关系名，U 为属性名集合，$A_1, A_2, \cdots, A_n$ 为各属性名。

人们常把关系模式和关系都笼统地称为关系。

【例 9.2】根据关系概念，举例一个简单的关系如下：

设有三个域：

$D_1 =$ 专业集合 Major = { 英语，计算机 }

$D_2 =$ 导师集合 Teacher = { 张正，林理明 }

$D_3 =$ 学生集合 Student = { 陈伟中，李玲玲，赵永良 }

则有笛卡儿积：

$D_1 \times D_2 \times D_3 =$\{（英语，张正，陈伟中），（英语，张正，李玲玲），（英语，张正，赵永良），

（英语，林理明，陈伟中），（英语，林理明，李玲玲），（英语，林理明，赵永良），

（计算机，张正，陈伟中），（计算机，张正，李玲玲），（计算机，张正，赵永良），

（计算机，林理明，陈伟中），（计算机，林理明，李玲玲），（计算机，林理明，赵永良）\}

该笛卡儿积的基数为 $2 \times 2 \times 3 = 12$，即 $D_1 \times D_2 \times D_3$ 共有 12 个元组，可以对应一张二维表，如表 9.2 所示。

表 9.2　$D_1 \times D_2 \times D_3$ 笛卡儿积的二维表表示

专业	导师	学生
英语	张正	陈伟中
英语	张正	李玲玲
英语	张正	赵永良
英语	林理明	陈伟中
英语	林理明	李玲玲
英语	林理明	赵永良
计算机	张正	陈伟中
计算机	张正	李玲玲
计算机	张正	赵永良
计算机	林理明	陈伟中
计算机	林理明	李玲玲
计算机	林理明	赵永良

表 9.2 中的许多元组是数学上的对应，有的对应在实体世界里是矛盾无意义的，设本例中没有重名的同学，则"张正老师指导英语专业的赵永良同学"与"张正老师指导计算机专业的赵永良同学"是矛盾的。所以，一般笛卡儿积的子集才有现实意义，如表 9.3 所示。

表 9.3　教师指导学生关系表

专业	导师	学生
英语	张正	陈伟中
计算机	林理明	李玲玲
计算机	林理明	赵永良

该关系模式可以表示为：

教师指导学生关系（专业，导师，学生）

因假设学生无重名，所以"学生"属性可唯一标识一个元组，可选"学生"属性为主码；否则可选全属性做全码。

（2）关系的三种类型及规范化要求

从用户角度看，关系模型中数据的逻辑结构是一张二维表，二维表的名字就是关系的名字。实际上关系可以有三种类型：基本关系（基本表）、查询表、视图表。

基本表是实际存在的表，是实际存储数据的逻辑表示，如表 9.4 所示。

表 9.4　学生基本信息表 student

学号	姓名	性别	年龄	班级	专业
20210001	张新明	男	18	21-1	计算机
20210002	刘丽丽	女	18	21-2	计算机
20210003	王天宇	男	19	21-1	土木工程
20210004	李子梅	女	19	21-2	土木工程
20210005	赵琳娜	女	18	21-1	园林设计
20210005	赵一凡	女	18	21-2	园林设计

查询表是查询结果对应的表；例如可执行一个查询得到 18 岁女生的信息，如 9.5 所示。

表 9.5　学生基本信息查询表

学号	姓名	性别	年龄	班级	专业
20210002	刘丽丽	女	18	21-2	计算机
20210005	赵琳娜	女	18	21-1	园林设计
20210005	赵一凡	女	18	21-2	园林设计

视图表是由基本表或其他视图表导出的表，是虚表，不对应实际存储的数据，如定义一个视图得到女生的姓名、年龄和专业信息，视图表如 9.6 所示。

表 9.6　女生基本信息视图

姓名	年龄	专业
刘丽丽	18	计算机
李子梅	19	土木工程
赵琳娜	18	园林设计
赵一凡	18	园林设计

视图本质上就是预先将经常查询的结果集或者子集先查询出来放到虚拟的表中，以方便查询时使用，视图里的数据是执行时才有的。视图可看作表和程序间的一种中间封装，即使

基本表变化了，视图只需要调整 SQL 查询即可。

关系模型还要求关系是规范化的，在规范条件中最基本的一条就是，关系的每一个分量必须是一个不可分的数据项，即关系不允许出现"表中有表"，如表 9.7 的例子不符合要求。

表 9.7　学生基本信息表

专业	2020 级	
	21-1	21-2
计算机	张新明	刘丽丽
土木工程	王天宇	李子梅
园林设计	赵琳娜	赵一凡

9.2.1.2　关系操作

关系数据结构组织了数据，关系操作则是发挥数据作用的关键。

（1）关系模型中常用的关系操作

关系操作包括：插入、删除、修改、查询。传统的集合操作方式，操作对象和结果都是集合，但查询运算无法通过集合运算表示，需要专门的关系运算来实现。

① 插入　可看作集合的并运算，即在原有的关系 R 中并入要插入的元组 R'，是这两个元组的并运算 $R \cup R'$。

② 删除　在关系 R 中删除元组 R'，可看作是两个关系的差运算 $R\text{-}R'$。

③ 修改　修改关系 R 中元组内容的操作。先将要修改的元组 R' 从关系 R 中删除，再将修改后的元组 R'' 插入关系 R 中，即操作为 $(R\text{-}R') \cup R''$。

④ 查询　查询是关系操作的重中之重，可分为选择、投影、连接、除、并、交、差、笛卡儿积等。其中选择、投影、并、差、笛卡儿积是 5 种最基本操作，其他操作可以由它们定义和导出，就如同乘法可以用加法定义和导出一样。

（2）关系数据语言

早期关系操作通常用代数方法或逻辑方法来表示，分别称为关系代数和关系演算。关系代数用对关系的代数运算来表达查询要求，关系演算则用谓词来表达查询要求。关系演算按谓词变元的基本对象是元组变量还是域变量分为元组关系演算和域关系演算。这些抽象的查询语言与具体的 DBMS 实现的实际语言不完全一样，但可作为评估实际系统查询语言能力的标准和基础。

不同的 DBMS 可定义和开发不同的语言来实现关系操作。比较常用的一种描述关系运算的语言是后面要详细介绍的结构化查询语言 SQL（Structured Query Language），它是关系数据库管理系统常用的实际的查询语言，它提供了形象而丰富的查询功能，是集查询、数据定义语言、数据操纵语言和数据控制语言于一体的关系数据语言。SQL 是高度非过程化的语言，因具备很多优点，作为标准语言，在关系数据库管理中得到广泛应用。

虽然关系代数描述关系运算较 SQL 的表达相对抽象，但关系代数不必关心语言细节，只关注关系运算的本质，能弥补一些实际使用的语言如 SQL 对关系运算的支持不完善的地方，作为数据库设计人员和应用管理人员，理解关系代数是必要的。

（3）常用的关系代数运算

关系代数运算按运算符的不同分为传统的集合运算和专门的关系运算两类。集合运算将关系看做元组的集合，运算是水平"行"的角度进行；专门的关系运算则行列均涉及；另外还有比较运算符和逻辑运算符辅助专门的关系运算符进行操作。关系代数的运算符见表 9.8，下面介绍基本的几种运算。

表 9.8 关系代数运算符

	运算符	含义
传统的 集合运算	∪	并
	∩	交
	−	差
	×	广义笛卡儿积
专门的 关系运算	Π	选择
	σ	投影
	⋈	连接
	÷	除
比较运算符	>	大于
	<	小于
	=	等于
	≠	不等于
	≤	小于等于
	≥	大于等于
逻辑运算符	¬	非
	∧	与
	∨	或

设关系 R、关系 S 都是 n 目关系（有 n 个属性）。

① 并运算 含义：关系 R 与关系 S 的并由属于 R 或属于 S 的元组组成。

记作：$R \cup S = \{t|t \in R \vee t \in S\}$

② 差运算 含义：连接运算基于两个关系，关系 R 与关系 S 的差由属于 R 并且不属于 S 的元组组成。

记作：$R\text{-}S = \{t|t \in R \wedge t \notin S\}$

③ 广义笛卡儿积

含义：设有 n 元关系 R 及 m 元关系 S，它们分别有 p、q 个元组，笛卡儿积是两个关系的合并，新关系是一个 $n+m$ 元关系，元组个数是 $p \times q$，由 R 和 S 的有序组合而成。

记作：$R \times S$

假设集合 $A=\{a_1,a_2\}$，集合 $B=\{b_1,b_2,b_3\}$，如果 A 表示某学校学生的集合，B 表示学生可选课程的集合，则 A 与 B 的笛卡儿积表示所有可能的选课情况。

④ 选择 含义：从关系中查找满足条件的元组。选择是从行的角度进行的运算，即从水平方向进行元组的抽取，得到的结果形成一个新的关系，新关系模式与原关系相同，是原关系的一个子集。

记作：

$$\sigma_F(R) = \{t\,|t \in R \wedge F(t) = ´真´\}$$

其中：σ 是选择运算符，F 是逻辑表达式（取逻辑"真"值或"假"值）；R 是关系名，t 是元组。

例如：有学生关系 Student，利用选择运算得计算机科学系学生信息的关系代数表达为：

$$\sigma_{\text{Major}}=\text{'CS'}（\text{Student}）$$

⑤ 投影 含义：从关系中指定若干个属性组合成一个新的关系的操作。得到的新关系的关系模式中包含的属性通常比原来的关系少，或者与原来的关系具有不同的属性顺序。投影运算基于一个关系从列的角度进行运算，是一个一元运算。在形成新关系的过程中，会删除重复的行。

记作：

$$\Pi A（R）= \{t.A \mid t \in R\}$$

其中：Π是投影运算符，R是关系名，A是被投影的属性或属性组。$t.A$表示t这个元组中相应于属性（集）A的分量，也可表示为$t[A]$。

例如：对学生关系 Student，选择姓名和专业两列构成新关系，可表示为：

$$\Pi_{\text{姓名},\text{专业}}（\text{Student}）$$

⑥ 连接 含义：连接是基于两个关系的横向运算，将两个关系拼接成一个更宽的关系，生成的新关系中包括满足连接条件的所有元组。

连接运算通过连接条件来控制，连接条件中将出现两个关系中的公共属性（或者是具有相同域、可比的属性）。按字段值相等为条件进行的连接运算为等值连接，等值连接结果里去掉重复属性的是自然连接。

若关系 R 和 S 具有相同的属性组 B，则自然连接可记作：

$$R \bowtie S=\{t_r \wedge t_s \mid t_r \in R \wedge t_s \in S \wedge t_r[B] = t_s[B]\}$$

其中：R、S是关系名，t_r和t_s分别是R、S的元组，$t_r[B]$和$t_s[B]$表示元组中相应于属性B的分量。

【例 9.3】以下通过两个关系的运算体会关系代数和 SQL 语言在关系运算中的不同表达。

设有如表 9.9 和表 9.10 所示关系表。

表 9.9 学生基本信息表 student

学号 ID	姓名 Name	性别 Sex	年龄 Age	班级 Class	专业 Major
20210001	张新明	男	17	21-1	计算机
20210002	刘丽丽	女	18	21-2	计算机
20210003	王天宇	男	17	21-1	土木工程
20210004	李子梅	女	19	21-2	土木工程
20210005	赵琳娜	女	18	21-1	园林设计
20210006	赵一凡	女	18	21-2	园林设计

表 9.10 课程信息表 course

课程号 CID	课程名 CName	学分 Credit	专业 Major
BB0001	计算机导论	2	计算机
BB0002	操作系统	3	计算机
BB0003	大学英语	4	计算机
BB0004	高等数学	4	土木工程
BB0005	数字电路	2	土木工程
BX0001	高级英语	4	英语
BX0002	计算机基础	2	英语

分别用关系代数和 SQL 表达操作如下：

【查询①】关系代数：$\sigma Age \geqslant 18 \wedge Age \leqslant 19$ (student)

SQL 命令：SELECT * form student WHERE Age>=18 and Age<=19

含义：查找年龄在 18、19 岁的学生有哪些。

关系运算结果如表 9.11 所示。

表 9.11　关系运算结果（1）

学号 ID	姓名 Name	性别 Sex	年龄 Age	班级 Class	专业 Major
20210002	刘丽丽	女	18	21-2	计算机
20210004	李子梅	女	19	21-2	土木工程
20210005	赵琳娜	女	18	21-1	园林设计
20210006	赵一凡	女	18	21-2	园林设计

【查询②】关系代数：$\Pi Name,Age,Major$ (Student)

SQL 命令：SELECT Name,Age,Major form student

含义：查看所有学生的姓名、年龄和专业的信息。

关系运算结果如表 9.12 所示。

表 9.12　关系运算结果（2）

姓名 Name	年龄 Age	专业 Major
张新明	17	计算机
刘丽丽	18	计算机
王天宇	17	土木工程
李子梅	19	土木工程
赵琳娜	18	园林设计
赵一凡	18	园林设计

【查询③】关系代数：ΠID，Name，Class，Major，CID，Cname，Credit（student $\bowtie$ course）

SQL 命令：SELECT ID，Name，Class，Major，CID，Cname，Credit FROM student JOIN course ON student.Major = course.Major

含义：根据专业把学生与课程对应并查询显示关心的 7 项属性信息。

关系运算结果如表 9.13 所示。

表 9.13　关系运算结果（3）

学号 ID	姓名 Name	班级 Class	专业 Major	课程号 CID	课程名 CName	学分 Credit
20210001	张新明	21-1	计算机	BB0001	计算机导论	2
20210001	张新明	21-1	计算机	BB0002	操作系统	3
20210001	张新明	21-1	计算机	BB0003	大学英语	4
20210002	刘丽丽	21-2	计算机	BB0001	计算机导论	2
20210002	刘丽丽	21-2	计算机	BB0002	操作系统	3
20210002	刘丽丽	21-2	计算机	BB0003	大学英语	4

学号 ID	姓名 Name	班级 Class	专业 Major	课程号 CID	课程名 CName	学分 Credit
20210004	李子梅	21-2	土木工程	BB0004	高等数学	4
20210004	李子梅	21-2	土木工程	BB0005	数字电路	2
20210003	王天宇	21-1	土木工程	BB0004	高等数学	4
20210003	王天宇	21-1	土木工程	BB0005	数字电路	2

9.2.1.3 关系的数据完整性

关系的数据完整性包括：域完整性、实体完整性、参照完整性和用户自定义的完整性。前 3 个是关系模型中必须满足的完整性约束条件。

（1）域完整性

域完整性指属性的取值范围，如性别可取的值为男或女。

（2）实体完整性（Entity Integrity）规则

若属性 A 是基本关系 R 的主属性，则属性 A 不能取空值。

例如：在关系课程表（课程号，课程名，教师，上课时间，上课地点）中，若"课程号"属性为主键，则"课程号"不能取相同的值，也不能取空值。

（3）参照完整性规则

若属性（或属性组）F 是基本关系 R 的外键，基本关系 S（不一定是与 R 不同的关系）的主键 K_s 与 F 相对应，则关系 R 中每个元组在属性 F 上的值必须如下：

① 或者取空值（F 中的每个属性值均为空）。

② 或者等于 S 中某元组的主键 K_s 的值。

例如：两个关系 staff(职工号，姓名，性别，部门号，上司，工资，佣金),

department(部门号，名称，地点)

staff 关系中"职工号"是主键，"部门号"是外键；department 关系中"部门号"是主键。则 staff 关系中每个元组的"部门号"属性有且只能取这两类值：

① 空值，表示尚未给该职工分配部门；

② 非空值，且该值必须是 department 关系中某个元组的部门号，因职工不可能分配到一个不存在的部门，即被参照关系 department 中一定存在一个元组，它的主键值等于该参照关系"职工"中的外键值。

（4）用户定义的完整性

不同的关系数据库系统根据其应用环境的不同，往往还需要一些特殊的约束条件，如选课表(课程号，学号，成绩)，在定义关系选课表时，可对成绩属性定义必须大于等于 0 小于等于 100 的约束。

9.2.2 结构化查询语言 SQL

1970 年美国 IBM 研究中心的埃德加·弗兰克·科德（E.F.Codd）提出关系模型。1972年 IBM 公司开始研制实验型关系数据库管理系统 System R,该系统配制的查询语言 SQUARE（Specifying Queries As Relational Expression）就是 SQL 的前身。System R 研究团队认为关系型数据库太过数学化，对使用者不友好，于是研究用比较接近自然语言的语句来操作数据库。

1974 年，唐纳德·钱伯伦（Donald Chamberlin）和雷蒙德·博伊斯（Raymond Boyce）发表了论文《SEQUEL: A structured English query language》。SQUARE 和 SEQUEL 两个语言在本质上是相同的，但后者去掉了数学符号，采用英语单词表示命令和结构式的语法规则，因其简洁、直观、容易学习深受用户的欢迎。但由于商标之争，IBM 把 SEQUEL 更名为 SQL（Standard Query Language），即"结构化查询语言"。

虽然 IBM 首创了关系数据库理论，但 Oracle 却是第一家在市场上推出这套技术的公司。在认识到关系模型的诸多优越性后，许多厂商纷纷研制关系数据库管理系统，这些数据库管理系统的操纵语言也以 SQL 语言作为参照。对 SQL 标准影响最大的机构是那些著名的数据库产商，而具体的制订者则是一些非营利机构，例如国际标准化组织 ISO、美国国家标准委员会 ANSI 等。1986 年 10 月美国国家标准化协会（ANSI）发布了 X3.135—1986《数据库语言 SQL》，将 SQL 作为关系数据库语言的美国标准，1987 年 6 月 SQL 被国际标准化组织（ISO）采纳为国际标准，即"SQL-86"标准。随后 1989 年、1992 年、1999 年、2003 年、2008 年、2011 年，ANSI 和 ISO 又陆续颁布了增强和扩充的 SQL 标准。逐渐地，SQL 标准包罗万象、内容庞大，很难有人能掌握标准的所有内容。2016 年 12 月 14 日，ISO/IEC 发布了最新版本的数据库语言 SQL 标准（ISO/IEC 9075:2016），该标准分为 9 个部分：

① ISO/IEC9075-1 信息技术-数据库语言-SQL-第 1 部分：框架（SQL/框架）；

② ISO/IEC9075-2 信息技术-数据库语言-SQL-第 2 部分：基本原则（SQL/基本原则）；

③ ISO/IEC9075-3 信息技术-数据库语言-SQL-第 3 部分：调用级接口（SQL/CLI）；

④ ISO/IEC9075-4 信息技术-数据库语言-SQL-第 4 部分：持久存储模块（SQL/PSM）；

⑤ ISO/IEC9075-9 信息技术-数据库语言-SQL-第 9 部分：外部数据管理（SQL/MED）；

⑥ ISO/IEC9075-10 信息技术-数据库语言-SQL-第 10 部分：对象语言绑定（SQL/OLB）；

⑦ ISO/IEC9075-11 信息技术-数据库语言-SQL-第 11 部分：信息与定义概要（SQL/Schemata）；

⑧ ISO/IEC9075-13 信息技术-数据库语言-SQL-第 13 部分：使用 Java 编程语言的 SQL 程序与类型（SQL/JRT）；

⑨ ISO/IEC9075-14 信息技术-数据库语言-SQL-第 14 部分：XML 相关规范（SQL/XML）。

数据库生产商在遵循 ANSI 标准的同时，会根据自己产品的特点对 SQL 进行一些改进和增强，于是就有了 SQL Server 的 Transact-SQL、Oracle 的 PL/SQL 等语言。常见的数据库操作，在绝大多数支持 SQL 语言的数据库中差别并不大，所以数据库开发人员在跨越不同的数据库产品时，一般不会遇到什么障碍。但是对于数据库管理员来说，则需要面对很多挑战，因为不同数据库产品在管理、维护和性能调整方面区别很大。

为了介绍典型的 SQL 命令，后续以一个"学生-课程数据库"为例介绍通过 SQL 命令实现简单的数据库建立、数据操纵和数据查询等操作。

注意 SQL 是具体实现数据库逻辑结构模型的，概念结构设计有 E-R 模型和 3NF（第三范式）相关内容本章未做深入介绍，此处给出一个简单的设计好的学生选课管理的概念模型（如图 9.7 所示）。E-R 图中方形代表实体，圆角矩形代表实体属性，两个实体间存在多对多的关系，即一个学生可以选多门课，一个课可以对应多名学生。

根据概念模型的设计，建立一个"学生-课程数据库"需包括 3 个关系表，关系的主码标注下画线：

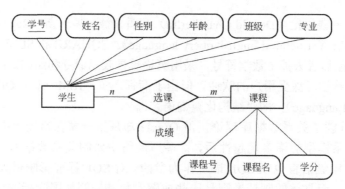

图 9.7 学生选课关联 E-R 图

- 学生表 Student（Sno,Sname,Ssex,Sage,Sclass,Smajor）
- 课程表 Course（Cno,Cname,Ccredit）
- 学生选课表 SC（Sno，Cno，Score）

各表的数据示例分别见表 9.14～表 9.16，后面的 SQL 举例都以本例为基础展开。

表 9.14 学生表 Student

学号 Sno	姓名 Sname	性别 Ssex	年龄 Sage	班级 Sclass	专业 Smajor
20210001	张新明	男	17	21-1	计算机
20210002	刘丽丽	女	18	21-2	计算机
20210003	刘笑雨	女	18	21-3	计算机
20210004	王天宇	男	17	21-1	土木工程
20210005	李子梅	女	19	21-2	土木工程
20210006	赵琳娜	女	18	21-1	园林设计
20210007	赵一凡	女	18	21-2	园林设计

表 9.15 课程表 Course

课程号 Cno	课程名 Cname	学分 Ccredit
BB0001	计算机导论	2
BB0002	操作系统	3
BB0003	大学英语	4
BB0004	高等数学	4
BB0005	数字电路	2
BX0001	高级英语	4
BX0002	计算机基础	2

表 9.16 学生选课表 SC

学号 Sno	课程号 Cno	成绩 Score
20210001	BB0001	82
20210001	BB0002	93
20210002	BB0001	84
20210002	BB0002	76
20210003	BB0001	92
20210003	BB0002	94
20210004	BB0004	72
20210004	BB0005	83
20210005	BB0004	90
20210005	BB0005	87
20210006	BX0001	87
20210006	BX0002	77
20210006	BB0003	81

SQL 语言主要有 4 方面的功能，可用 9 个命令动词实现，SQL 的主要功能分类如表 9.17 所示。

① 数据定义功能：定义、删除、修改基本表，建立与删除模式、视图、索引等。

② 数据查询功能：单表查询、连接查询、嵌套查询、集合查询等。

③ 数据操纵功能：插入数据、修改数据、删除数据。

④ 数据控制功能：数据保护，如安全性控制和完整性控制；事务管理，如数据库的恢复和并发控制等。

表 9.17　SQL 主要功能分类

SQL 功能	命令动词
数据定义	Create、Drop、Alter
数据查询	Select
数据操纵	Insert、Update、Delete
数据控制	Grant、Revoke

注意：不同的数据库管理系统在实现 SQL 语句功能时语法略有出入，请参考各系统的详细语法说明。

9.2.2.1　定义数据库的结构

不同的数据库管理系统在体系结构上通常都具有三级模式结构：外模式、模式和内模式。模式的三个级别层次反映了模式的三个不同环境及其不同要求，在关系数据库系统中分别对应的基本对象有表、视图和索引。

（1）外模式

它处于最外层，是用户看到的数据模式，一个数据库可以有多个外模式；它反映用户对数据的要求；视图是从一个或几个基本表（或视图）导出的表，在数据库中只存放视图的定义，不存放对应的数据，属于外模式。

（2）模式

它处于中层，是数据库系统中全局数据逻辑结构和特征的描述，一个数据库只有一个模式；它反映了设计者的数据全局逻辑要求；表用来表达实体或联系的结构，属于模式。

（3）内模式

它处于最底层，又称物理模式，确定数据库物理存储结构与物理存储方法，一个数据库只有一个内模式；它反映数据在计算机物理结构中的实际存储形式；索引是加快查询速度的有效手段，属于内模式。

SQL 的数据定义功能包括模式、表、视图和索引的定义，如表 9.18 所示。

表 9.18　SQL 的数据定义语句

操作对象	操作方式		
	创建	删除	修改
模式	Create Schema	Drop Schema	
表	Create Table	Drop Table	Alter Table
视图	Create View	Drop View	
索引	Create Index	Drop Index	

注意：SQL 通常不提供修改模式、视图、索引的语句，修改这些对象只能先将它们删除再重建。所有 SQL 语句中出现的标点符号应是英文半角状态的。

本章主要举例介绍基本表的建立、修改和删除操作，关于模式、视图和索引的定义请参考不同数据库管理系统的说明。

在定义数据表的过程中，需要定义数据类型、参照完整性等参数。不同的 DBMS 支持的关系属性的数据类型可能有所不同，同一数据类型在不同的 DBMS 中可能有不同的名称；而即使名称相同，存储大小和其他细节也可能不同，请总是检查相关 DBMS 的说明文档。常用类型对比举例如表 9.19 所示。

表 9.19　不同的数据库平台上属性的常用数据类型举例

数据类型	含义	Access	SQLServer	Oracle	MySQL	PostgreSQL
boolean	布尔型	是/否	Bit	Byte	N/A	Boolean
integer	长整数	数字(long)	Int	Number	Int Integer	Int Integer
float	浮点数，精度至少为 n 位数字	数字(single)	Float（N） Real（N）	Number	Float（N）	Numeric
string (fixed)	长度为 n 的定长字符串	短文本	Char（N）	Char（N）	Char（N）	Char（N）
string (variable)	最大长度为 n 的变长字符串	长文本	Varchar（N）	Varchar（N） Varchar2（N）	Varchar（N）	Varchar（N）

（1）CREATE TABLE 命令

建立数据库最核心的一步就是定义基本表。

【语句格式】

```
CREATE TABLE <表名>（<列名> <数据类型>[<列级完整性约束条件>]
            [,<列名> <数据类型 1>[<列级完整性约束条件>] ]
            [, ……]
            [, <表级完整性约束>]);
```

注意："["和"]"之间的内容表示可以默认缺省。

【语句功能】

创建一个以<表名>为名的包含指定属性列的表结构。

如果完整性约束条件涉及该表的多个属性列，则必须定义在 CREATE TABLE 语句的最后，即表级完整性约束，否则既可以定义在列级也可以定义在表级。

【举例】

```
CREATE TABLE Student( Sno Char(8) PRIMARY KEY,
                Sname Char(4) NOT NULL,
                Ssex Char(1),
                Sage Int,
                Sclass Char(3)
                Smajor Char(10) );
CREATE TABLE Course( Cno Char(6) PRIMARY KEY,
```

```
                    Cname Char(10) NOT NULL,
                    Ccredit Int );
CREATE TABLE SC( Sno Char(8), Cno Char(6), Score Int,
                 PRIMARY KEY(Sno, Cno),
                 FOREIGN KEY(Sno) REFERENCES Student( Sno ),
                 FOREIGN KEY(Cno) REFERENCES Course( Cno )  );
```

【作用】

创建 Student 表、Course 表、SC 表。

Student 表中学号 Sno 列具有 Primary Key 主码列级约束，保证学号取值唯一性和非空性；姓名 Sname 列具有 Not Null 列级约束，不允许姓名取空值；性别 Ssex 列取值只能是 1 个字符；年龄 Sage 列定义了各数据库系统通用的 Int 型（此处仅为了方便展示语法，实际上用 Int 表达年龄浪费存储空间，应根据 DBMS 支持的类型定义更小的数值类型）。

Course 表的定义类似 Student 表，不再解释。

SC 表的最后定义了 3 个表级完整性约束，定义了两个属性为主码，并定义了 Sno、Cno 外码的参照完整性。

执行此语句后会建立表 9.14～表 9.16 所示表的结构，但现在这些表只是空表，后续要通过 SQL 数据操纵命令添加具体的学生信息。

（2）ALTER TABLE 命令

【语句格式】

```
ALTER TABLE <表名>
                    [ ADD [COLUMN] <新列名> <数据类型> [完整性约束条件] ]
                    [ ADD <表级约束条件> ]
                    [ DROP [COLUMN] <列名> [ CASCADE | RESTRICT ] ]
                    [ DROP CONSTRAINT <完整性约束名> [ CASCADE | RESTRICT ] ]
                    [ ALTER COLUMN <列名> <数据类型> ];
```

【语句功能】

修改列修改以<表名>为名的表结构，分别对应加列、加约束条件、删列、删约束条件、修改列。其中 ADD 子句用于增加新列、新的列级/表级完整性约束条件；DROP 子句用于删除；ALTER 子句用于修改原有列的数据类型。

【举例】

```
ALTER TABLE Student ADD Sdate DATE
```

【作用】

可向 Student 表增加入学时间 Sdate 列，其数据类型为日期型。

（3）DROP TABLE 命令

【语句格式】

```
DROP TABLE <表名> [ RESTRICT | CASCADE];
```

【语句功能】

删除以<表名>为名的表。CASCADE 使任何相关视图和完整性约束一并被删除；RESTRICT 只有不存在相关视图和完整性约束的表才能删除。

【举例】

```
DROP TABLE Student CASCADE;
```

【作用】

删除表 Student 及其任何相关视图和完整性约束。

9.2.2.2 维护数据库的内容

（1）INSERT 命令

【语句格式】

INSERT INTO 表名 [（字段 1，…，字段 N）] VALUES（值 1，…，值 N）;

【语句功能】

向"表名"表中插入一条记录。

【举例】

INSERT INTO Student（Sno，Sname，Ssex，Sage，Sclass，Smajor）

VALUES（"20171003"，"张新明"，"男"，17，"21-1"，"计算机"）;

【作用】

向表 Student 中插入一条记录。（"20171003"，"张新明"，"男"，17，"21-1"，"计算机"）;字符型常量用单引号或双引号括起来。

（2）UPDATE 命令

【语句格式】

UPDATE <表名>

SET <列名>=<表达式> [，……]

[WHERE <条件表达式>];

【语句功能】

更新指定表中指定列的数据，WHERE 子句如果默认，则修改表中所有的记录。

【举例】

UPDATE Student

SET Smajor="计算机"

WHERE Sname="王天宇";

【作用】

将表 Student 中"王天宇"的专业改为"计算机"。

（3）DELETE 命令

【语句格式】

DELETE FROM <表名> [WHERE <条件表达式>];

【语句功能】

删除指定表中满足条件的记录，WHERE 子句如果默认缺省，则删除表中所有的记录，但表的结构不受影响。

【举例】

DELETE FROM Student WHERE Sno="20210003";

【作用】

删除表 Student 中学号为 20210003 的记录。

9.2.2.3 查询数据库的数据

SELECT 命令根据给定的条件从指定的表或视图中获取所需的数据。

【语句格式】

```
SELECT [ALL|DISTINCT] <目标列表达式>[,……]
                      FROM <表名或视图名>[,……]
                      [WHERE <条件表达式>]
                      [GROUP BY <列名1> [HAVING <条件表达式>]]
                      [ORDER BY <列名2> [ASC|DESC]];
```

【语句功能】

根据 WHERE 子句中的条件表达式，从 FROM 子句指定的表或视图中找出满足条件的记录，按目标列表达式显示数据。

<目标列表达式>可以是列名参与的算术表达式、字符串常量、函数、列别名等。

<条件表达式>中可进行的运算有：比较运算，如=、<>、>、>=、<、<=；范围运算，如 Between And；集合运算，如 In；字符匹配运算，如 Like；多重条件之间的逻辑运算，如 And、Or、Not 等。

数据库的查询主要有单表查询、连接查询、嵌套查询、集合查询等形式。

（1）单表查询

单表查询是指仅涉及一个表的查询。

【举例】

```
SELECT *  FROM Student WHERE Smajor="计算机";

SELECT Sno,Sname,Sage,Smajor FROM Student WHERE Smajor="计算机";
```

【作用】

在 Student 表中查询"计算机"专业全体学生的详细记录，查询指定的 Sno、Sname、Sage、Smajor 列的记录。

【结果】

学号 Sno	姓名 Sname	年龄 Sage	专业 Smajor
20210001	张新明	17	计算机
20210002	刘丽丽	18	计算机
20210003	刘笑雨	18	计算机

① [All|Distinct]用法　目标列表达式前面的[All|Distinct]表示如果结果中有重复数据如何显示，Distinct 表示去掉重复行，默认为 All 全部显示。

【举例】

```
SELECT DISTINCT Sage FROM Student WHERE Smajor="计算机";
```

【作用】

在 Student 表中查询"计算机"专业的学生年龄。

【结果】

带 Distinct 查询的结果	不带 Distinct 查询的结果
年龄 Sage	年龄 Sage
17	17
18	18
	18

② LIKE 字符匹配　可以包含通配符"*""?","*"代表任意长度字符串,"?"代表任意 1 个字符。

【举例】

SELECT Sno, Sname, Sclass, Smajor FROM Student WHERE Sname LIKE "刘*";

【作用】

在 Student 表中查询刘姓学生的学号、姓名、班级、专业。

【结果】

| 学号 | 姓名 | 班级 | 专业 |
Sno	Sname	Sclass	Smajor
20210002	刘丽丽	21-2	计算机
20210003	刘笑雨	21-3	计算机

③ 聚集函数　为了增强检索功能,SQL 提供了目标列表达式里可使用的聚集函数,如下:

计数:Count(*) 统计行数

　　　　Count(<列名>) 统计列中值的个数

计算总和:　Sum(<列名>)

计算平均值:Avg(<列名>)

计算最大值:Max(<列名>)

计算最小值:Min(<列名>)

一般为结果的可读性,用关键字 AS 给目标列表达式指定一个别名显示。

【举例】

SELECT COUNT(Sno) AS 人数, AVG(Sage) AS 平均年龄 FROM Student;

【作用】

查询所有学生的人数和平均年龄。

【结果】

人数	平均年龄
7	18

④ ORDER BY 子句　ORDER BY 子句按指定列对查询结果的值进行排序,ASC 表示升序(默认),DESC 表示降序。

【举例】

```
SELECT Sno, Score FROM SC
                WHERE Cno = "BB0001"
                ORDER BY Score DESC;
```

【作用】

查询选修了"BB0001"号课程的学生学号及其成绩,查询结果按分数降序排列。

【结果】

| 学号 | 成绩 |
Sno	Score
20210003	92

20210002	84
20210001	82

⑤ GROUP BY 子句　GROUP BY 子句将查询结果按指定列的值进行分组，值相等的为一组，分组的目的是为了细化函数的作用对象。使用 Group By 子句后，Select 子句的目标列表达式中只能出现分组属性或作用于每个分组的函数，每个分组都有一个函数值。

【举例】

```
SELECT Cno，COUNT(Sno) AS Cstu FROM SC WHERE Cno ="BB0001"
                GROUP BY Cno;
SELECT Sno FROM SC GROUP BY Sno
                HAVING COUNT（*）>2;
```

【作用】

查询求各个课程号及相应的选课人数。

查询选修了 2 门以上课程的学生学号。

【结果】

GROUP BY 查询的结果		HAVING 筛选 GROUP BY 查询的结果
课程号	选课人数	学号
Cno	Cstu	Sno
BB0001	3	20210006
BB0002	3	
BB0003	1	
BB0004	2	
BB0005	2	
BX0001	1	
BX0002	1	

使用 GROUP BY 子句分组的同时有 HAVING 短语筛选的，满足筛选条件的分组才输出。

HAVING 短语与 WHERE 子句的区别是作用对象不同，WHERE 子句作用于基本表或视图；从中选择满足条件的行，HAVING 短语作用于组，从中选择满足条件的组。

（2）多表查询

关系模型数据库中常见的还有多表查询，多表查询的连接方式包括等值连接、自然连接、非等值连接、自身连接、外连接、复合条件连接等形式。

WHERE 子句中用来连接两个表的条件称为连接条件。

① 当连接运算符是"="时称为等值连接；

② 进行等值连接时把目标列中重复的属性列去掉则为自然连接；

③ 连接运算符是其他运算符时称为非等值连接；

④ 同一个表进行连接称为自身连接；

⑤ 保留不满足连接条件的结果称为外连接；

⑥ 有多个连接条件时称为复合条件连接。

【举例】

```
SELECT Student.Sno, Student.Sname, SC.Cno, SC.Score FROM Student, SC
      WHERE Student.Sno = SCt.Sno;
```

【作用】

姓名 Sname 来源于 Student 表，课程号 Cno 和成绩 Score 来源于 SC 表，所以是多表连接查询，两个表中学号一致的内容连接起来才有意义。本例利用连接条件"Student.学号 = SC.学号"进行等值连接，"学号"在两个表中都有，为防止二义性，在引用时一定指明表名，写成"Student.Sno"的形式。

【结果】

学号	姓名	课程号	成绩
20210001	张新明	BB0001	82
20210001	张新明	BB0002	93
20210002	刘丽丽	BB0001	84
20210002	刘丽丽	BB0002	76
20210003	刘笑雨	BB0001	92
20210003	刘笑雨	BB0002	94
20210004	王天宇	BB0004	72
20210004	王天宇	BB0005	83
20210005	李子梅	BB0004	90
20210005	李子梅	BB0005	87
20210006	赵琳娜	BB0003	81
20210006	赵琳娜	BX0001	87
20210006	赵琳娜	BX0002	77

（3）嵌套查询

嵌套查询指将一个 Select 查询块嵌套在另一个查询块的 WHERE 子句或 HAVING 短语的条件表达式中，处在外层的查询称为父查询，处在内层的查询称为子查询。

如果子查询的查询条件不依赖于父查询，称为不相关子查询，由内向外处理，先执行子查询，子查询的执行结果用于建立父查询的查询条件。

如果子查询的查询条件依赖于父查询，称为相关子查询，由外向内处理，即取外层父查询中表的每一个元组，根据它的值处理内层查询，若内层查询中的 WHERE 子句条件为真，则取此元组放入结果表，重复这一过程直至外层表全部检查完为止。

【举例】

```
SELECT Sno, Sname FROM Student
          WHERE Smajor IN（SELECT Smajor FROM Student
               WHERE Sname="刘丽丽"）;
```

【作用】

查询与"刘丽丽"在同一个专业的学生的学号和姓名。查询"刘丽丽"的专业不需要外层查询的信息，所以本例是不相关子查询。连接查询与嵌套查询都可能涉及多个表，连接查询可以合并多个表的数据，而嵌套查询的结果只来自外层查询，但使用嵌套查询可以将复杂的查询分解为一系列条理清晰的逻辑步骤。

【结果】

学号	姓名
20210001	张新明
20210002	刘丽丽
20210003	刘笑雨

（4）集合查询

Select 语句的结果是元组的集合，所以可进行集合操作，主要包括并操作 Union 和 Union All、交操作 Intersect、差操作 Except。参加集合操作的各查询结果的列数必须相同，对应项的数据类型也必须相同。

【举例】

```
SELECT Sno FROM SC WHERE Cno="BB0001"
              UNION SELECT Sno FROM SC WHERE Cno = "BB0002";
```

【作用】

查询选修了"BB0001"号课程或者选修了"BB0002"号课程的学生。系统会自动去掉重复元组，如要保留重复元组则用 Union All 操作符。

【结果】

学号
20210001
20210002
20210003

9.2.3　常见的关系数据库

目前流行的 DBMS 主要是关系型数据库系统 RDBMS，如商业数据库 Oracle、MS SQL Server、DB2、Infomix，开源领域流行的 MySQL、PostgreSQL，云上较常见的 SQL Azure 和 Amazon Aurora 等。

（1）Oracle

Oracle 是甲骨文公司的一款关系数据库管理系统，在数据库领域一直处于领先地位。Oracle 数据库系统可移植性好，使用方便，功能强，适用于各类大、中、小、微机环境。它是一种高效率、可靠性好的适应高吞吐量的数据库解决方案。Oracle 数据库是目前世界上使用最为广泛的数据库管理系统，作为一个通用的数据库系统，它具有完整的数据管理功能；作为一个关系数据库，它是一个完备关系的产品；作为分布式数据库，它实现了分布式处理功能。

（2）MS SQL Server

SQL Server 是 Microsoft 公司推出的关系型数据库管理系统。最初是由 Microsoft Sybase 和 Ashton-Tate 三家公司共同开发，并于 1988 年推出了第一个 OS/2 版本。在 Windows NT 推出后，Microsoft 与 Sybase 在 SQL Server 的开发上分道扬镳，微软专注于开发推广 SQL Server 的 Windows NT 版本，Sybase 则较专注于 SQL Server 在 UNIX 操作系统上的应用。Microsoft SQL Server 具有使用方便、可伸缩性好、与相关软件集成程度高等优点，可跨越个人电脑、大型多处理器的服务器等多种平台使用，是一个全面的数据库平台，使用集成的商业智能（BI）工具提供了企业级的数据管理。Microsoft SQL Server 数据库引擎为关系型数据和结构化数据提供了更安全可靠的存储功能，可以构建和管理用于业务的高可用和高性能的数据应用程序。

（3）MySQL

MySQL 是较流行的一个关系型数据库管理系统，由瑞典 MySQL AB 公司开发，目前属于 Oracle 旗下产品。MySQL 采用了双授权政策，分社区版和商业版，由于其体积小，速度快，总体拥有成本低，开放源码等特点，使其成为数据库应用系统开发的流行选择。其社区版性能卓越，搭配 PHP 和 Apache 可组成良好的开发环境，在 Web 应用方面，MySQL 常作为中小型网站开发的首选数据库。

（4）DB2

IBM DB2 是美国 IBM 公司开发的一套关系型数据库管理系统，它主要的运行环境为UNIX（包括 IBM 的 AIX）、Linux、IBM i（旧称 OS/400）、z/OS 以及 Windows 服务器版本。DB2 主要应用于大型应用系统，具有较好的可伸缩性，从大型机到单用户环境均可支持，应用于所有常见的服务器操作系统平台下。DB2 提供了高层次的数据利用性、完整性、安全性、可恢复性，以及小规模到大规模应用程序的执行能力，具有与平台无关的基本功能和 SQL 命令；采用数据分级技术能使大型机数据方便地下载到 LAN 数据库服务器，使得客户机/服务器用户和基于 LAN 的应用程序可以访问大型机数据，并使数据库本地化及远程连接透明化。DB2 还拥有非常完备的查询优化器，支持多任务并行查询；具有很好的网络支持能力，每个子系统可以连接十几万个分布式用户，可同时激活上千个活动线程，对大型分布式应用系统尤为适用。

（5）Sybase

Sybase 是美国 Sybase 公司研制的一种关系型数据库系统，是一种典型的 UNIX 或 Windows NT 平台上客户机/服务器环境下的大型数据库系统。Sybase 提供了一套应用程序编程接口和库，可以与非 Sybase 数据源及服务器集成，允许在多个数据库之间复制数据，适于创建多层应用。系统具有完备的触发器、存储过程、规则以及完整性定义，支持优化查询，具有较好的数据安全性。Sybase 通常与 Sybase SQL Anywhere 用于客户机/服务器环境，前者作为服务器数据库，后者为客户机数据库。

（6）Access

Microsoft Office Access 是由微软发布的关系数据库管理系统，是 Microsoft Office 办公软件包的一部分。Access 数据库对象包括表、查询、窗体、报表、宏、VBA 模块等，这些数据库对象相互联系，构成一个完整的数据库系统。Access 还提供了多种向导、生成器和模板来规范数据存储、数据查询、界面设计、报表生成等操作，利用这些工具可以方便地建立功能完善的中小型数据库应用系统。

因其易学易用、低成本的特点，Microsoft Office Access 在一些应用领域也得到使用，如小型企业或大公司部门对数据管理要求不高的场合、个人小型数据库应用系统开发等。Access 还支持 Visual Basic 宏语言，这种面向对象的编程语言，可以引用各种对象，包括 DAO（数据访问对象）、ActiveX 数据对象以及许多其他的 ActiveX 组件，可以方便地实现利用可视对象显示表和报表，使非计算机专业用户也能开发出数据库应用程序。在开发一些小型网站Web 应用程序时，常见 ASP+Access 的技术组合，而较复杂的 Web 应用程序则多使用

PHP/MySQL 或者 ASP/Microsoft SQL Server。

9.3 数据库编程的数据库访问技术

DBMS 实现了数据的结构化组织和管理，但数据库之上的应用系统业务逻辑千差万别，数据库编程就是研究如何通过编程方法对数据库进行操纵。SQL 是非过程化的查询语言，与程序设计语言相比，缺少流程控制能力，难以实现应用业务中的逻辑控制，结合 SQL 的编程技术可以提高应用系统和数据库管理系统间的互操作性。在应用系统中使用 SQL 编程来访问和管理数据库中的数据的方式主要有：嵌入式 SQL（Embedded SQL，ESQL）、过程化 SQL（Procedural Language/SQL，PL/SQL）、存储过程和自定义函数、开放数据库互联 ODBC（Open Data Base Connectivity）、OLE DB（Object Linking and Embedding DB）、Java 数据库连接 JDBC（Java Data Base Connectivity）等编程方式。

这些不同的编程方式，实现业务逻辑的代码和数据库访问代码掺杂程度不同，早期的嵌入式 SQL、过程化 SQL 逐渐被更多面向对象的方式替代。一般越是业务和底层 SQL 执行分离度高的，支持面向对象编程的方式越方便维护。

9.3.1 嵌入式 SQL

嵌入式 SQL 是指将 SQL 语句包含到程序设计语言中，被嵌入的程序设计语言（如 C、Java 等）称为宿主语言，简称主语言。对嵌入式 SQL，DBMS 一般采用预编译方法处理，即由 DBMS 提供的预处理程序对源程序扫描，识别出嵌入式 SQL 语句并转换成主语言的语句，然后主语言编译器再将预处理结果与其他部分代码一块进行编译。

在嵌入式 SQL 中，为了区分 SQL 语句和主语言语句，所有 SQL 语句都必须加前缀，如：

主语言为 C 语言时，SQL 的语法格式为：

EXEC SQL <SQL 语句>；

主语言为 Java 语言时，SQL 的语法格式为：

SQL { <SQL 语句>}；

SQL 负责操纵数据库，高级语言语句负责控制逻辑流程。数据库工作单元与源程序工作单元之间的通信主要包括：

① 用 SQL 通信区（SQLCA）实现向主语言传递 SOL 语句的执行状态信息，使主语言能据此信息控制程序流程。

② 嵌入式 SQL 语句用主语言的程序变量（主变量）来输入或输出数据。

③ 将 SOL 语句查询数据库的结果交主语言处理，用主变量和游标实现。

9.3.2 过程化 SQL——数据库存储过程

SQL 可以用程序设计语言定义过程和函数，也可用 DBMS 自己的过程语言来定义。Oracle 的 PL/SQL、Microsoft SQL Server 的 Transact-SQL、IBM DB2 的 SQL PL 都是过程化的 SQL 编程语言。用 DBMS 提供的编程语言写 SQL 存储过程，然后用开发语言编写应用程序调用，也是应用系统操纵数据库的一种方式。

过程化 SQL 程序的基本结构是块。所有的过程化 SQL 程序都是由块组成的。这些块之间可以互相嵌套，每个块完成一个逻辑操作，如 Oracle 使用 PL/SQL 可实现循环、分支和嵌套。

存储过程集成在 DBMS 数据库中，其执行方式优点如下：

（1）运行速度快

对于简单 SQL，存储过程方式没有优势，对于复杂业务逻辑，因为存储过程创建时数据库已对其进行了一次解析和优化，一旦执行，在内存中就会保留一份存储过程，下次再执行同样的存储过程时，可从内存直接调用，所以执行速度快。

存储过程直接就在数据库服务器上运行，不需要和其他服务器传输数据，减少了一定的网络传输和网络交互，也有助于提高程序性能。

（2）可维护、可扩展

相比业务逻辑嵌入在程序中，存储过程相对更容易维护。应用程序和数据库操作分开，独立进行，而不是相互在一起。方便以后的扩展和 DBA 维护优化。

但存储过程也有突出的缺点：SQL 虽然是一种结构化查询语言，但存储过程的处理不是面向对象的是过程化的，而且 SQL 擅长的是数据查询而非业务逻辑的处理，如果把业务逻辑全放在存储过程里面，会使存储过程的开发调试、维护修改相对困难；在性能上，DBMS 实现的存储过程没有理想的缓存处理，并发严重时锁处理会加重效率负担；数据库服务器也无法水平扩展或者水平、垂直切割。

总之，适当地使用存储过程，能够提高我们 SQL 查询的性能。但随着众多 ORM 的出现，存储过程很多优势已经不明显。SQL 本身是一种结构化查询语言，不应该用存储过程处理复杂的业务逻辑，复杂的业务逻辑还是应该交给应用代码层面处理。

9.3.3 方便应用程序移植的 ODBC、OLE DB、ADO 和 JDBC

（1）最早的通用数据库访问技术 ODBC

由于各关系数据库系统的异构性，在某个关系数据系统下编写的应用程序不能在另一个系统下运行，适应性和可移植性较差。为了实现数据库系统"开放""互联"的目标，微软推出了 ODBC（Open Data Base Connectivity），结束了应用需调用各异构数据库 API 进行数据库操作的方式。ODBC 将所有数据库特定的底层操作细节封装在驱动中，并提供一套标准的访问数据库的应用程序编程接口。ODBC 应用系统的体系结构图如图 9.8 所示，这样访问所有的关系型数据库都使用一套标准的 ODBC API 即可。

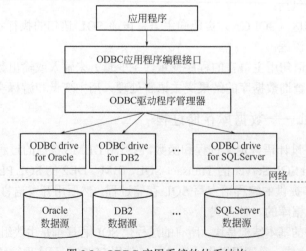

图 9.8　ODBC 应用系统的体系结构

（2）对 ODBC 的进一步封装

随着面向对象的技术的发展，微软又推出了 OLE DB（Object Linking and Embedding DB）。每个数据库厂商都需要对象的 OLE DB provider，provider 实现了基于 COM 的接口，这些接口封装了访问数据库的操作细节（CLI）。应用程序使用这些通用的接口来进行数据库的访问，而不用考虑数据库的细节。OLE DB 在数据使用者和提供者之间达成了一种协议。OLE DB 与 ODBC 在提供统一接口上类似，但原理上不同；ODBC 只支持关系型数据库，而 OLE DB 除了关系型数据库外，还支持 Excel 等。而为了简化 OLE DB 接口，微软又推出了 ADO 来封装 OLE DB 的接口，实现与数据库的通信，使得用户更易于调用数据库相关操作。随着.NET 推出，微软进一步升级 ADO 为 ADO.NET。通俗地讲，ADO 对象给用户提供了一个"可视化"的与应用层直接交互的组件。

（3）JDBC

JDBC（Java Data Base Connectivity）是面向 JAVA 的，是用于执行 SQL 语句的 Java API。ODBC 采用 C 语言开发，而 JDBC 由 JAVA 语言开发，相比 ODBC API 的烦琐，其易用性更好。JDBC 不像 ODBC 一样需要进行 ODBC 数据源等各种配置，而是在编码时指定相关配置参数即可。JDBC 甚至提供了一种 JDBC-ODBC 桥接的驱动程序，用于移植 ODBC 程序到 JDBC 上，但这种方式效率会受影响，基于不同接口的应用程序移植还是需要重写数据库操作。JDBC 与 ADO.NET 比较而言，考虑适用平台，一般如果是 JAVA 应用，则首选 JDBC，如果是.NET 应用程序，首选 ADO 或 ADO.NET。考虑跨平台性上，则选择 JDBC 更好。

9.4　数据库新技术

9.4.1　新一代数据库发展

（1）数据模型的发展

数据库的发展集中表现在数据模型的发展上。虽然现在关系数据库仍占据着较主流的地位，但随着数据库应用领域的扩展及数据对象的多样化，传统的关系数据模型开始暴露出许多弱点。如对复杂对象的表示能力较差，语义表达能力较弱，缺乏灵活丰富的建模能力，对图像、视频、空间、时间等多样数据类型的处理能力差。为此，人们提出并发展了许多新的数据模型。如：

① 面向对象数据模型　将语义数据模型和面向对象程序设计方法结合，用面向对象观点描述现实世界实体的逻辑组织、对象间限制、联系等的模型。面向对象数据库 OODB（Object-Oriented Database）的研究始于 20 世纪 80 年代，较著名的有 ObjectStore、O2、ONTOS 等。但由于 OODB 操作语言过于复杂，用户易用性不好，加上企业升级数据库系统的成本问题，该类产品没有得到市场上的推广。

另外还有，对象关系数据库系统（Object Relational DataBase System,ORDBS）继承了关系数据库系统的技术，又支持 OO 模型和对象管理，但由于各数据库厂商的实现各异，标准制定得滞后，各 ORDBS 在术语、语言语法、扩展功能上不尽相同。

② XML 数据模型　随着互联网迅速发展，Web 上各种半结构化、非结构化数据成为重要的信息来源，可扩展标记语言 XML 成为网络数据交换的标准和数据研究热点。XML 数据模型由表示 XML 文档的结点标记树及其上的操作和语义约束组成。由于 XML 数据库仍需解决传统关系数据库管理面临的查询优化、并发、事务、索引等问题，很多商业关系数据库通

过扩展的关系代数来支持 XML 数据的管理。通过关系数据库查询引擎的内部扩展，XML 数据管理能够更有效地利用关系数据库的成熟技术。

③ RDF 数据模型　W3C 提出资源描述框架 RDF（Resource Discription Framework）用来描述和注解万维网中的资源，并向计算机系统提供理解和交互数据的手段。RDF 是一种用于描述 Web 资源的标记语言，在将 Web 资源概念一般化后，可用于表达任何数据对象及其关系。RDF 被广泛作为语义网、知识库的基础数据模型。SPARQL（Simple Protocol and RDF Query Language）是 W3C 提出的 RDF 数据的查询标准语言，被大多数 RDF 系统支持。

（2）结合相关计算机技术的新型数据库系统

数据库技术与其他计算机技术结合，形成了数据库领域新分支，如：

① 分布式数据库系统 DDBS（Distributed Database System）　随着传统的数据库技术日趋成熟、计算机网络技术的飞速发展和应用范围的扩充，数据库应用已普遍建立于计算机网络之上。集中式数据库系统表现出各种不足：数据按实际需要在网络上是分布存储的，而采用集中式处理势必造成很多通信开销；应用程序集中在一台计算机上运行，一旦该机器发生故障将影响整个系统，可靠性不高；集中式处理使系统规模和配置都不够灵活，可扩充性差。在这种形势下，集中式 DB 的"集中计算"概念向"分布计算"概念发展。

20 世纪 90 年代以来，分布式数据库系统进入商品化应用阶段，传统的关系数据库产品均发展成以计算机网络及多任务操作系统为核心的分布式数据库产品，同时分布式数据库逐步向客户机/服务器模式发展。

分布式数据库系统是在集中式数据库系统的基础上发展起来的，是分布式数据处理的关键技术之一。一个分布式数据库在逻辑上是一个统一的整体，在物理上则是分别存储在不同的物理节点上，应用程序通过网络的连接可以访问分布在不同地理位置的数据库。

分布式数据库系统与集中式数据库系统相比具有可扩展性，通过增加适当的数据冗余，提高系统的可靠性。冗余数据浪费存储空间，而且容易造成各副本之间的不一致性。为了保证数据的一致性，系统要付出一定的维护代价，用数据共享来达到的减少冗余度的目标；分布式数据库中却希望增加冗余数据，在不同的场地存储同一数据的多个副本，这缘于特殊需求：

a. 提高系统的可靠性、可用性：当某一场地出现故障时，系统可以对另一场地上的相同副本进行操作，不会因一处故障而造成整个系统的瘫痪。

b. 提高系统性能：系统可以根据距离选择离用户最近的数据副本进行操作，减小通信代价，改善整个系统的性能。

② 并行数据库系统 PDS（Parallel Database System）　20 世纪 90 年代以来，随着处理器、存储、网络等相关基础技术的发展，并行数据库研究的重点主要是数据操作的时间并行性和空间并行性，其目标是高性能（High Performance）和高可用性（High Availability），通过多个处理节点并行执行数据库任务，提高整个数据库系统的性能和可用性。为了实现和保证高性能和高可用性，可扩充性也成为并行数据库系统的一个重要指标。可扩充性是指，并行数据库系统通过增加处理节点或者硬件资源（处理器、内存等），使其可以平滑地或线性地扩展其整体处理能力的特性。随着对并行计算技术研究的深入和 SMP、MPP 等处理机技术的发展，并行数据库的研究也进入了一个新的领域，集群已经成为了并行数据库系统中最受关注的热点。

（3）特定应用领域数据库

① 工程数据库 EDB（Engineering DataBase）　工程数据库是一种能存储和管理各种工程图形，并能为工程设计提供各种服务的数据库。它适用于 CAD/CAM、计算机集成制造

（CIM）等通称为 CAX 的工程应用领域。工程领域对数据组织的要求并非现在才有，早在计算机时代之前，工程师已经系统地使用组表（settables）、图表（picturetables）和工程图来描述整个系统的流程和结构。由于工程数据的复杂性和管理的特殊要求，目前还没有很合适的数据模型来描述。实际中的做法是将传统的数据模型加以扩充以适应工程数据的需要，归纳起来主要有扩充的关系模型、扩充的网状模型、语义模型、混合模型。面向对象数据模型比较适合复杂数据的表达与处理，所以工程数据库的需求也是面向对象数据库系统的研究动因之一。

② 空间数据库 SDB（Spatial DataBase）　空间数据库的研究始于 20 世纪 70 年代的地图制图与遥感图像处理领域，其目的是为了有效地利用卫星遥感资源迅速绘制出各种专题地图。由于传统的关系数据库只针对简单对象，无法有效地支持复杂对象（如图形、图像），在空间数据的表示、存储、管理、检索上存在许多缺陷，从而形成了空间数据库这一数据库研究领域。空间数据模型一般用传统数据模型扩充和修改来实现，有的采用面向对象的数据模型。SDBS 提供特有的位置查询、空间关系查询；查询语言大多以 SQL 为基础，增加相应的函数实现对空间对象和空间关系的查询。

9.4.2　数据管理技术发展趋势

数据处理大致可以分成两大类：联机事务处理 OLTP、联机分析处理 OLAP。传统的关系型数据库系统可以支持结构化数据的几乎所有 OLTP 和 OLAP 应用，但对于今天大数据应用的多样性和差异性已不适用，非关系数据管理和分析技术异军突起。

关系系统和非关系系统相互借鉴融合，共存发展，形成大数据管理和处理的新平台是未来技术发展的趋势。多种数据管理系统和相关技术在竞争与相互借鉴中形成的应用情况如表 9.20 所示。

表 9.20　多种数据管理系统和相关技术对比

数据库类型		操作型	分析型
关系数据库	关键应用	ERP，CRM，信用卡处理，电子商务等	数据仓库，商业智能和数据科学
	数据存储方式	表（行和列）	表（行和列）
	热门产品	OracleDataBase，Microsoft SQL Server，IBM DB2，SAP Hana，Amazon Aurora，Azure SQLDataBase，EnterpriseDB（PostgreSQL），MySQL，MemSQL	Oracle Exadata，Oracle Hyperion，Teradata，IBM Netezza，IBM dashDB，Amazon Redshift，Microsoft SQL，Data Warehouse，Google BigQuery
	优点	交易保证/数据一致性，无限索引，大型成熟的生态系统	信息和计算的一致性
	缺点	刚性架构定义，成本低，主要是垂直扩展，难以与非结构化/半结构化数据一起使用	IT 专业人员需要维护；分钟级数据响应
非关系数据库	关键应用	社交，Web，移动和物联网应用，社交网络，用户推荐等	索引数百万个数据点，预测分析，欺诈检测
	数据存储方式	多种数据结构（文档，图，列，键值，时间序列）	Hadoop 不需要固有的数据结构；数据可以存储在众多服务器上
	热门产品	MongoDB，Amazon DynamoDB，Amazon DocumentDB，Azure CosmosDB，DataStax，Neo4j，Couchbase，MarkLogic，Redis	Cloudera，Hortonworks，MapR，MarkLogic，Snowflake，DataBrick，ElasticSearch
	优点	易于使用，灵活性高（不需要预定义的架构），水平缩放（可容纳海量数据），一般低成本（开源）	适用于批处理，大文件和并行扫描，主要是开源的具有成本效益
	缺点	缺乏交易担保，查询有限特点，相对不成熟	响应时间慢；不适用于快速查找或快速更新

注意 NoSQL 实际上指的是 Not Only SQL——不仅仅是 SQL，并不是指替代 SQL，而是要在兼容 SQL 的基础上进一步发展。非关系型数据库分类及典型数据库产品举例如下：

① Document-based Store（基于文档的存储）：MongoDB、Amazon DocumentDB、Azure Cosmos DB 等。

② Key-Value Store（键值存储）：Redis Labs、Oracle Berkeley DB、Amazon DynamoDB、Aerospike 等。

③ Graph-based（图数据库）：Neo4j 等。

④ Time Series（时序数据库）：InfluxDB 等。

⑤ Wide Cloumn-based Store（宽列式存储）：DataStax、Cassandra、Apache Hbase、Bigtable 等。

其中，支持不止一种类别特性的多模型数据库有：MongoDB、Redis Labs、Amazon DynamoDB、Azure Cosmos DB 等。

9.4.3 区分数据库与数据仓库

（1）数据仓库的概念

数据仓库（Data Warehouse，DW 或 DWH）与数据库虽然只有一字之差，但有很大的不同。数据仓库概念最早可追溯到 20 世纪 70 年代，MIT 的研究员致力于研究一种优化的技术架构，试图将业务处理系统和分析系统分开，针对各自的特点采取不同的架构设计。20 世纪 80 年代中后期，DEC 公司结合 MIT 的研究结论，建立了 TA2（Technical Architecture2）规范，定义了分析系统的四个组成部分：数据获取、数据访问、目录和用户服务。第一次明确提出分析系统架构并将其运用于实践。1988 年，为解决全企业集成问题，IBM 公司第一次提出了信息仓库（Information Warehouse）的概念，数据仓库的基本原理、技术架构以及分析系统的主要原则都已确定，数据仓库初具雏形。1991 年 Bill Inmon（数据仓库之父）出版了第一本关于数据仓库的书《Building the Data Warehouse》，标志着数据仓库概念的确立，他定义数据仓库是用于支持管理决策的（Decision-Making Support）、面向主题的（Subject Oriented）、集成的（Integrated）、相对稳定的（Non-Volatile）、反映历史变化的（Time Variant）数据集合。

（2）数据仓库与数据库的不同

① 应用目的不同　数据库和数据仓库都要实现数据存储和管理，数据库主要是在生产环境中实现业务处理，但数据仓库主要用于数据挖掘和数据分析。数据仓库以现有企业业务系统和大量业务数据的积累为基础，在数据库已经大量存在的情况下，把信息加以整理归纳和重组，为用户提供更方便的查询，为进一步挖掘数据资源、满足决策需要提供支持。从产业界的角度看，数据仓库建设是一个工程，是一个过程。

② 管理数据的不同　传统数据库主要是为应用程序进行数据处理，未必按照同一主题存储数据；数据仓库侧重于数据分析工作，是按照主题存储的。

数据库一般存储在线交易数据，数据仓库存储的一般是历史数据；从数据量来说，数据仓库要比数据库庞大得多。以银行业务为例，数据库是事务系统的数据平台，客户在银行做的每笔交易都会写入数据库，可理解为用数据库记账。数据仓库是分析系统的数据平台，它从事务系统获取数据，并做汇总、加工，为决策者提供决策的依据。银行的交易量是巨大的，通常以百万甚至千万次来计算。事务系统是实时的，要求时效性，客户存一笔钱需要几十秒是无法忍受的，为了快速存取数据，数据库只存储很短一段时间内的数据。而分析系统是事后的，它要提供关注时间段内所有的有效数据。这些被分析数据是海量的，汇总计算时速度问题可容忍，但关键是要能够提供有效的分析结果。

③ 技术架构的不同　数据仓库是为企业级的决策制定过程提供所有类型数据支持的战略集合。20 世纪 70 年代以来，市场上占据主导地位的是关系型数据库，使用关系型数据库搭建数据仓库顺理成章。Kimball 与 Inmon 最初的数据仓库理论都以关系型数据库作为底层存储架构。Kimball 的多维度数据模型虽然可以用关系型数据库实现，但数据结构的组织已经完全不同于 OLTP 的使用规范，而是更接近于 OLAP 在线联机分析处理。新的非关系型 OLAP 产品与 OLTP 的关系型数据库完全就不是一个架构，比如 SQL Server Cube、Hyperion Essbase、DB2 OLAP Server 等。在日益庞大和复杂的数据面前，关系数据库性能不足，只能让步于分布式数据库，以 Hadoop 的横空出世为起点，数据仓库纷纷步入分布式的非关系型数据库。

（3）数据仓库的特点

① 面向主题　操作型数据库的数据组织面向事务处理任务，各个业务系统之间各自分离，而数据仓库中的数据是按照一定的主题域进行组织的。

② 集成的　数据仓库中的数据是在对原有分散的数据库数据抽取、清理的基础上经过系统加工、汇总和整理得到的，必须消除源数据中的不一致性（同名异义、异名同义、单位不统一等），以保证数据仓库内的信息是关于整个企业的一致的全局信息。

③ 不可更新的　数据仓库的数据主要供企业决策分析之用，所涉及的数据操作主要是数据查询，决策是基于历史数据的分析，所以一旦数据存入数据仓库，将被长期保留，不可再更新。

④ 随时间变化的　数据仓库中的数据随时间变化不断变化，数据的标识码通常包含时间信息，通过这些信息，可以对企业的历史数据不断重新综合，做出定量分析和预测。

（4）数据仓库的组成

从功能结构上划分，数据仓库系统至少应该包含数据获取（Data Acquisition）、数据存储（Data Storage）、数据访问（Data Access）关键功能。数据仓库由数据库、数据抽取工具、元数据、访问工具和数据集市组成。

① 数据抽取工具　数据抽取工具从以各种各样的存储方式存放的数据源中提取数据，进行必要的转化、整理，再存放到数据仓库内。对各种不同数据存储方式的访问能力是数据抽取工具的关键，如生成 COBOL 程序、MVS 作业控制语言（JCL）、UNIX 脚本和 SQL 语句等，以便访问不同的数据。数据转换过程的筛选和统一化是重点，如：删除对决策应用没有意义的数据段，同意义数据转换到统一的数据名称和定义，给默认数据赋给默认值，把不同的数据定义方式统一。

② 数据库　数据仓库的数据库是整个数据仓库环境的核心，是数据存放的地方，提供对数据检索的支持。相对于操作型数据库来说，其突出的特点是对海量数据的支持和快速的检索技术。

③ 元数据　元数据是描述数据仓库内数据的结构和建立方法的数据。可将其按用途的不同分为两类：技术元数据和商业元数据。元数据为访问数据仓库提供了一个信息目录（information directory）用以全面描述数据仓库中都有什么数据、这些数据的获取和访问方式，它是数据仓库运行和维护的中心，用户通过它了解和访问数据，数据仓库利用它存储和更新数据。

④ 访问工具 访问工具为用户访问数据仓库提供手段，有数据查询和报表工具、应用开发工具、管理信息系统（EIS）工具、联机分析处理（OLAP）工具、数据挖掘工具。

⑤ 数据集市（Data Marts） 数据集市是为了特定的应用目的或应用范围而从数据仓库中独立出来的一部分数据，也可称为部门数据或主题数据（subject area）。在数据仓库的实施过程中往往可以从一个部门的数据集市着手，以后再用几个数据集市组成一个完整的数据仓库。

本章小结

本章跟随数据管理的发展过程，认识了数据库系统的基本概念及原理，着重学习了数据库技术核心的数据模型的基础知识。考虑到关系数据库仍是主流应用的选择，重点介绍了关系模型的数据结构、数据操纵和数据完整性定义。在学习结构化查询语言（SQL）的基础上，讨论了数据库应用编程的数据库访问技术的不同方式。数据库新技术内涵较广，分析对比了关系数据库和非关系数据库的发展，介绍了 NoSQL 数据库的发展。最后讨论了数据库与数据仓库的不同。

思考题

1. 数据管理的发展经过了哪几个阶段？
2. 简述数据库系统的组成。
3. 数据库管理系统 DBMS 的主要功能有哪些？
4. 说明概念模型和逻辑模型的区别和联系。
5. 关系模型的三要素是什么？如何定义关系？
6. 为什么 DBMS 要提供并发控制？
7. SQL 语言具有哪几个方面的功能？
8. 试设计一个简单的学生选课系统，并试给出至少包含三个实体的 E-R 图，要求实体型之间具有一对一、一对多、多对多各种不同的联系。
9. 调研典型的关系数据库和非关系数据库的市场占有率。
10. 数据仓库和数据库有什么区别？举例典型的数据仓库和数据库应用。

第10章 计算机领域新技术

学习目标：

① 了解大数据、人工智能、云计算、区块链、物联网的基本概念和特点；

② 理解大数据的关键技术及基本处理步骤；

③ 理解人工智能的实现途径（三大学派）；

④ 掌握人工智能的主要研究内容及其应用；

⑤ 了解云计算的发展历程和现状；

⑥ 掌握云计算的分类、特点及实现机制；

⑦ 理解区块链的基础架构及发展趋势；

⑧ 掌握物联网体系结构及关键技术；

⑨ 了解物联网应用场景。

随着社会的发展，计算机已经逐渐融入到社会生产和生活中，它不但使人们的生产和生活方式发生改变，也为许多领域的未来发展奠定了基础。从第一台计算机产生至今的70多年里，计算机领域的新技术层出不穷，近几年热度较高的有大数据、人工智能、云计算、区块链、物联网等。

10.1 大数据

大数据是指无法在一定时间范围内用常规软件工具进行捕捉、管理和处理的数据集合，是需要新处理模式才能具有更强的决策力、洞察发现力和流程优化能力的海量、高增长率和多样化的信息资产。大数据技术有助于用户从各种类型的海量数据中获得有价值的信息。通过本节学习，读者可以了解到大数据的基本概念、大数据的处理步骤、大数据挖掘关键技术以及大数据对我们的重要意义和影响。

10.1.1 大数据概述

随着信息技术的快速更新、云计算技术的兴起和数据资源化趋势的发展，大数据及其相关技术应运而生。大数据是传统数据处理应用软件不能有效处理的海量且复杂的数据集，是来自某领域数据源的大量结构化、半结构化和非结构化数据的集合。其中，非结构化数据越来越成为大数据的主要部分。据互联网数据中心（Internet Data Center，IDC）的调查报告显示：企业中 80%的数据都是非结构化数据，这些数据的数量每年都按指数级增长。从统计学的角度来看，大数据的出现促进了处理海量数据的统计方法的发展。在传统方法不能对大数据进行有效处理时，为了从大数据中获得有价值的信息，开发和使用能有效处理大数据的技术是必要的。这些技术包括大规模并行处理数据库、分布式文件系统、云计算平台、可扩展的存储系统等，它们在辅助人们对大数据进行统计、对比、分析的过程中发挥着重要作用。

大数据是互联网发展到现今阶段的一种表象或特征，在以云计算为代表的技术创新大幕的衬托下，这些原本看起来很难收集和使用的数据开始变得容易被利用起来了，通过各行各业的不断创新，大数据会逐渐为人类创造更多的价值。

10.1.2　大数据特征

参考 IBM 对大数据概括的"5V"特点，一般将大数据的特征总结为如下 5 个方面。

（1）数据量巨大（Volume）

随着信息技术的高速发展，数据开始爆发性增长。社交网络（微博、推特、脸书等）、移动网络、各种智能工具和服务工具等，都成为数据的来源。数据采集、数据存储和数据计算量都非常巨大，大数据的起始计量单位至少达到 PB，其中 1PB=1024TB。资料表明，百度首页每天提供的数据超过 1.5PB，如果将这些数据打印出来将耗费 5000 多亿张 A4 纸；淘宝网近 4 亿的会员每天产生的商品交易数据约 20TB；脸书约 10 亿的用户每天产生的日志数据超过 300TB。因此，需使用性能好的智能算法和强大的数据处理平台等新的数据处理技术，对如此大规模的数据进行有效地统计、分析、预测和实时处理。

（2）数据的种类和来源多样化（Variety）

广泛的数据来源决定了大数据形式的多样性，包括结构化、半结构化和非结构化数据，在具体应用中表现为网络日志、视频、音频、图片、地理位置信息、用户历史行为信息等。日志数据是结构化明显的数据，还有一些数据的结构化不明显，例如图片、音频、视频等，这些数据因果关系弱，需要人工对其进行标注。多类型的数据为数据的处理带来了极大的挑战，也对数据的处理能力提出了更高的要求。

（3）数据的价值密度相对较低（Value）

数据的价值密度相对较低也是大数据的核心特征。随着互联网和物联网的应用，广泛信息感知无处不在，这使得现实世界所产生的数据中有价值的数据所占比例很小但却十分珍贵，因此发现隐藏在大数据中的价值类似于"淘金"行为。相比于传统的小数据，大数据最大的价值在于从大量不相关的各种类型的数据中挖掘出对未来趋势与模式预测分析有价值的数据，这需利用相应的机器学习方法、数据挖掘方法对大数据进行自动的深度分析来发现新规律、新知识，并运用于农业、金融、医疗等各个领域，从而达到改善社会治理、提高生产效率、推进科学研究的目的。在实际应用中，如何结合具体的业务逻辑选择、设计或调整相应的人工智能算法是发现数据中有价值信息的关键。

（4）数据的增长速度快（Velocity）

大数据的产生非常迅速，对处理过程的时效性要求也比较高。日常生活中每个人都离不开互联网，每个人每天都提供大量的资料且这些数据是需要及时处理的，因为花费大量资本去存储作用较小的历史数据是非常不划算的，对于一个平台而言，也许保存的只有过去几天或者一个月之内的数据，再久远的数据就要及时清理，因为这些数据可能已经失去了价值，再保存它们会产生很大的代价。基于这种情况，大数据对处理速度有非常严格的要求，服务器中大量的资源都用于处理和计算数据，很多平台都需要做到实时分析。因此，数据处理的速度是大数据技术与传统的数据挖掘技术的最大区别。大数据是以实时数据处理、实时结果导向为特征的。数据无时无刻不在产生，谁的数据处理速度更快，谁就更有优势。

（5）数据的准确性和可信赖度（Veracity）

数据的准确性和可信赖度也即数据质量，是一个与数据是否可靠相关的属性，指那些在数据科学中会被用于决策的数据的精确性与信噪比（Signal-to-Noise Ratio，SNR）。例如，在大数据中发现哪些数据对商业是真正有效的，这在信息理论中是个十分重要的概念。由于并不是所有的数据源都具有相等的可靠性，在这个过程中，大数据的精确性会趋于变化，如何提高可用数据的精确性是目前大数据的主要挑战。

10.1.3　大数据技术

大数据处理技术主要指在数据采集、数据预处理、数据存储与管理、数据分析挖掘、数据展现与应用（数据可视化、大数据检索等）等环节中用到的一系列技术。

（1）数据采集

数据采集又被称为数据获取，是利用监测装置或者某种手段对用户、互联网、物联网中各种类型的数据进行获取。将传统数据体系中的没有考虑过的新的数据来源进行归纳总结，可将其分为线上行为数据（页面数据、交互数据、会话数据等）和内容数据（应用日志、电子文档、语音文档等）两大类，区别于传统数据采集的来源单一、数据量较小、结构单一的特点，大数据采集的特点为来源广泛、数据量大、数据类型丰富。常见的采集方法有系统日志采集方法，如 Hadoop 的 Chukwa、Facebook 的 Scribe 等，这些工具大多使用分布式架构，可在短时间内完成日志数据采集和传输需求；网络数据采集法，利用网络爬虫或网络上公开的 API 从网站上获取数据。在大数据的采集过程中，其主要特点和挑战就是并发数高，所以需要在采集端部署大量数据库才能进行支撑，并且如何在这些数据库间进行负载均衡和分片也是需要设计与考虑的。

（2）数据预处理

对大数据中信息的正确获取必须建立在高质量的数据上，而现实中获取到的数据大多为不完整、结构不一致、含有噪声的"脏"数据，无法直接进行分析或者挖掘。数据的预处理就是对采集到的原数据进行清洗、填充、平滑、检查一致性等操作。数据预处理主要包括数据清洗、数据集成以及数据规约。数据导入与预处理过程的特点和挑战主要是导入的数据量大，每秒钟的导入量经常会达到百兆甚至千兆级别。

（3）数据存储与管理

数据存储是大数据的核心环节之一，该环节应能方便地对数据内容进行归档、整理和共享。大数据时代，由于数据的获取渠道较杂，数据格式不统一，数据结构非结构化，导致在数据存储时无论对硬件还是管理软件都有着较高的要求。一般来说，大数据有效的存储与管理主要有三种方式：

① 不断加密：数据对于企业来说至关重要且私有，大型企业的有价值数据往往成为黑客攻击的首要目标，数据加密是计算机系统安全防护的基本措施之一。近年来，各种加密技术层出不穷，为保护数据的安全，新的加密技术被不断应用于数据加密，成为了打击网络威胁的可行途径。

② 仓库存储：由于大数据的复杂性和非结构性，常规的数据库不便于存储，因此，一

般将大数据进行数据处理后统一放入数据仓库存储。

③ 云端备份：大数据数据量巨大且来源广泛，存储在某一范围内的一个或一组物理设备上，终究会因为物理设备的容量限制无法再存储，且考虑数据安全，如果物理设备瘫痪，数据将很难恢复，因此及时备份成为预防数据丢失的重要手段。随着云计算的发展越来越成熟，数据可以随时随地进行访问，并在云存储服务上进行备份，当出现网络攻击时，可方便地将云端备份迁移到受攻击机器，以确保系统正常运行。

（4）数据分析

大数据的分析主要利用分布式数据库，或者分布式计算集群来对存储于其内的海量数据进行普通的分析和分类汇总等，以满足大多数常见的分析需求。在这方面，一些实时性需求会用到 EMC 的 GreenPlum、Oracle 的 Exadata，以及基于 MySQL 的列式存储 Infobright 等，而一些批处理，或者基于半结构化数据的需求可以使用 Hadoop。

（5）数据挖掘

一般没有什么预先设定好的主题，主要是在现有数据上面进行基于各种算法的计算，从而起到预测（Predict）的效果，并实现一些高级别数据分析的需求。比较典型的算法有用于聚类的 Kmeans、用于统计学习的 SVM 和用于分类的 NaiveBayes，比较常用的工具有 Hadoop 的 Mahout 等。该过程的特点和挑战主要是用于挖掘的算法很复杂，并且涉及的数据量和计算量都很大。随着计算能力的提升，神经网络方法由于本身的鲁棒性、自组织性、自适应性在并行处理、分布处理、高度容错的等方面的表现，适合解决数据挖掘的问题而受到广泛关注。

10.1.4　大数据应用

（1）大数据在医疗行业的应用

① Seton Healthcare 是采用 IBM 最新沃森技术医疗保健内容分析预测的首个客户。该技术允许企业找到大量病人相关的临床医疗信息，通过大数据处理，更好地分析病人的信息。

② 医院针对早产婴儿防护问题，每秒钟有超过 3000 次的数据读取。通过这些数据分析，医院能够提前知道哪些早产儿出现问题并且有针对性地采取措施，避免早产婴儿夭折。

③ 医疗大数据让更多的开发者以及相关公司更方便地开发产品，比如通过社交网络来收集数据的健康类 APP。也许未来数年后，它们搜集的数据能让医生给患者的诊断变得更为精确，比如不是通用的"成人每日三次一次一片"，而是检测到患者的血液中药剂已经代谢完成会自动提醒其再次服药。

（2）大数据在能源方面的应用

① 智能电网的终端应用，也就是所谓的智能电表。在德国，为了鼓励利用太阳能，会在家庭中安装太阳能，除了卖电给客户，当客户的太阳能有多余电的时候还可以买回来。通过电网每隔 5min 或 10min 收集一次数据，收集来的这些数据可以用来预测客户的用电习惯等，从而推断出在未来 2~3 个月里，整个电网大概需要多少电，通过这个预测来提高电力资源的使用效率和合理控制成本。

② 维斯塔斯风力系统，依靠的是 BigInsights 软件和 IBM 超级计算机，然后对气象数据进行分析，找出安装风力涡轮机和整个风电场最佳的地点。利用大数据，以往需要数周的分析工作，现在仅需要不足 1h 便可完成。

（3）大数据在通信和广告业的使用

① XO Communications 通过使用 IBM SPSS 预测分析软件，减少了将近一半的客户流失率。XO Communications 现在可以预测客户的行为，发现行为趋势，并找出存在缺陷的环节，从而帮助公司及时采取措施，保留客户。此外，IBM 的 Netezza 网络分析加速器，将通过提供单个端到端网络、服务、客户分析视图的可扩展平台，帮助通信企业制定更科学、合理的决策。

② 中国移动通过大数据分析，对企业运营的全业务进行针对性的监控、预警、跟踪。系统在第一时间自动捕捉市场变化，再以最快捷的方式推送给指定负责人，使其在最短时间内获知市场行情。

③ NTT docomo 是日本最大的移动通信运营商，拥有超过 6000 万的签约用户。该公司把手机位置信息和互联网上的信息结合起来，为顾客提供附近的餐饮店信息和末班车信息等服务。

④ 淘宝、京东等购物平台通过对用户的购物历史和浏览历史的海量数据分析，对用户的购物行为进行预测并进行用户画像，实现对用户的精准的个性化推荐。短视频应用如抖音、快手等，通过对用户的关注、点赞以及对某一类标签下作品的观看时间对用户的喜好进行预测，从而实现依据用户的喜好和需求进行内容个性化推荐和广告投放。

10.2　人工智能

近年来，在数字经济不断推进的大背景下，人工智能发展迅速，并与多种应用场景深度融合，比如刷脸支付、无人驾驶、智能推荐等人工智能应用已经成为现实。如同蒸汽时代的蒸汽机、电气时代的发电机、信息时代的计算机和互联网，人工智能正成为推动人类进入智能时代的决定性力量。全球产业界充分认识到人工智能技术引领新一轮产业变革的重大意义，纷纷转型发展，抢滩布局人工智能创新生态。

10.2.1　发展历史

1956 年由 McKarthy（麦卡锡）、Minsky（明斯基）、Shannon（香农）、Rochester（洛切斯特）、Newel（纽厄尔）、Simon（西蒙）等数学家、计算机学家、神经心理学家发起并召开了著名的达特茅斯会议。会议用了近 2 个月的时间来讨论机器智能的问题，期间经麦卡锡提议正式采用人工智能（Artificial Intelligence，AI）这一术语来表示机器智能的问题，这标志着人工智能作为一门新兴学科的正式诞生，因而麦卡锡也被称为"人工智能之父"。

1969 年，召开了第一届国际人工智能联合会议（International Joint Conference on AI，IJCAI），它是 1956 年达特茅斯研讨会的延伸，也是有史以来的第一次人工智能国际会议，此后每两年召开一次，自 2016 年起又改为每年召开一次。IJCAI 是人工智能领域历史最悠久的学术会议，也是最重要和最顶级的学术会议之一。几十年来，众多领先的 AI 科技成果都是在 IJCAI 会议期间提出的。

1970 年，人工智能领域国际性的顶级期刊《The journal of Artificial Intelligence》创刊。这些对开展人工智能国际学术活动和交流、促进人工智能的研究和发展起到积极作用。

20 世纪 60 年代末，人工智能研究遇到一些困难，如在机器翻译方面把"眼不见、心不烦"的英文句子"Out of sight，out of mind"翻译成俄语后变成了"又瞎又疯"的意思。因此，美国顾问委员会给出了裁定报告：还不存在通用的科学文本机器翻译，也没很近的实现前景。这导致英国、美国中断了大部分机器翻译项目的资助，使人工智能研究陷入低谷。

20 世纪 70~80 年代，费根鲍姆在第五届国际人工智能联合会议上提出了"知识工程"的概念，促进了专家系统的成功应用，从而确定了知识在人工智能中的地位。

20 世纪 90 年代，IBM 公司开发的"深蓝"计算机系统战胜了国际象棋大师。

2006 年，"深度学习"（Deep Learning）技术兴起并在计算机视觉、语音识别、自然语言处理等领域取得了极大成功，从理论和实践上结束了始于 20 世纪 90 年代的神经网络方面的研究低谷。

2009 年，谷歌公司开始研究自动驾驶汽车并曝光了模型车的雏形图片，2010 年 10 月谷歌在官方博客中正式宣布正在开发自动驾驶汽车，目标是通过改变汽车的基本使用方式，协助预防交通事故，将人们从大量的驾车时间中解放出来，并减少碳排放。2011 年 10 月，谷歌在内华达州和加州的莫哈韦沙漠作为试验场对汽车进行测试。2012 年，在高速公路、市内街道和拉斯韦加斯闹市区域的测试显示，自动驾驶汽车可以安全行驶，甚至比人工驾驶更加安全。

2016 年 3 月，阿尔法狗（AlphaGo）围棋机器人与围棋世界冠军、职业九段选手李世石进行人机大战并以 4∶1 的总比分获胜。AlphaGo 本质上是一款围棋人工智能程序，其主要工作原理就是人工智能中的"深度学习"，是由谷歌（Google）旗下 DeepMind 公司的戴密斯·哈萨比斯、大卫·席尔瓦、黄士杰与他们的团队开发的。

我国在人工智能上的研究起步较晚，从 1978 年开始把"智能模拟"作为国家科学技术发展规划的主要研究课题，在 1981 年成立了中国人工智能学会，到目前为止中国人工智能学会拥有 45 个分支机构，包括 38 个专业委员会和 7 个工作委员会。

从 2002 年开始，中国机器学习及其应用研讨会先后在复旦大学、南京大学、清华大学等地举行。该研讨会每年邀请海内外从事机器学习及相关领域研究的专家与会进行学术交流。研讨会不征文，不收取注册费，促进了从事机器学习及相关领域的研究生之间以及研究生与资深学者之间的交流。2015 年中国人工智能学会创办了中国人工智能大会，每年举办一届。该会是我国最早发起举办的人工智能大会，目前已经成为我国人工智能领域规格最高、规模最大、影响力最强的会议之一。

从 2018 年开始，南京大学等高校在国内率先成立人工智能学院，开始招生人工智能专业的本科生、研究生，以培养人工智能方面的后备人才。

此外，我国在人工智能研发和应用方面也取得了不少成绩。例如，中国搜索引擎、互联网巨头百度公司开发了一款能够进行人机对话的机器人——"小度"。测试表明，小度能够很好地回答人类提出的问题，给出的回答十分符合人类的对话逻辑，让人感觉就像是人类给出的回答。2015 年 6 月 11 日，百度公司表示，百度与德国宝马汽车公司合作开发自动驾驶汽车，2020 年 10 月 15 日，百度自动驾驶汽车首次路试。

近十几年来，国内外学者们在机器学习、计算智能、人工神经网络、遗传算法等方面开展了深入的研究并取得了很多成果。同时，不同人工智能学派间的争论也非常激烈，这些对推动人工智能的进一步发展起到了积极作用。

10.2.2　基本概念

对于人工智能的概念，主要是从"能力"和"学科"两个方面对其进行定义。从能力的角度来看，人工智能是指用人工的方法在机器（计算机）上实现的智能；从学科的角度看，人工智能是一门研究如何构造智能机器或智能系统并使其能模拟、延伸和扩展人类智能的学科。下面罗列出不同文献中对人工智能的一些定义。

① 智能机器：指能够在各类环境中自主地或交互地执行各种拟人任务（Anthropomorphic Tasks）的机器。

② 人工智能（学科的角度）：人工智能是计算机科学中涉及研究、设计和应用智能机器的一个分支。它近期的主要目标在于研究用机器来模仿和执行人脑的某些智力功能，并开发相关理论和技术。

③ 人工智能（能力的角度）：人工智能是智能机器所执行的通常与人类智能有关的智能行为，如判断、推理、证明、识别、感知、理解、通信、设计、思考、规划、学习和问题求解等思维活动。

④ 人工智能是一种使计算机能够思维，使机器具有智力的激动人心的新尝试（Haugeland，1985）。

⑤ 人工智能是那些与人的思维、决策、问题求解和学习等有关活动的自动化（Bellman，1978）。

⑥ 人工智能是用计算模型研究智力行为（Charniak 和 McDermott，1985）。

⑦ 人工智能是研究那些使理解、推理和行为成为可能的计算（Winston，1992）。

⑧ 人工智能是一种能够执行需要人的智能的创造性机器的技术（Kurzwell，1990）。

⑨ 人工智能研究如何使计算机做事让人过得更好（Rick 和 Knight，1991）。

⑩ 人工智能是一门通过计算过程力图理解和模仿智能行为的学科（Schalkoff，1990）。

⑪ 人工智能是计算机科学中与智能行为的自动化有关的一个分支（Luger 和 Stubblefield，1993）。

10.2.3　人工智能的实现途径

既然人工智能的目标是构造一个智能机器并使其能模仿甚至超越人在某方面的智能行为，那么实现这一目标就需要采取一些具体的技术路线。由于研究人工智能的学者主要来自数学、计算机科学、神经生理学等不同的学科领域，因此他们在看待人工智能的角度、实现人工智能的思路上也是不同的。总体上，可将实现人工智能的途径分为下面的三大学派。

（1）符号主义（Symbolicism）

符号主义又称为逻辑主义（Logicism）、心理学派（Psychlogism）或计算机学派（Computerism），基本思想是通过模拟人类的逻辑推理来实现人工智能。理论基础是"物理符号系统假设"，认为人类认知和思维的基本单位是符号，而认知过程就是在符号表示上的一种运算，它认为人是一个物理符号系统。这样，用符号表示知识，即可通过计算机的符号操作来模拟人的认知过程，从而达到用计算机来模拟人的智能行为的目的。

符号主义的代表人物主要是 Newell（纽威尔）和 Simon（西蒙），且早期的人工智能研究者绝大多数属于此类。其代表成果是 1957 年纽威尔和西蒙等人研制的称为"逻辑理论家"的数学定理证明程序 LT（The Logic Theory Machine），该程序证明了 B.A.W.Russell 和 A.N.Whitehead 的《数学原理》一书第二章的 38 个定理，并取得不少成果。

LT 的成功，说明了可以用计算机来研究人的思维过程、模拟人的智能活动。以后，符号主义走过了一条"启发式算法—专家系统—知识工程"的发展道路，尤其是专家系统的成功开发与应用，使人工智能研究取得了突破性的进展。

（2）连接主义（Connectionism）

连接主义又称为仿生学派（Bionicsism）或生理学派（Physiologism），基本思想是通过模拟人类大脑的机构来实现人工智能，认为神经元不仅是大脑神经系统的基本单元（即结构单元），而且是行为反应的基本单元（即功能单元）；认为人的思维过程是神经元的连接活动过程，而不是符号运算过程，即对物理符号系统假设持反对意见。

代表人物是麦克洛奇和皮兹，其代表成果是 1943 年两人提出的形式化神经元模型，即M-P 模型，如图 10.1 所示，从此开创了神经计算的时代，为人工智能创造了一条用电子装置模仿人脑结构和功能的新途径。他们总结了神经元的一些基本生理特性，提出神经元形式化的数学描述和网络的结构方法。后来又出现了各种更成熟的人工神经网络算法，例如 1982年美国物理学家霍普菲尔德提出的离散的神经网络模型，1984 年他又提出连续的神经网络模型，使神经网络可以用电子线路来仿真，开拓了神经网络用于计算机的新途径。1986 年鲁梅尔哈特（D.E. Rumelhart）、欣顿（G.E. Hinton）和威廉姆斯（R.J. Williams）报告的反向传播（BP）算法的发展，使多层感知机的理论模型有所突破。同时，许多科学家加入了人工神经网络的理论与技术研究，使这一技术在图像处理、模式识别等领域取得了重要的突破，为实现连接主义的智能模拟创造了条件。

（3）行为主义（Actionism）

行为主义又称进化主义（Evolutionism）或控制论学派（Cyberneticsism），其基本思想是通过模拟自然界中生物体的智能进化过程来实现人工智能。这一方法认为，智能取决于感知和行为，取决于对外界复杂环境的适应，而不是表示和推理，不同的行为表现出不同的功能和不同的控制结构，因而是一种基于"感知-行动"的行为智能模拟方法。

代表人物是布鲁克斯教授，他认为智能只是在与环境的交互作用中表现出来的，任何一种"表达"都不能完整地代表客观世界的真实概念，因而用符号串表达智能是不妥当的。代表性成果是布鲁克斯发明的 6 足机器虫，如图 10.2 所示。他认为要求机器人像人一样去思维太困难了，在做一个像样的机器人之前，不如先做一个像样的机器虫，由机器虫慢慢进化，或许可以做出机器人。于是他在美国麻省理工学院（MIT）的人工智能实验室研制成功了一个由 150 个传感器和 23 个执行器构成的像蝗虫一样能做 6 足行走的机器人试验系统。布鲁克这种基于行为（进化）的观点开辟了人工智能的新途径。

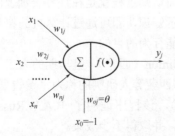

图 10.1　M-P 神经元模型　　　　　图 10.2　布鲁克斯发明的 6 足机器虫

10.2.4 主要研究内容及其应用

从上一小节可知，来自不同学科领域的学者从不同的角度看待和研究人工智能，并且给出了实现人工智能的不同途径。因此，这些不同学派研究人员的研究成果构成了人工智能的基本理论框架。总体上来说，人工智能的理论体系就是三大学派研究内容的汇总，主要内容包括：知识表示、确定性推理、不确定性推理、搜索策略、遗传算法、机器学习、人工神经网络等。

（1）知识表示

知识表示是人工智能的基本问题之一。遵循符号主义的研究思路，为使计算机模拟人的智能行为，首先需用某种符号表示知识，然后通过计算机的符号操作来模拟人的认知过程。因此，知识表示主要研究各种知识表示的方法，包括一阶谓词逻辑表示法、产生式表示法、框架表示法、状态空间表示法等，也包含人工神经网络这种隐式的知识表示法。

在具体应用中，需根据其业务属性选择一种最恰当的知识表示方法。例如，让机器证明某个结论时，一般用一阶谓词逻辑公式将相应问题中的知识形式化地表示出来；使用专家系统根据病人的症状来推断所患病的种类时，往往使用"If-Then"形式的产生式来表示医学领域中的知识。

（2）确定性推理

当采用某种方法将应用领域中的知识形式化地表示出来并存储到计算机中后，需要对其进行操作来模拟人的逻辑推理过程。因此，推理即为符号主义中求解问题的策略。根据推理时所用的证据、规则是否具有不确定性，可将推理分为确定性推理、不确定性推理两大类。确定性推理是指推理时所用的证据、规则均是确定性的，并且推出的结论也是确定性的，即要么为真（T）、要么为假（F）。

确定性推理方法主要包含自然演绎推理、归结演绎推理。自然演绎推理中使用的推理规则包括 P 规则、T 规则、假言推理、拒取式、假言三段论等。它在证明结论时，是从初始证据出发，利用上述推理规则逐步推出要证明的结论，因而是正向推理。归结演绎推理将已知事实对应的谓词公式、要证明结论对应谓词公式的否定分别化为子句集，然后需通过对子句集进行归结来证明结论。若归结出空子句，即出现矛盾，说明前面将结论否定是不对的，从而可证明结论是成立的。因此，归结演绎推理采用了反证法的思想。

符号主义代表人物纽维尔和西蒙开发的"逻辑理论家 LT"能够证明罗素《数学原理》中的 38 条定理，具有很强的逻辑推理能力。

（3）不确定性推理

不确定性推理是指推理时所用的证据、规则存在某种程度的不确定性，并且推出的结论也是不确定性的。主要存在可信度方法和证据理论这两种计算结论不确定性的方法，具体通过相关公式来计算某一结论成立的可能性或可信度。

例如，若一个人具有头疼、流鼻涕的症状（已知前提、证据），则计算出他得了感冒的可能性是 0.9。不确定性推理为各种专家系统中结论可信度的生成提供了重要的技术支撑。

（4）搜索策略

搜索这种问题求解方法也是符号学派的研究成果，其对应的知识表示方法是状态空间图。搜索一般指从问题的初始状态出发，通过依次执行某些操作到达问题目标（终止）状态的过程，从而得到问题的一个解，如图 10.3 所示。根据搜索过程中是否利用了与待求解问题相关的信息，可将其分为盲目搜索策略和启发式搜索策略。

盲目搜索策略是在不使用特定问题任何有关信息的条件下，按固定的步骤（依次或随机调用操作算子）进行的搜索。例如，广度优先搜索 BFS、深度优先搜索 DFS 均属于盲目搜索策略；启发式搜索则利用了特定问题领域的相关知识，可在搜索过程中动态地调用最合适的操作算子，尽量减少不必要的搜索，从而可极大地减小搜索的状态空间并尽快地到达结束状态，一般具有比盲目搜索策略更高的时间和空间效率。典型的启发式搜索方法有 A*算法、

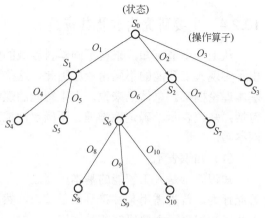

图 10.3　搜索过程示意图

AO*算法等。近几年搜索方法研究开始注意那些具有百万结点的超大规模的搜索问题。

（5）遗传算法

遗传算法是行为主义的研究成果，是密歇根大学的 Holland 于 1965 年首次提出的，其思想的生物学背景是达尔文的自然选择学说。随着某物种不断繁殖后代，其个体数目大量增加，然而自然界中的食物等资源是有限的，为了生存，不同个体之间需要竞争。根据对环境的适应能力，适应环境能力强的个体更容易生存下来并有机会繁殖后代。例如，当草原上的草被吃光了后，长脖子的长颈鹿因能吃到树上的叶子而生存下来，而脖子短的长颈鹿因吃不到树叶而被淘汰。生物根据这种优胜劣汰的原则不断地进化，使得后代个体总体上不断获得比前代个体更好的性能。借鉴这一思想，在解决某些实际问题时可将每个候选解决方案看成一个"个体"，首先生成由若干个候选解决方案组成的"初始种群"，然后通过反复执行选择、交叉、变异等遗传操作，使种群进化若干代。最后，将进化结束时那一代中最好的个体（通常具有最高的适应度函数值）作为得到的最优解决方案。

遗传算法非常适用于处理传统搜索方法难以解决的复杂和非线性优化问题，已广泛应用于组合优化、机器学习、自适应控制、规划设计和人工生命等领域，是 21 世纪有关智能计算中的重要技术之一。

（6）机器学习

机器学习主要研究如何使计算机（机器）来模拟人类的学习活动，涉及概率论、统计学、逼近论、凸分析、算法复杂度理论等多门学科的知识，它为数据挖掘中很多数据分析任务提供技术支撑，因而是人工智能的核心。

机器学习中的学习任务主要包括分类（Classification）、回归（Regression）、聚类（Clustering）、关联规则挖掘（Association Rule Mining）等。

分类是让机器根据对某一类事物的认识（经验）来判断之前未曾见过的新对象（实例）是否属于该类事物，如让机器判断通过传送带运到仓库门口的水果是苹果（类别 1）还是橘子（类别 2），若能准确地分类即可实现水果的自动筛选，分类任务中的预测结果一般是离散的整数值。

回归是让机器预测事物在某属性上的值，例如预测明后两天的气温值、风级大小，因而回归任务中的预测结果一般是连续的实数值。

聚类是让机器把具有相似特征的个体（对象）聚到一组，达到"物以类聚，人以群分"

的目的。例如，通过聚类技术对顾客消费记录数据进行处理，可将年龄在 55 岁以上且经常买跑步机、羽毛球等健身器材的人聚到一组，进而可有针对性地进行促销宣传。

关联规则挖掘是从大量数据中发现具有某种相关性的事物，例如沃尔玛的技术部门对海量顾客消费记录数据进行分析发现，啤酒与尿布这两种看似不相关的商品经常同时出现在顾客的购物篮中。经过销售部门的走访调查，发现这确实反映了美国年轻人的生活规律：在美国有婴儿的家庭中，一般是母亲在家中照看婴儿，年轻的父亲前去超市购买尿布。父亲在购买尿布的同时，往往会顺便为自己购买啤酒，这样就会出现啤酒与尿布这两件看上去不相干的商品经常会出现在同一个购物篮的现象。因此，沃尔玛尝试将啤酒与尿布摆放在相同的区域，让年轻的父亲可以更快捷地找到这两件商品，结果使两种商品的销量得到了很大的提高。

（7）人工神经网络

人工神经网络是连接主义的研究成果，主要通过模拟人脑神经系统的结构和功能来让机器具有一定的智能。研究表明，人脑由 1000 多亿个神经细胞（神经元）交织在一起的网状结构组成，神经元约有 1000 种类型，每个神经元大约与 $10^3 \sim 10^4$ 个其他神经元相连接，形成极为错综复杂而又灵活多变的神经网络，人的智能行为就是由如此高度复杂的组织产生的。于是连接主义学者用一个简单电子处理单元来表示一个神经元，将大量的处理单元进行广泛连接组成人工神经网络系统。图 10.4 展示了一个三层的简单人工神经网络，其中网络的最左侧中的三个神经元构成了输入层，中间两个神经元构成了隐藏层（也叫中间层），最右侧的两个神经元构成了输出层。不同拓扑结构的神经网络在性能上会有很大的不同。人工神经网络就是把某问题的相应信息（如图像

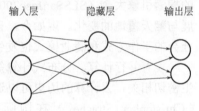

图 10.4　人工神经网络

识别中图像的像素、分辨率等信息）通过输入层提供给神经网络，将输入层各节点的值作为后面第二层中各节点的输入，然后利用激励函数计算第二层中各节点的输出，接着将第二层各节点的输出作为其后第三层中各节点的输入。这样依次得每一层中各节点的输出值，一直计算到最后的输出层为止，输出层的输出便是神经网络给出的决策结果（如将图像中的内容分为风景类、人物类等）。

目前人工神经网络已经在以下方面取得成功应用：模式识别、机器视觉、联想记忆、自动控制、信号处理、软测量、决策分析、智能计算、组合优化问题求解、数据挖掘。对于前面提到的 AlphaGo 下棋机器人，它的其中一个支撑技术便是深度学习，即至少含有两个以上隐藏层的神经网络。

10.3　云计算

云计算（cloud computing）在发展初期是分布式计算的一种，指的是利用网络"云"将巨大的数据计算处理程序分解成无数个小程序，通过多部服务器组成的系统对这些小程序进行处理和分析，最后将得到的结果返回给用户。云计算本质属于分布式计算，主要包括任务分发、数据计算、结果合并等，因而云计算又称为网格计算。通过这项技术，可以在很短的时间内（几秒钟）完成对数以万计的数据的处理，从而实现强大的网络服务。而随着技术的发展，现阶段所说的云计算已经不单单是一种分布式计算，而是分布式计算（Distributed

Computing)、并行计算（Parallel Computing）、效用计算（Utility Computing）、网络存储（Network Storage Technologies）、负载均衡（Load Balance）、热备份冗余（High Available）、虚拟化（Virtualization）等技术发展融合的产物，被视为计算机网络领域的一次革命。

10.3.1　概念及定义

云计算是一种基于互联网的计算模式，其将可伸缩、弹性、共享的物理和虚拟资源池以按需自服务的方式供应和管理，并提供网络访问。云计算模式由关键特征、云计算角色和活动、云能力类型和云服务分类、云部署模型、云计算共同关注点组成。通过这种计算方式，共享的软硬件资源和信息可以按需求提供给计算机各种终端和其他设备。终端用户只需要一台可以连接互联网的设备，即可从云端访问各种数据和服务，也可在云端存储所需数据，并且不需要对"云"进行维护或管理。同时，云端可以有效扩容至无限大，因此终端用户无须担心云数据的存储限制，只需要将终端设备连接互联网，即可体验每秒上万亿次的运算能力。

10.3.2　发展历程及现状

云计算的概念由 Google 首席执行官埃里克·施密特（Eric Schmidt）在 2006 年 8 月 9 日的搜索引擎大会（SESSanJose2006）上首次提出，之后的十几年内，云计算取得了飞速的发展与翻天覆地的变化。现如今，云计算被视为计算机网络领域的一次革命，因为它的出现，社会的工作方式和商业模式也发生着巨大的改变。

现有并行计算、分布式计算等计算机技术从根本上促进着云计算的成长，与云计算的产生密切相关。云计算的历史可以追溯到 1959 年 6 月，牛津大学的计算机教授克里斯·托弗（Christopher Strachey）在国际信息处理大会（International Conference on Information Processing）上发表了一篇名为《大型高速计算机中的时间共享》（Time Sharing in Large Fast Computer）的学术报告，在文中首次提出了"虚拟化"的基本概念，同时论述了什么是虚拟化技术。虚拟化是今天云计算基础架构的核心，是云计算发展的基石。之后在 20 世纪 90 年代，计算机网络大爆炸导致网络进入泡沫时代，但 2004 年 Web2.0 会议的成功举行，使 Web2.0 成为热点技术，计算机网络发展进入新阶段。此阶段的发展致力于让更多的用户方便快捷地使用网络服务，与此同时，一些互联网巨头也开始研究大型计算能力的相关技术，这都为云计算的出现奠定了坚实的基础。2007 年以来，"云计算"及相关技术成为了计算机领域的研究热点，是大型企业和互联网建设者着力研究的新方向。2008 年，微软发布了公共云计算平台（Windows Azure Platform），标志着微软的云计算发展进入新时期。此时，国内也掀起一场入"云"风波，众多网络公司纷纷加入云计算的行列。2009 年 1 月，阿里巴巴在南京市建立首个"电子商务云计算中心"。同年 11 月，中国移动启动云计算平台"大云"计划。同时，国家积极支持云计算的发展，2015 年 1 月 30 日，国务院印发《关于促进云计算创新发展培育信息产业新业态的意见》，为促进创业、提高创新能力提供有力支持，为经济社会持续健康发展注入新动力。

10.3.3　分类和特点

按照服务的对象和范围，云可以分为三类：私有云、公众云和混合云。私有云指建立的"云"只为了单位（企业或机构）自己使用，例如内部机房，其只为本单位的不同部门或不同用途而设立，并不对外开放；公众云指云的服务对象是本单位（企业或机构）以外的客户，例如 Amazon 的 AWS、Google 云、Salesforce 云等，其中 AWS 是目前为止世界上最大的公众云；混合云既为单位（企业或机构）自己提供服务，同时对外开放资源服务。有时也将两个或多个私有云的联合称为混合云。

不同于大数据和人工智能，云计算有以下特点：

① 超大规模：云计算中心一般都具有相当大的规模，例如 Google 云计算中心已经拥有几百万台服务器，Amazon、IBM、微软等企业的云计算也有一定规模，云计算中心通过整合和管理这些数目庞大的计算机集群向用户提供前所未有的计算和存储能力。

② 虚拟化：云计算支持用户在任意时刻、任意位置使用各种支持的终端获取服务。所请求的资源都在"云"中某处运行，用户无须了解应用运行的具体情况，使得操作快速而便捷。

③ 高可靠性：云计算在软硬件层面采用了诸如数据多副本容错、心跳检测和计算节点同构可互换等措施来保障服务的高可靠性，同时在设施层面上的能源、制冷和网络连接等方面采用冗余设计来进一步确保服务的可靠性。

④ 通用性：云计算不针对特定应用，同一片"云"可以同时运行不同的应用。

⑤ 高可伸缩性：用户所使用"云"的资源量可根据应用的需要进行调整和动态伸缩，依靠云计算中心的超大规模，能有效地满足应用大规模增长的需要。

⑥ 按需服务："云"是一个庞大的资源池，实行的是"按需购买"，与水电气等公用服务一样，根据用户的使用量计费，大量减少了前期软硬件等设施投入。

⑦ 廉价：大规模自动化管理使云计算中心管理成本大幅降低，加之具有较强的公用性和通用性，可大幅提升资源利用率，因此云计算的低成本优势明显，性价比较高。

10.3.4　实现机制

云计算目前还没有统一的技术体系结构，一般来说，比较公认的云架构划分为软件即服务（Software as a Service，SaaS）、平台即服务（Platform as a Service，PaaS）和基础架构即服务（Infrastructure as a Service，IaaS）三个层次。SaaS 将应用以基于 Web 的方式提供给用户；PaaS 将一个应用的开发和部署平台作为服务提供给用户；IaaS 将各种底层的计算（比如虚拟机）和存储等资源作为服务提供给用户。从用户角度而言，三层服务是独立的，因为它们提供完全不同的服务（应用、开发部署平台、底层计算），且面向的用户也不相同。但从技术角度而言，三层服务之间的关系并不完全独立，而是有一定依赖关系。例如一个 SaaS 层的产品和服务不仅需要使用到 SaaS 层本身的技术，而且依赖 PaaS 层所提供的开发和部署平台或者直接部署于 IaaS 层所提供的计算资源上，而 PaaS 层的产品和服务也有可能构建于 IaaS 层服务之上，三层服务如图 10.5 所示。

（1）软件即服务 SaaS

SaaS 是最先出现的、最常见的云计算服务。通过 SaaS 模式，用户在接入网络的前提下，通过浏览器即可使用在云上运行的应用。SaaS 云供应商负责管理云中的软硬件设施，以免费或者按需使用的方式向用户收费，用户不需要支付高昂的硬件费用，同时无须考虑软件安装、升级和维护等事项，从而节省大量成本。该模式常见示例包括 Netflix、Photoshop.com、Acrobat.com、Intuit QuickBooks Online、Gmail、Google Apps、Office Web Apps、Zoho、WebQQ、新浪微盘等。

相较于其他两层，SaaS 离普通用户更为接近，因此所用技术较为熟悉，主要包括以下五种：

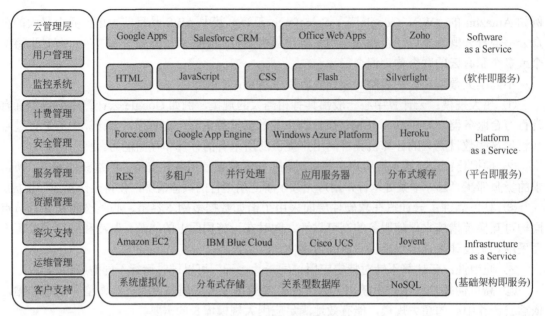

图 10.5　云架构三层服务

① HTML：超文本标记语言（Hyper Text Markup Language，HTML），是现今网络上应用最为广泛的语言，也是构成网页文档的主要语言之一。其中 HTML5 是公认的下一代 Web 语言，它的出现极大地提升了 Web 在富媒体、富内容和富应用等方面的能力，将是改变移动互联网的重要推手。

② JavaScript（简称 JS）：一种属于网络的高级脚本语言，通过嵌入在 HTML 中实现自身功能，已被广泛用于 Web 应用开发，可为网页添加各种动态功能，提高用户浏览效果。常见的 JS 框架有 jQuery、Dojo 和 Prototype 等。

③ CSS：层叠样式表（Cascading Style Sheets，CSS），是一种用来表现 HTML 或 XML 等文件样式的计算机语言。CSS 使开发人员能够分离内容和可视元素，以实现更好的页面控制。

④ Flash：是常用的富网络应用（Rich Internet Applications）技术之一，能够在现阶段提供 HTML 等技术所无法提供的基于 Web 的富应用，极大地提高了用户体验。

⑤ Silverlight：一种跨浏览器、跨平台的插件，为网络带来下一代基于.NET Framework 的媒体体验和丰富的交互式应用程序。Silverlight 提供灵活的编程模型，方便集成到现有的网络应用程序中。Silverlight 可以对运行在 Windows 或 Mac 上的浏览器提供快速、高质量、低成本的视频信息传递。

（2）平台即服务 PaaS

PaaS 提供对操作系统和相关服务的访问，让用户能够使用提供商支持的编程语言和工具把应用程序部署到云中。用户无须管理或控制底层基础架构，只需控制部署的应用程序并在一定程度上控制应用程序驻留环境的配置即可。PaaS 主要面向开发人员，用户可以在提供 SDK（Software Development Kit，软件开发工具包）、文档、测试环境和部署环境等在内的开发平台上编写、测试和部署应用，而服务器、操作系统、基础架构的运维工作由 PaaS 云供应商负责，因此它在整合率上非常惊人，一台运行 Google App Engine 的服务器就能够支撑成千上万的应用。通过使用云平台，用户可以创建优秀的产品，而无须负担内部生产的开销，适合小企业软件工作室等使用。PaaS 的提供者包括 Google App Engine、Windows Azure、Heroku、

Force.com 等。

PaaS 主要包括计算平台和解决方案堆，所使用的技术较为多样，较为常见的有以下 5 种。

① REST：Representational State Transfer，表述性状态转移，此技术能够非常方便和准确地将中间件层所支撑的部分服务提供给调用者。

② 多租户：保持良好隔离性和安全性的前提下，允许一个单独的应用实例为多个组织服务，可有效降低应用的购置和维护成本。

③ 并行处理：一种能同时执行两个或多个处理的计算方法，利用庞大的 x86 集群处理海量数据，节省复杂问题的解决时间，例如 Google 的 MapReduce。

④ 应用服务器：在原有应用服务器的基础上为云计算做定向优化，例如 Google App Engine 的 Jetty 应用服务器。

⑤ 分布式缓存：用于解决高并发、大流量访问时 Web 服务器与数据库服务器之间的瓶颈问题，降低数据库的读取压力，加快系统的反应速度。例如 LiveJournal 开发的 Memcached 分布式高速缓存系统。

对于很多 PaaS 平台而言，应用服务器、分布式缓存和 REST 技术是必须具备的，多租户技术常用于 SaaS 应用的后台，例如用于 Salesforce 中 CRM 等应用的 Force.com 多租户内核，而并行处理技术常被作为单独的服务向用户提供，例如 Amazon Elastic MapReduce。

（3）基础架构即服务 IaaS

基础架构或称基础设施（Infrastructure），是云的基础，由服务器、网络设备、存储设备等物理设备组成。用户并不实际控制底层基础架构，而是控制操作系统、存储和部署应用程序，同时在一定程度上控制网络组件的选择。用户可以利用 IaaS 从供应商那里获得他所需要的计算或者存储资源来装载相关应用，且只需为其所租用的资源进行付费，而基础设施烦琐的管理工作由 IaaS 供应商提供。对于企业而言，IaaS 的巨大价值通过云爆发（Cloudbursting）的部署实现。云爆发是指业务瞬间增长导致计算能力的需求达到顶峰时，动态地向云服务器请求一定量的计算（或存储）能力的应用部署模式。企业只有在请求了额外云服务器能力的情况下才需要支付费用，因此云爆发可节约大量成本，减少企业额外购买低利用率服务器的情况。

IaaS 所采用的技术偏底层，有四种是比较常用的。

① 虚拟化：该技术能够在一个物理服务器上生成多个虚拟机，并且能在这些虚拟机之间实现全面隔离，从而降低服务器的购置成本和运维成本，与 PaaS 的"多租户"有相似之处。常用的 x86 虚拟化技术有 VMware 的 ESX 和开源的 Xen 等。

② 分布式存储：是一种将数据分散存储在多台独立设备上的存储技术，由一组通过网络进行通信、为了完成共同的任务而协调工作的计算机节点组成，目的是提高数据容纳能力和存储资源获取能力，例如 Google 的 Google File System（GFS）。

③ 关系型数据库：原指采用关系模型组织数据、以行和列形式存储数据的数据库，现在其原有的关系型数据库基础上做了扩展和管理等方面的优化，使其更适应云计算。

④ NoSQL：区别于关系型数据库，NoSQL 泛指非关系型数据库，用于解决大规模数据集合多重数据种类所产生的问题，特别是大数据应用难题。其具有格式灵活、速度快、高扩展性和成本低等优势，例如 HBase、Redis、MongoDB、Couchbase、LevelDB 等。

IaaS 提供的资源访问是高度可伸缩的，用户可以根据容量变化的需求进行动态调整，按实际需要为计算能力付费。这使得该模型非常适合资源需求变化较为明显的公司，例如假日需求旺盛的零售商、景区等，或是增长较为稳定的中小型企业等。

10.3.5 云计算应用

近几年，云计算凭借可靠性、低成本等方面的优势，在各行各业得到了充分发展，以下为几类典型应用。

（1）IDC云

IDC（Internet Data Center，互联网数据中心）用于存放服务器，是实体服务器的集群。IDC云是在原有IDC的基础上加入更多云基因，利用系统虚拟化技术、自动化管理技术和智慧的能源监控技术等，提供从基础架构即服务（IaaS）到平台即服务（PaaS）再到软件即服务（SaaS）的连续、整体的全套服务。IDC数据中心将规模化的硬件服务器整合虚拟到云端，用户无须担心硬件设备的性能问题，即可获得具备高扩展性和高可用性的超强计算能力。

（2）云存储

云存储是通过集群应用、网格技术、分布式文件系统等，将网络中大量的存储设备整合起来并对外提供数据存储和业务访问功能的系统。云存储是对虚拟化存储资源的管理和使用，是实现云计算系统架构中的重要组成部分。对用户来说，云存储系统中的所有设备都是透明的，用户不清楚云存储系统内部是如何工作的，但其都可以通过网络来使用云存储系统提供的数据存储和业务访问服务。

（3）虚拟桌面云

通过瘦客户端或其他与网络相连的设备来访问桌面及应用程序，是一种基于云计算的桌面交付模式。虚拟桌面云可有效解决传统桌面系统成本高的问题，同时方便系统管理员统一管理用户在服务器端的桌面环境，主要用于桌面系统需求较大的企业。

（4）金融云

利用云计算技术，将金融机构的数据中心与客户端上传至云端，从而提高自身系统运算能力和数据处理能力，进而改善客户体验评价，降低运营成本。例如腾讯金融云、阿里金融云、IBM金融云等。

（5）教育云

教育云包括了教育信息化所必需的一切硬件计算资源，这些资源经虚拟化之后，向教育机构、教育从业人员和学员提供一个良好的平台，为教育领域提供云服务，用于构建个性化教学的信息化环境，促进学生思维能力和群体智慧的发展，提高教育教学质量。

（6）游戏云

游戏云是指游戏在服务器端运行，服务器将渲染完毕后的游戏画面通过网络发送给用户。目前主要有两种运行模式，一种是基于Web的休闲游戏，使用的是JavaScript、Flash和Silverlight等技术；另一种用于大容量、高画质的专业游戏，整个游戏都在云中运行，适合专业或高要求用户。

除此以外，云计算还在云医疗、云会议、开发测试云、HPC云、云杀毒、云交通等领域有较为广泛的应用，相信随着云计算技术的发展和普及，越来越多的行业会享受到云计算提供的强大、方便、低廉和优质的服务。

10.4 区块链

区块链技术是以比特币为代表的数字加密货币体系的核心支撑技术。随着比特币近年来的快速发展与普及，区块链技术的研究与应用也呈现出快速增长的态势，被认为是最有可能触发下一次产业革命的颠覆式创新技术之一，是下一代云计算的雏形。本节旨在让读者了解区块链基本概念、基础架构和使用到的关键技术，使读者对区块链技术有个感性认识。

10.4.1　概念及定义

目前，区块链尚无统一定义，本节从学术文献角度，给出关于区块链广义和狭义定义。

2016 年，袁勇和王飞跃在"区块链技术发展现状与展望"中指出，狭义来讲，区块链是一种将数据区块按照时间顺序组合而成的链式结构，并采用密码学技术进行加密，以保证不被篡改和不可伪造地去中心化共享总账，能够安全存储简单有序、去中心化的数据。广义来讲，区块链是一种全新的去中心化基础架构与分布式计算范式，是利用加密链式区块结构来验证与存储数据，利用共识算法来生成和更新数据，利用智能合约来编程和操作数据。

百度百科从科技和应用视角两个方面进行了描述。从科技层面来看，区块链涉及数学、密码学、互联网和计算机编程等很多科学技术问题。从应用层面，区块链是一个分布式的共享账本和数据库，是分布式数据存储、点对点传输、共识机制、加密算法等计算机技术的新型应用模式，其显著的特征是去中心化。

2017 年，中国电子技术标准化研究院等 13 家单位起草的《区块链参考架构》，给出了区块链的初步定义：区块链是一种在对等网络环境下，通过透明和可信规则，构建不可伪造、不可篡改和可追溯的块链式数据结构，实现和管理实务处理的模式。

美国权威公司 Gartner 给出的定义是区块链是一种分布式账本技术，它用来记录网络中的每一笔点对点的交易，所有经过确认和证明的交易都基于时间序列记录在每一个区块中，下一个区块始终指向前一个区块，形成一个链式结构，因此得名为区块链。在区块链的执行声明中，可以通过编程来实现一些自定义的行为，以此实现各类上层应用逻辑。

综上所述，区块链实际上是一种链式数据结构，去按照时间顺序，包含所有交易记录信息，具有去中心化、极难篡改、可追溯性和安全可信等特点。

（1）去中心化

去中心化是区块链发展过程中最显著的优势。所谓去中心化，可以理解为采用纯数学算法，在分布式系统上完成区块链的验证、存储、传输等一系列过程，无需中心机构。例如，如图 10.6（a）所示的星型网络为典型的中心化结构，一旦核心节点失效，将直接导致所有子节点瘫痪，无法通信[图 10.6（b）]。在去中心化的网络中，每个用户之间都可以是直接联系的，不再有任何第三方的参与。其中一个中心点失效不会影响其他节点相互连接。从控制角度，区块链中不存在能够控制其他区块的具有超级权限的节点。去中心化中的每个节点不属于任何超级节点，可以独立决策，呈现多样化的行为。从功能层面看，去中心化网络中每个节点功能对等，不存在不可或缺或者过度依赖的"中心节点"。如图 10.7 所示。

（2）极难篡改

区块链是一种由全民参与、共同维护的数据库，一旦交易达成被写入区块链，任何人都无法对其进行修改。与传统中心化数据库相比，区块链采用哈希函数和数字签名等纯数学算法以及分布式公式进行加密，极大地增加了恶意篡改的成本和难度，更无法以一人之力伪造通过矿工验证的包含已达成交易的区块链。

（3）可追溯性

带有时间戳的链式区块存储结构能够按照时间顺序记录每次交易记录的变更，换而言之，通过区块链能够查询到所有信息，包括来源、中间交易商等。区块链具有极难篡改的特性，意味着所有交易信息均有据可查，真实有效，避免伪造交易。

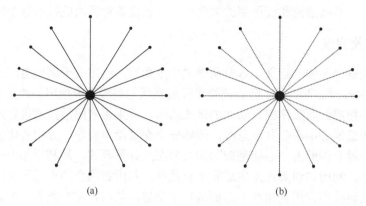

图 10.6　星型网络

（4）安全可信

区块链采用非对称密钥等非对称技术进行加密，应用场景主要有信息加密、数字签名和登录认证。区块链加密技术能够有效防止交易信息恶意篡改，保证交易数据的安全性。

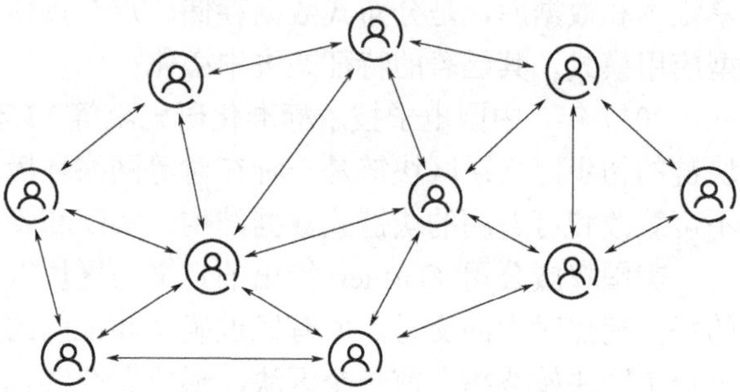

10.4.2　发展历史及现状

图 10.7　去中心化网络

（1）发展历史

2008 年，中本聪等人在其论文《比特币：一种点对点的电子现金系统》中首次采用 "Chain of Blocks" 一词阐述了区块链的概念，2016 年前后，国内正式确立 "区块链" 为 "Blockschain" 的中文名称。

2009 年 1 月，中本聪发布了比特币 0.1 版，并开始运行比特币网络。几天后，第一笔转账产生，从中本聪发给 Hal Finney。事后，分析认为中本聪最早启用了 51 台电脑，挖到了至少 100 万个比特币。

2010 年 5 月，第一笔比特币支付的真实交易产生，佛罗里达州的一个程序员花了 1 万个比特币买了一个披萨。

2015 年 9 月，汇丰银行、德意志银行等 13 家全球顶级银行宣布加入一个用区块链技术作为框架的金融技术公司 R3，代表着银行间第一次对如何将区块链技术应用于金融层面达成共识。

2015 年 10 月，第一届全球区块链峰会 "区块链——新经济蓝图" 在上海成功举办，标志着数字货币技术与区块链技术正产生积极的社会影响。

2015 年 12 月，Linux 基金会发起超级账本项目，IBM 等企业加入，致力于企业级区块链应用平台的研发。

2016 年，袁勇和王飞跃等人在《自动化学报》发表 "区块链技术发展现状与展望"，较全面地阐述了区块链的概念、特点、关键技术以及应用场景。截至目前，该文章在中国知网已经获得 75281 次下载和 2230 次引用，是区块链领域下载次数和引用频次最高的学术论文。

2016 年 1 月 20 日，中国人民银行邀请国内外科研机构、重要金融机构和咨询机构专家在北京召开了"数字货币研讨会"，就数字货币发行业务运行框架、关键技术、发行流通环境、面临的法律问题、对经济金融体系的影响等多方面问题进行了深入探讨。

2017 年 11 月，以太坊公司 Parity Technologies 遭到黑客攻击，1.56 亿美元被冻结。这是迄今为止最大的区块链黑客攻击。

2018 年 3 月，国家工信部就筹建全国区块链和分布式记账技术标准化技术委员会事宜开展专题研究。中国以参与国（P 成员）身份参加相关标准化活动，取得了积极进展。

2019 年 10 月，国家开始重视区块链，指出区块链技术的集成应用在新的技术革新和产业变革中起着重要作用，要把区块链作为核心技术自主创新的重要突破口，明确主攻方向，加大投入力度，着力攻克一批关键核心技术，加快推动区块链技术和产业创新发展。

2020 年 4 月，国家发改委召开例行新闻发布会，明确将 5G 基站建设、人工智能、区块链与物联网等正式列入新型基础设施范围。

（2）发展现状

根据 Gartner 发布的截至 2019 年 7 月底的区块链技术成熟度曲线（见图 10.8）显示，实用的区块链用例正在全球范围内出现，并逐渐进入生产阶段，但要技术完全成熟并支撑场景应用，可能至少要到 2028 年才会实现。其中，区块链管理服务、分布式网络、后量子区块链、智能契约 Oracle 等正处于技术萌芽期的上升阶段，而智能合约和分散识别等已经攀升到 Gartner 技术成熟度曲线的顶端，而区块链（Metacoin）平台和加密货币硬件钱包等同样处于顶端，但已经有向低谷期沉降的趋势。而分布式账本和加密货币挖掘等正处于低谷期。2020 年，随着计算机算力的不断提升，加密货币挖掘有可能会不断上升，进入复苏期。

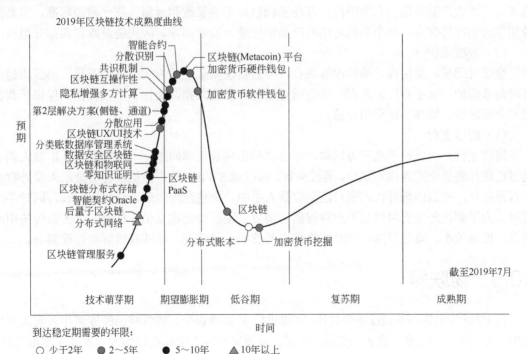

图 10.8　区块链技术成熟度曲线（来自 Gartner）

10.4.3　体系结构

2016 年，袁勇等人在"区块链技术发展与展望"中，首次提出了区块链的基础架构（见图 10.9），共包含 6 层，自顶向下依次是应用层、合约层、激励层、共识层、网络层和数据层。其中，数据层封装了数据区块以及时间戳和数字加密等相关技术；网络层则包含分布式组网、数据传播和验证等机制；共识层主要封装网络节点中采用的各种共识算法；激励层将经济因素集成到区块链技术体系中来，主要包括经济激励的发行机制和分配机制等；合约层是区块链可编程特性的基础，主要用于各类脚本、算法和智能合约；应用层则封装了区块链的各类实际应用案例和应用场景。

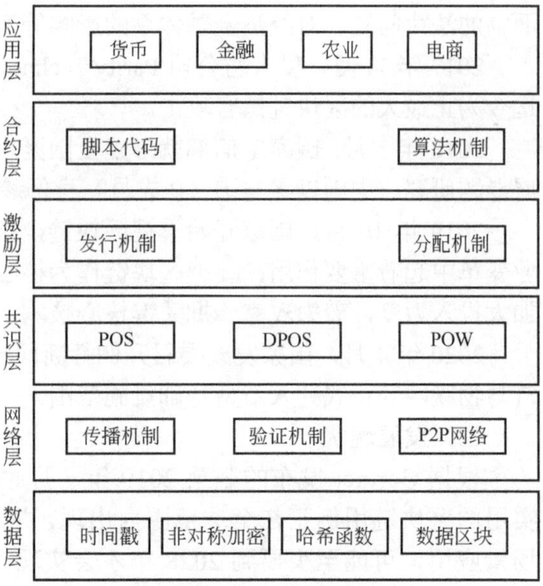

应用层	货币	金融	农业	电商
合约层	脚本代码			算法机制
激励层	发行机制			分配机制
共识层	POS	DPOS		POW
网络层	传播机制	验证机制		P2P网络
数据层	时间戳	非对称加密	哈希函数	数据区块

图 10.9　区块链架构图

10.4.4　区块链应用

（1）农产品溯源

区块链技术具备去中心化、极难篡改、可追溯性和安全可信等优势。近些年来，毒奶粉、毒豆芽、苏丹红鸭蛋等食品安全问题频频发生，严重危害广大人民群众的生命安全。区块链溯源是监控农产品质量的有效手段，存在溯源信息不易篡改和泄漏、统一溯源标准、提高溯源信息透明度等优点。整个系统可由农产品供应链、云数据库、区块链及监管四部分组成。

（2）版权保护

登记时间长、费用高、易篡改等缺点，导致传统鉴证证明方式公信力不足。而区块链具有时间戳保护，去中心化，没有一家公司可以任意篡改数据，简化了申报流程，保证了数据的安全可靠性，提高了证明的公信力。

（3）跨境支付

跨境支付严重依赖于第三方机构，涉及多种币种和汇率问题。一般情况下，汇款人需要通过汇款行将资金汇入代理账户，通过央行、银联或 SWIFT 等中介机构将资金汇入境外收款行代理账户，然后由境外代理账户汇至收款人手中。上述流程烦琐，结算周期长，同时手续费高。为了解决跨境支付信息不对称问题，需要采用区块链建立信任机制，以去除传统中心转发，提高效率，降低费用。同时区块链交易透明，可追溯，能够有效解决监管漏洞。

10.5　物联网

自 1999 年美国 Auto-ID 率先提出"物联网"的概念以来，物联网已经逐渐深入到人类生活的方方面面，在工业、农业、交通、物流、智能家居等多个基础设施领域发挥了重要作用，它不再局限于现实中的计算机，而是要将各种传感设备、通信设备、云服务统一连接起来，形成一个巨大的互联网络，从而实现人、物、机之间实时的互联互通。因此，物联网成为继计算机、互联网之后信息产业的热点。

10.5.1　概述及定义

目前，物联网（Internet of Things，IOT）尚无统一定义，不同组织对物联网的定义也不尽相同，较通俗的定义是"物联网是物与物之间相连的互联网"，其中互联网和边缘端设备是物联网的两大核心。物联网的基础仍然是互联网，通过互联网才能实现信息互联互通。物联网已经将通信终端拓展至各个角落，不再局限于独立的计算机。

物联网起源于 1991 年剑桥大学特洛伊计算机实验室的"咖啡观测系统"；1995 年，比尔·盖茨在他的书中提及物联网概念，但未引起重视；1999 年，美国 Auto-ID 的 Ashton 教授提出通过给每个物品分配一个唯一标识，奠定了当今物联网的雏形。2005 年，突尼斯信息社会世界峰会正式引入了"物联网"的概念。物联网发展至今，已经取得突破性成就，美国、日本、欧盟等多个国家和地区相继提出物联网发展战略。2010 年 10 月 10 日，《国务院关于加快培育和发展战略性新兴产业的决定》出台，我国正式将物联网列为国家发展战略，同时，各级政府加快物联网发展布局，物联网发展十二五规划相继出台，物联网产业联盟迅速涌现，从业人数快速增长。4G、5G 通信技术的相继提出，再次为物联网的发展提供了极大推动力。截止到 2020 年，全球物联网设备持续大规模部署，连接数突破 110 亿；模组与芯片市场势头强劲，平台集中化趋势明显，工业领域投资愈加活跃。在网络强国、新基建等国家战略的推动下，我国加快推动 IPv6、NB-IoT、5G 等网络建设，移动物联网连接数已突破 12 亿，设备连接量占全球比重超过 60%，消费物联网和产业物联网逐步开始规模化应用，5G、车联网等领域发展取得突破。数据显示，2019 年产业规模突破 1.5 万亿元，已超过预期规划值。

（1）特点

① 全面感知。物联网不再局限于无线射频识别、条形码等早期感知媒介，随着科学技术的进步，它已经逐步拓展至各类传感器、卫星、智能手机、家用电器、汽车、楼宇、桥梁等各类基础设施。换而言之，只要网络能够覆盖到的地方，就有物联网的存在。

② 可靠传递。物联网依靠庞大的互联网体系，通过将各种网络进行互联融合，通过中继路由端对终端上传的感知信息进行实时远程传送，实现信息的交互和共享，并根据云端逻辑对终端进行反馈。在传递过程中，通常需要用到已有的各种网络，包括局域网、城域网和互联网。在国内，网络已经普及到千家万户，为物联网信息传递提供了强有力的网络支持。

③ 智能处理。物联网终端本身已经具备一定的信息处理能力，随着云计算、边缘计算等概念的提出，使得物联网处理的能力和速度得到质的提升。例如，物联网终端可完成简单的信息处理任务，而复杂的处理任务可上传至云端，由云服务器进行处理。

（2）功能

① 在线监测：这是物联网最基本的功能。物联网最底层为各类传感器，因此，在线监测自然成为物联网最基本的功能。

② 定位追溯：一般指依赖于全球定位系统（如 2020 年我国建成的北斗定位系统，美国的 GPS 定位系统）和无线通信技术的传感器、移动终端、工业系统、楼控系统、家庭智能设施、视频监控系统等，或只依赖于无线通信技术的定位，如基于移动基站的定位、实时定位技术（Real Time Location Systems, RTLS）等。

③ 报警联动：主要提供事件报警和提示，如物联网结合北斗定位系统，打造地质灾害

预警系统，用于预警地震、山体滑坡等自然灾害。如 2020 年 7 月 6 日，基于北斗定位系统的地质灾害系统成功预警了石门县南北镇潘坪村雷家山山体滑坡，人员提前撤离，未造成人员伤亡。

④ 指挥调度：基于时间排程和事件响应规则的指挥、调度和派遣功能。如基于物联网平台的城管指挥调度系统。

⑤ 预案管理：基于预先设定的规章或法规对事物产生的事件进行处置。

⑥ 安全隐私：物联网在感知节点、网络传输和应用层均可能存在安全隐患，例如病毒入侵、节点数据泄露、链路数据泄露以及个人隐私泄露等。因此，物联网必须提供可靠的安全保障机制。

⑦ 远程维保：这是物联网技术能够提供或提升的服务，主要适用于企业产品售后联网服务。

⑧ 在线升级：这是保证物联网系统本身能够正常运行的手段，也是企业产品售后自动服务的手段之一。

⑨ 领导桌面：主要指可视化界面（Dashboard）或商业智能（Business Intelligence, BI）个性化门户，经过多层过滤提炼的实时资讯，可供主管负责人实现对全局的"一目了然"。

⑩ 统计决策：指的是基于对联网信息的数据挖掘和统计分析，提供决策支持和统计报表功能。

（3）物联网与互联网

互联网是物联网的基础，物联网是互联网的延伸。互联网的本质是通过网络实现信息交换，如搜索、浏览、邮件等，主体服务是人，而物联网是为物而生，能够通过底层传感器使物具备感知能力，并服务于人。而物联网与互联网到底有哪些区别呢？

① 本质区别　物联网的本质是感知与服务，感知主体是物，服务于人，而互联网的本质是基于手机和 PC 的线上信息和内容推送和共享，作用主体是人。

② 终端连接方式不同　互联网终端一般包括台式机、服务器、笔记本和手机、平板等移动终端，以 Wi-Fi 或有线方式访问网络资源，实现网上购物、订票，观看赛事、新闻等；而物联网的终端一般是传感器节点，需要通过无线传感网络汇总节点上传至网络。不过，现在已经有能够直接与路由器互联的终端，相当于一台微型计算机。

③ 涉及的技术范围不同　物联网使用的技术包括互联网技术、无线技术、智能芯片技术、软件技术和感知技术，几乎包含了与信息通信相关的所有技术门类，而互联网技术只是其中的一种。因此物联网涉及的技术范围更广泛，更具发展潜力。

④ 传输区别　除 Wi-Fi、电信专网等常用的传输媒介外，物联网还可采用短距离通信技术实现数据传输，如 Zigbee 和蓝牙。该技术具有低成本、低功耗等优点，但带宽相对较小，安全性和稳定性稍差。而互联网带宽相对较大，稳定性和安全性有保障。

总而言之，物联网是一种建立在互联网上的泛在网络。物联网技术的重要基础和核心仍旧是互联网，通过各种有线和无线网络与互联网融合，将物体的信息实时准确地传递出去。

10.5.2　体系结构

目前，物联网还没有统一、公认的体系架构，较为公认的体系架构分为三个层次：感知层、网络层、应用层，如图 10.10 所示。

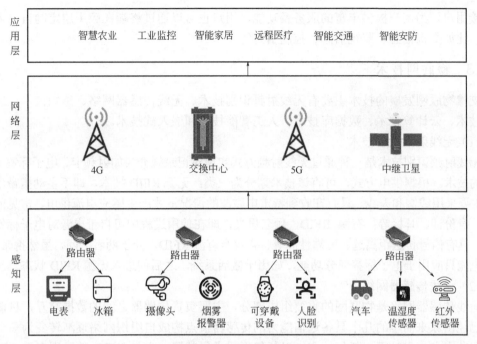

图 10.10 物联网基础架构

（1）感知层

感知层是物联网最底层，用于获取外界数据。物联网设备通常包括各类嵌入式系统、传感器、二维码、RFID（Radio Frequency Identification，无线射频识别技术）等，用于感知各类物理度量、视频、音频、光谱数据。所谓感知，一般包括数据采集和无线短距离传输两部分，即首先通过传感器采集外界环境因子信息，然后通过 Zigbee、蓝牙等短距离无线通信技术或有线上传至网关设备。利用到的技术主要有传感器技术、RFID 技术、微型嵌入式系统、条形码技术、自动识别技术（包括指纹识别、人脸识别、虹膜识别等）。

比如物流系统，每件商品都有一个唯一的条形码，包含订单号信息，经扫描枪扫描后，订单号上传至总服务器，与商家、客户手机、快递驿站进行关联，实现商品从下单到接收全流程的跟踪和展示。

（2）网络层

网络层位于感知层和应用层之间，主要负责数据传递。同时，网络层"云计算"技术的应用确保建立实用、适用、可靠和高效的信息化系统和智能化信息共享平台，实现对各种信息的共享和优化管理。

网络通信技术主要实现物联网数据信息和控制信息的双向传递、路由和控制，重点包括低速近距离无线通信技术、低功耗路由、自组织通信、无线接入 M2M 通信增强、IP 承载技术、网络传送技术、异构网络融合接入技术以及认知无线电技术。其中，极具代表性的技术有蓝牙技术、Zigbee 技术、Wi-Fi、4G 和 5G 技术。在我国，华为公司投入大量资金和人力研发 5G 技术，并掌握大量 5G 专利，已经跻身于世界前列。

（3）应用层

应用层主要解决信息处理和人机界面的问题，也即输入输出控制终端。例如手机、智能家居的控制器等，主要通过数据处理及解决方案来提供人们所需的信息服务。应用层针对的是直接用户，为用户提供丰富的服务及功能，用户也可以通过终端在应用层定制自己需要的服务，比如查询信息、监视信息、控制信息等。

10.5.3　物联网技术

支撑物联网发展的技术主要有无线射频识别技术、无线传感器网络、感知技术、通信及计算技术、云计算技术、数据库技术、人工智能技术和嵌入式技术。

（1）无线射频识别技术

无线射频识别技术是一种通过无线射频方式实现对记录媒介（如射频卡、电子标签）进行读写的技术。根据供电方式，可将该技术划分为三类：无源 RFID 技术，即不主动携带电源供电，主要采用线圈和天线，只有在收到特定电磁波的情况下才产生感应电流供电，常见的有校园卡、身份证、耳标等；有源 RFID，顾名思义，即在使用过程中可自带电源对电子标签进行供电，具有信号传送距离远、可靠性高等特点；半有源 RFID，介于两者之间，虽然携带电池，但其电能只应用于电子标签部分功能，如用于激活系统，之后便进入无源 RFID 状态。

（2）无线传感器网络

无线传感器网络是物联网的重要组成部分，主要负责传感器之间的数据交互，目前，该网络已经由原来简单的几个具备通信能力的传感器节点构成自组织网络逐渐转变为多个智能传感器节点在任何时间、任何地点、以任何形式进行部署。它与 RFID 的区别在于 RFID 侧重于识别，而无线传感网络侧重于组网，因此可将 RFID 与无线传感网络有效融合，实现优势互补。常见的无线传感网络有蓝牙、Zigbee、Wi-Fi、4G 以及新兴的 5G 等网络。

（3）感知技术

感知技术常用于各类传感器，用于感知外界各种形式的信息，相当于人的眼睛、耳朵或皮肤。常用的感知技术较多，包括红外感知技术、遥感技术、全球定位技术等三种常用的技术。其中，红外感知技术根据不同物体能够吸收或散射不同波段的红外辐射，而该辐射可以转换为电信号，进而感知外界信息。常见的红外感知传感器有红外热成像、火灾报警传感器、热释电红外传感器、菲涅耳透镜、被动式热释电红外传感器等；遥感技术通常利用电磁波辐射原理，实现卫星对大范围区域的成像，包括遥感成像等，实现土地监察、森林火灾监测、荒山荒地评级等功能。全球定位技术主要实现位置定位功能，在大地测量学及其相关领域发挥着巨大作用。2020 年 6 月 23 日，随着最后一颗北斗三号卫星成功发射并入轨，我国的北斗全球定位导航系统建设工作正式宣告圆满收工，成为了继美国、欧盟、俄罗斯之后，第四个拥有独立全球定位系统的国家，此举对摆脱西方国家垄断，提升自身国防安全，改善民生具有重大意义。

（4）通信及计算技术

物联网的基础是无线网络和移动通信。通信主要包含使用环境、服务对象和移动通信系统三种分类方法。根据使用设备，可将信息划分为陆基（陆地移动通信）、海基（海上移动通信）和航空（航空移动通信）三种。根据服务对象，可将其划分为公用网络和专用网络。公用网络面向社会，服务于大众；专用网络面向专业部门，如公安、消防、军事等。按照移动通信系统，可将其划分为蜂窝移动通信、专用调度电话、集群调度电话、个人无线电话、公用无线电话和移动卫星通信。

（5）云计算技术

云计算为物联网的发展提供了重要计算环境（云计算相关内容参阅第 10.3 节），它将计算、应用、数据等资源以云端服务的形式提供给用户，具有安全、便捷等特点。

（6）数据库技术

数据库技术的发展为如何高效存取海量数据提供了强大的技术支撑。数据库是存储数据的仓库，根据需求、采用技术不同，可将其划分为面向对象数据库、分布式数据库、多媒体数据库、并行数据库等。

（7）人工智能技术

人工智能是近几年发展速度较快的技术，是一门集计算机科学、信息论、交叉神经学科、控制论、语言学等多个学科的交叉学科。其详情可参阅 10.2 节。

（8）嵌入式技术

该技术是物联网具备感知能力的前提，是实现环境智能化的基础性技术，因为底层传感器设备的使用必然要用到大量嵌入式技术。与该技术密切相关的是嵌入式系统，发展到现在，嵌入式系统已经应用于人类社会的各个方面，小到手机、儿童玩具、智能电视，大到航天器、高铁等。目前，嵌入式系统已经由可编程控制器系统、嵌入式中央处理器、嵌入式操作系统发展到基于网络的分布式嵌入操作系统。其典型代表为"鸿蒙操作系统"，该系统不仅可以互联手机、平板、笔记本，而且可以和汽车、智能家居互联，实现真正的万物互联。

10.5.4　物联网应用

（1）智慧农业

智慧农业指的是利用物联网、人工智能、大数据等现代信息技术与农业进行深度融合，实现农业生产全过程的信息感知、精准管理和智能控制的一种全新的农业生产方式，可实现农业可视化诊断、远程控制以及灾害预警等功能。物联网应用于农业主要体现在两个方面：即农业种植和畜牧养殖。

农业种植通过传感器、摄像头和卫星等收集数据，实现农作物数字化和机械装备数字化（主要指的是农机车联网）发展。畜牧养殖指的是利用传统的耳标、可穿戴设备以及摄像头等收集畜禽产品的数据，通过对收集到的数据进行分析，运用算法判断畜禽产品健康状况、喂养情况、位置信息以及发情期预测等，对其进行精准管理。

（2）智能家居

智能家居指的是使用不同的方法和设备，来提高人们的生活能力，使家庭变得更舒适、安全和高效。物联网应用于智能家居领域，能够对家居类产品的位置、状态、变化进行监测，分析其变化特征，同时根据人的需要，在一定的程度上进行反馈。智能家居行业发展主要分为三个阶段：单品连接、物物联动和平台集成。其发展的方向首先是连接智能家居单品，然后是走向不同单品之间的联动，最后向智能家居系统平台发展。当前，各个智能家居类企业正在从单品向物物联动的过渡阶段。

（3）智慧物流

智慧物流指的是以物联网、大数据、人工智能等信息技术为支撑，在物流的运输、仓储、运输、配送等各个环节实现系统感知、全面分析及处理等功能。当前，应用于物联网领域主要体现在仓储、运输监测以及快递终端等三方面，通过物联网技术实现对货物的监测以及运输车辆的监测，包括货物车辆位置、状态以及货物温湿度，油耗及车速等，物联网技术的使用能提高运输效率，提升整个物流行业的智能化水平。

此外，物联网还应用到智能交通、智能安防、智能能源环保、智能医疗、智能建筑、智能制造、智能零售等其他领域。

本章小结

本章介绍了近几年出现的大数据、人工智能、云计算、区块链和物联网等新技术，包括它们的基本概念、发展阶段及现状、特点及应用场景。重点阐述了它们的基本架构、采用的技术。而科学技术的发展日新月异，当今社会对科技的依赖性越来越高。因此，作为新时代大学生，必须全面深入地认识、理解和掌握新技术。

思考题

1. 请简述大数据的基本概念及其特点。
2. 大数据与传统数据有哪些区别与联系？当前大数据研究有哪些挑战性问题？
3. 大数据有哪些常用技术？
4. 大数据有哪些应用场景？请选择其中一个重点概述。
5. 请简述人工智能的几个发展阶段，每个阶段有哪些特点？
6. 请概括人工智能的研究内容及用到的技术。
7. 请思考人工智能与深度学习的区别与联系。
8. 什么是云计算？其与传统计算的区别是什么？
9. 云计算的特点是什么？请简述云计算的实现机制。
10. 什么是区块链？其有哪些主要特征？其中最显著的特征是什么？
11. 区块链可以应用到哪些方面？
12. 什么是物联网？有什么特点？
13. 物联网由哪些部分构成？
14. 物联网用到的技术有哪些？
15. 物联网与大数据、人工智能、云计算和区块链有何联系？

第11章　信息安全与社会责任

学习目标：

① 了解信息安全的基本知识；

② 了解计算机病毒的概念、特征与的防范措施；

③ 了解黑客的概念、攻击手段与防范策略；

④ 了解计算机犯罪和信息时代公民的社会责任。

随着计算机和网络的发展和普及，两者已经深入到我们生活的方方面面：博客社交、网上购物、买卖股票、信息搜索、在线学习……。人们每天被各种各样的信息包围着，很容易地获得需要的信息。随之而来的是信息安全问题，从最初的以恶作剧为动机的无害病毒，到现在的以谋取金钱为目的的跨国黑客网，就像人类社会的安全问题一样，信息安全的问题对整个社会的影响逐步提高到一种绝对重要的地位，这已经从一个单纯的技术问题上升到社会乃至国家安全的战略问题。人们不禁要问：在这个信息化、网络化的时代，还能有个人隐私吗？

11.1　信息安全概述

11.1.1　信息安全概念

我们生活在信息时代，每天会在手机、计算机和网络上留下大量的信息，很多信息需要保护，像企事业单位的机密文件、个人隐私、专利申请资料、软件源代码等。如何保护这些信息免被非法使用，这就涉及信息的安全问题。

信息安全是为保护信息及信息系统在任何情况下，免受未经授权的人进入、使用、披露、破坏、修改、检视、记录及销毁而建立和采用的一系列技术上、管理上的安全保护措施，其涉及计算机技术、网络技术、通信技术、密码技术等多种综合性技术。

信息安全具有保密性、完整性、可用性、可控性和不可否认性五个基本属性，当然还有真实性、可核查性、可问责性和可靠性等其他属性。其中，保密性（Confidentiality）、完整性（Integrity）和可用性（Availability）是信息安全的三大基石，简称为 CIA，又称为信息安全三要素或三元组。

（1）保密性

保密性又称机密性，是指只有授权用户才可以获取保密信息，保密信息不被泄漏给非授权的用户、实体或进程，或被其利用的特性，包括信息内容的保密和信息状态的保密。保密信息的范畴十分广泛：可以是国家机密，社会团体、企业组织的工作秘密及商业秘密，企业或研究机构的核心知识产权，银行客户的信息，网上注册的个人信息，购物订单等。

通常，机密性是信息安全的基本要求，它是信息安全一诞生就具有的特性，也是信息安全主要的研究内容之一。保护机密性取决于为信息定义和实施适当的访问级别，最常用的手段包括传统的文件权限、访问控制列表以及文件和卷加密等。

（2）完整性

完整性是指信息未经授权不能进行更改的特性，即信息在存储或传输过程中保持不被偶然或蓄意地删除、修改、伪造、乱序、重放、插入等破坏和丢失。这种更改有可能是无意的错误，如输入错误、设备故障、软件瑕疵；有可能是有意的人为更改和破坏，如人为攻击、计算机病毒等。

版本控制和多进行备份是确保完整性最常用的措施之一，这些措施使得授权人员能方便地修改数据和很容易地撤销修改。通常使用的操作系统文件权限，例如 MS Windows 中的只读文件标识等，也是系统保护数据完整性的重要措施。

（3）可用性

可用性是指信息可被授权实体访问并按需求使用的特性，即对于信息的合法拥有和使用者，在他们需要这些信息的任何时候，都应该保障他们能够及时得到所需要的信息。比如，对重要的数据或服务器在不同地点作多处备份，一旦 A 处有故障或灾难发生，B 处的备用服务器能够马上上线，保证信息服务没有中断。一个很好的例子是：2001 年的"9·11 事件"摧毁了多家金融机构在世贸中心的办公室，可是多数银行在事件发生后的很短的时间内就能够恢复正常运行。这些应归功于它们的备份、修复、灾难后的恢复工作做得好。

（4）可控性

可控性是指保证信息管理者能对传播的信息及内容实施必要的控制以及管理的特性，即能够控制使用信息资源的人或实体的使用方式、使用范围。例如，对于电子政务系统而言，所有需要公开发布的信息必须通过审核后才能发布。

可控性出于国家、机构的利益和社会管理的需要，保证管理者能够对信息实施必要的控制管理，以对抗社会犯罪和外敌侵犯。

（5）不可否认性

不可否认性也称作不可抵赖性，是指保证每个信息参与者对各自的信息行为负责，即所有信息参与者都不可能否认或抵赖曾经完成的操作和承诺。

在网络上，不可抵赖性是面向通信双方（人、实体或进程）信息真实、统一的安全要求，它包括收、发双方均不可抵赖。一是源发证明，它提供给信息接收者的证据，这将使发送者谎称未发送过这些信息或者否认它的内容的企图不能得逞；二是交付证明，它提供给信息发送者的证明，这将使接收者谎称未接收过这些信息或者否认它的内容的企图不能得逞。

传统的方法是靠手写签名和加盖印章来实现信息的不可否认性。在互联网环境下，可以通过数字证书机制进行的数字签名和时间戳保证信息的抗抵赖。不可否认性的目的是为解决有关事件或行为是否发生过纠纷，而对涉及被声称事件或行为不可辩驳的证据进行收集、维护和使其可用，并且证实。

11.1.2　信息安全技术

11.1.2.1　数据加密技术

数据加密就是使用数学或者物理的方法来重新组织、变换数据，使得除了合法的用户外，其他任何人都不能还原被加密的数据。对于未授权的用户即使窃取了已加密的数据，但因不知解密的方法，看到的也是一些杂乱无章的数据。我们将加密前的信息称为明文，加密后的信息称为密文；将明文变为密文的过程称为加密，将密文变为明文的过程称为解密；加密和解密所采用的变换方法称为加密算法；在加密算法中使用的关键参数称为密钥。任何一个加密系统都是由明文、密文、密钥和加密算法组成的。

根据加密和解密时使用的密钥是否相同，加密算法可以分为两类：对称加密和非对称加密。

（1）对称加密

对称加密就是将信息使用一个密钥进行加密，使用同样的密钥、同样的算法进行解密，如图 11.1 所示。

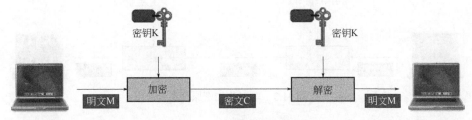

图 11.1　对称加密原理图

对于对称加密来说，加密的安全性不仅取决于加密算法本身，密钥管理的安全性更是重要。因为加密和解密都使用同一个密钥，如何把密钥安全地传递到解密者手上就成了必须要解决的问题。

一种简单的对称加密算法是凯撒密码，凯撒密码是罗马扩张时期朱利斯·凯撒（Julius Caesar）创造的，用于加密通过信使传递的作战命令。凯撒加密的思想是将字母表中的字母移动一定位置而实现加密。例如，如果向右移动 2 位，则字母 A 将变为 C，字母 B 将变为 D，…，字母 X 变成 Z，字母 Y 则变为 A，字母 Z 变为 B。如图 11.2 所示。

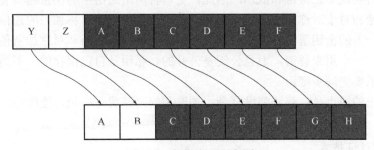

图 11.2　凯撒密码示意图

因此，假如有个明文字符串"Hello"用这种方法加密的话，将变为密文："Jgnnq"。而如果要解密，则只要将字母向相反方向移动同样位数即可。如密文"Jgnnq"每个字母左移两位变为"Hello"。这里，移动的位数"2"是加密和解密所用的密钥。

凯撒密码由于加解密比较简单，密钥总共只有 26 个，攻击者得到密文后即使不知道密钥，也可一个一个地试过去，最多试 26 次就可以得到明文，所以又有了凯撒密码的变种。

对称加密算法的优点是：算法公开、计算量小、加密速度快、加密效率高，适合数据量比较大的加密；缺点是：密钥传输的过程不安全，且容易被破解，密钥管理也比较麻烦。

（2）非对称加密

非对称加密就是加密和解密使用不同的密钥，一个是公开密钥（Public Key），简称公钥，另一个是私有密钥（Private Key），简称私钥。顾名思义，公钥可以任意对外发布；而私钥必须由用户自行严格秘密保管，绝不透过任何途径向任何人提供，也不会透露给要通信的另一方，即使他被信任。

公钥与私钥是一对，如果用公钥对数据进行加密，只有用对应的私钥才能解密；如果用私钥对数据进行加密，那么只有用对应的公钥才能解密。因为加密和解密使用的是两个不同的密钥，所以这种加密方式称为非对称加密。如图 11.3 所示。

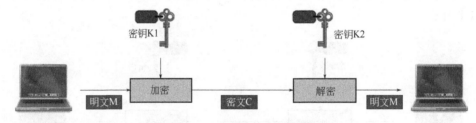

图 11.3　非对称加密原理图

A 和 B 两人使用非对称加密算法实现机密信息交换的基本过程是：

① A 要向 B 发送信息，B 要产生一对用于加密和解密的公钥和私钥；

② B 的私钥保密，公钥告诉 A；

③ A 要给 B 发送信息时，用 B 的公钥加密信息；

④ A 将加密消息发给 B；

⑤ B 收到这个消息后，用自己的私钥解密 A 的消息。

其他所有收到这个消息的人都无法解密，因为只有 B 才有 B 的私钥。

非对称加密体系不要求通信双方事先传递密钥或有任何约定就能完成保密通信，并且密钥管理方便，可实现防止假冒和抵赖，因此，更适合网络通信中的保密通信要求。

非对称加密相对于对称加密，最大的优点是安全性更高，对称加密的通信双方使用相同的密钥，如果一方的密钥遭泄露，那么整个通信就会被破解。而非对称加密使用一对密钥，一个用来加密，一个用来解密，而且公钥是公开的，私钥是自己保存的，不需要像对称加密那样在通信之前要先同步密钥。

非对称加密的缺点是：算法强度复杂，加密和解密花费时间长、速度慢，只适合对少量数据进行加密。

11.1.2.2　数字认证技术

数字认证就是对网上用户身份或发送信息的真实性、可靠性进行确认和鉴别，以防止冒充、抵赖、伪造或篡改等问题。数字认证技术一般有数字身份认证、数字签名等。

（1）数字身份认证

数字身份是指通过数字化信息将个体可识别地刻画出来，可理解为将真实的身份信息浓缩为数字代码形式的公/私钥，以便对个人的实时行为信息进行绑定、查询和验证。数字身份不仅包含出生信息、个体描述、生物特征等身份编码信息，也涉及多种属性的个人行为信息。比如，微信、QQ 存储着社交信息，支付宝、亚马逊存储着交易信息，游戏、视频软件存储着娱乐信息等，这些不同属性的信息都是个人数字身份的一部分。

在数字世界中，计算机只能识别用户的数字身份，所有对用户的授权也是针对用户数字身份的授权。如何保证以数字身份进行操作的操作者就是这个数字身份合法拥有者，也就成为一个很重要的问题。数字身份认证技术的诞生就是为了解决这个问题。

数字身份认证是一种使合法用户能够证明自己身份的方法，保证用户的物理身份与数字身份相一致，是计算机系统安全保密防范最基本的措施。总结归纳起来，数字身份认证方式主要有以下几大类：

① 基于口令的身份认证　口令俗称为密码，"用户名＋密码"是最简单也是最常用的身份认证方法，每个用户的密码是由这个用户自己设定的，只有他自己才知道，因此只要能够正确输入密码，计算机就认为他就是这个用户，如图 11.4 所示。

口令验证虽然简单、方便，但最大的问题是口令容易泄露。因为许多用户为了防止忘记密码，常常使用出生日期、电话号码、居住地信息等容易被他人猜测到的字符串作为密码，或者把密码抄在一个自己认为安全的地方，这都存在着许多安全隐患，极易造成密码泄露。为此，建议设置密码时，密码尽量长，大、小写字母与数字、特殊符号混合，定期更换密码。

② 基于身份标识的身份认证　身份标识是用户携带用来进行身份认证的物理设备，例如基于 USB Key、智能 IC 卡（如图 11.5 所示）的认证，这些物理设备里存储着与用户身份相关的数据，由专门的厂商通过专门的设备生产，是不可复制的硬件，由合法用户随身携带，以验证用户的身份，例如学校的校园卡、企业的员工卡。

图 11.4　口令身份认证

图 11.5　智能 IC 卡认证

③ 基于数字证书的身份认证　所谓的数字证书，通俗点说就是网络用户的网上身份证，就如同现实中每一个人都要拥有一张证明个人身份的身份证或驾驶执照一样，以表明其身份或某种资格。

数字证书由权威公正的第三方机构即证书授权中心（Certificate Authority，CA）签发，或由企业级 CA 系统进行签发，是提供在 Internet 上进行身份验证的权威性的电子文档，在互联网通信中用来证明自己的身份和识别对方的身份。

通过数字证书，CA 中心可以对互联网上所传输的各种信息进行加密、解密、数字签名与签名认证等各种处理，确保网上传递信息的机密性、完整性。使用了数字证书，即使发送的信息在网上被他人截获，甚至在丢失个人的账户、密码等信息的情况下，仍可以保证账户、资金安全。

④ 基于生物特征的身份认证 因为人类的生物特征具有唯一性，所以可以通过测量或识别生物特征和行为特征来进行个人身份的鉴定。可用于生物识别的生物特征有指纹、脸形、虹膜、脉搏、耳廓等，行为特征有签字、声音、步态、按键力度等。

基于生物特征的身份认证就是指通过计算机利用人体所固有的生物特征（指纹、虹膜、面相、DNA 等）或行为特征（步态、击键习惯等）来进行个人身份鉴定。

生物特征认证不但简洁、快速，而且安全、可靠、准确，同时更易于与其他计算机管理系统整合，实现自动化。但由于生物特征数据一般存储于中心化系统之中，也有被黑客窃取的风险，例如印度国家身份认证系统 Aadhaar 遭遇黑客攻击导致泄露，超过 210 个政府网站上公开暴露了 Aadhaar 用户的详细信息，包括用户的姓名、家庭住址、Aadhaar 号码、指纹与虹膜扫描以及其他敏感个人信息等。

⑤ 基于区块链的身份认证 在互联网上，用户在不断地重复注册账号，例如博客、微信、邮箱等都需要注册，用户身份信息管理碎片化问题亟需解决。

如今，有许多区块链数字身份公司，正在通过区块链技术，为数字身份的认证提供了更大的技术动力。在区块链数字身份认证中，借助区块链去中心化的特性，将合法的用户身份信息上传至区块链，区块链将该用户信息广播至全网，每一个节点把该用户信息加入对应的区块，区块之间彼此互为验证。用户可以选择性地公开身份数据，也可对第三方进行授权使用，同时服务商之间不必维护用户身份存储，统一从区块链中公开或授权的方式获得相关信息即可。

（2）数字签名

现实生活中，我们会遇到很多手写签名，例如签订合同要签名、银行柜台取钱要签名等。签名主要起到认证、核准和生效的作用。可是在使用计算机网络来发送报文时，显然不能用手写的方法，在计算机中我们常用数字签名的方法。

数字签名可不是传统手写笔迹签名的电子版本，而是通过某种加密算法生成一系列只有发送者才能产生，而别人无法伪造的一段数字串，这段数字串是对信息的发送者发送信息的真实性的一个有效证明。数字签名是非对称密钥加密技术与数字摘要技术的应用。每个人都有一对"钥匙"（公钥和私钥），签名的时候用私钥，验证签名的时候用公钥。

数字签名的使用过程：发送报文时，发送方用一个哈希函数从报文文本中生成报文摘要，然后用发送方的私钥对这个摘要进行加密，这个加密后的摘要将作为报文的数字签名和报文一起发送给接收方，接收方首先用与发送方一样的哈希函数从接收到的原始报文中计算出报文摘要，接着再用公钥来对报文附加的数字签名进行解密，如果这两个摘要相同，那么接收方就能确认该报文是发送方的。

11.1.2.3 访问控制技术

访问控制是指在信息系统中，主体（是指提出访问资源具体请求，可能是某一用户，也可以是用户启动的进程、服务和设备等）对于客体（是指被访问资源的实体，可以是信息、文件、记录等集合体，也可以是网络上硬件设施、通信中的终端等）能够进行哪些操作和动作（包括读取、写入、删除、执行等），也就是说，访问控制就是控制每个用户对信息系统中不同的资源的操作权限，防止对任何资源进行未授权的访问，从而使计算机系统在合法的范围内使用。

访问控制通常用于系统管理员控制用户对服务器、目录、文件等网络资源的访问。例如，在 Windows 里，可以在文件的属性对话框里对文件的读写权限进行设置，如图 11.6 所示。

访问控制的主要目的是限制访问主体对客体的访问，从而保障数据资源在合法范围内得以有效使用和管理。访问控制只有好不好的问题，而不存在有没有的问题。只要是信息系统，必定有自己的访问控制机制。哪怕是一个完全不设置控制的系统，也有它的访问控制策略：即所有的用户可以对所有的资源进行所有的操作。

11.1.2.4　防火墙技术

所谓防火墙是指将内部网和公众访问网（如 Internet）分开的方法，它实际上是一种安全隔离技术，是在两个网络通信时执行的一种访问控制手段。它允许被用户"同意"的人和数据进入网络，同时将被用户"不同意"的人和数据拒之门外，最大限度地阻止网络中的不法分子访问不允许访问的网络，如图 11.7 所示。

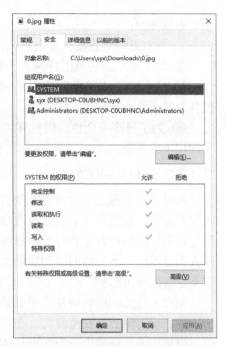

图 11.6　设置文件的读写权限

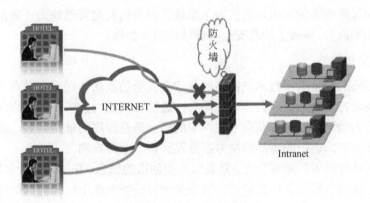

图 11.7　防火墙技术示意图

防火墙技术是建立在网络技术和信息安全技术基础上的应用性安全技术，是由计算机硬件和软件组成的系统，是内网的安全屏障，防火墙的主要功能体现在：

① 防火墙对企业内部网实现了集中的安全管理，可以强化网络安全策略；

② 防火墙能防止非授权用户进入内部网络；

③ 防火墙可以方便地监视网络的安全性并报警；

④ 利用防火墙对内部网络的划分，可实现重点网段的分离，从而限制安全问题的扩散；

⑤ 由于所有的访问都经过防火墙，因此防火墙是审计和记录网络访问和使用的最佳地方。

虽然防火墙像一个强大、威猛的卫士，保护着内部网络的安全，但没有任何一个防火墙的设计能适用于所有的环境，防火墙的局限性体现在：

① 防火墙对用户不完全透明，所有互联网的数据都要经过防火墙的过滤，可能带来传

输延迟或瓶颈；

② 对有意不通过防火墙进出内网的用户或数据无法阻止，从而给网络带来威胁；

③ 防火墙不能防范因特网上不断出现的新的威胁和攻击，必须不断地升级更新；

④ 防火墙不能完全防止受病毒感染的文件或软件的传输，因而不能完全防范病毒的破坏；

⑤ 为了提高安全性，限制和关闭了一些有用但存在安全缺陷的网络服务，给用户带来了使用上的不便。

11.1.2.5 入侵检测技术

入侵检测是指主动对网络上的行为、安全日志或审计数据或其他网络上可以获得的信息收集和分析，检测出是否有违反安全策略、恶意使用网络资源的行为或企图，并有针对性地进行防范。入侵检测是针对那些已经穿过防火墙而进入内网的不法分子，监测的结果可以帮助人们发现网络系统的漏洞和脆弱性，并及时修正网络安全防御策略，所以入侵检测是一种积极主动的安全防护。

完成入侵监测的软硬件系统就是入侵检测系统（Intrusion Detection System，IDS），其是防火墙之后的第二道安全闸门，在不影响网络性能的情况下能对网络进行即时监视，从而提供对内部攻击、外部攻击和误操作的实时保护。

随着网络安全风险系数不断提高，作为对防火墙极其有益的补充，入侵检测系统能够帮助网络系统快速发现攻击的发生，它扩展了系统管理员的安全管理能力（包括安全审计、监视、进攻识别和响应），提高了信息安全基础结构的完整性。

11.1.2.6 云安全技术

云安全（Cloud Security）技术是网络时代信息安全的最新体现，它融合了并行处理、网格计算、未知病毒行为判断等新兴技术和概念，通过网状的大量客户端（称为云安全探针）对网络中软件行为的异常监测，获取互联网中病毒、恶意程序的最新信息，推送到服务器端进行自动分析和处理，再把病毒的解决方案分发到每一个客户端。

云安全是云计算技术的重要分支，是我国企业创造的概念，在国际云计算领域独树一帜，已经在反病毒领域当中获得了广泛应用。云安全的先进理念在于：一群探针的结果上报、专业处理结果的分享。在理想状态下，一个盗号木马从攻击某台电脑，到整个云安全网络对其拥有免疫、查杀能力，仅需几秒的时间。

随着云计算逐渐成为主流，云安全也获得了越来越多的关注，传统和新兴的云计算厂商以及安全厂商均推出了大量云安全产品，像 360 云安全、阿里云盾、华为云安全等。

11.2 计算机病毒

11.2.1 计算机病毒的概念

谈起计算机病毒，相信很多人都不会陌生，甚至不少人还深受其害。历史上有大名鼎鼎"黑色星期五""CIH""熊猫烧香"等凶残的计算机病毒，现如今有在互联网上肆虐的欺诈勒索、盗取账号的病毒或恶意程序。

简单地讲，计算机病毒就是一种人为编制的，具有破坏计算机信息系统或毁坏数据，影响计算机使用，并且能够自我复制的计算机指令或者程序代码。

11.2.2　计算机病毒的特征

与生物病毒有类似的地方，计算机病毒具有传染性、隐蔽性、破坏性、潜伏性、可触发性等特征。

（1）传染性

计算机病毒传染性是指计算机病毒通过修改别的程序将自身的复制品或其变体传染到其他无毒的对象上，这些对象可以是一个程序、文件或者是系统中的某一个部件。

传染性是病毒的最基本特征，是判断一段程序代码是否为计算机病毒的依据。计算机病毒的传染途径可以通过移动存储设备传播，如 U 盘、移动硬盘，也可以是通过网络来传播，如网页、电子邮件、社交媒介。特别是近年来，随着网络的普及，计算机病毒的传播速度越来越快，范围也在逐步扩大。

（2）隐蔽性

计算机病毒一般都不是独立存在的，而是通常依附在正常的程序之中，伪装成正常程序或藏在磁盘的隐秘地方，难以被发现。在普通的病毒查杀中，难以实现及时有效的查杀。甚至，一些病毒被设计成病毒修复程序，诱导用户使用，进而实现病毒植入，入侵计算机。因此，计算机病毒的隐蔽性，使得计算机安全防范处于被动状态，造成严重的安全隐患。

（3）破坏性

计算机病毒感染系统后，都会对系统产生不同程度的影响或破坏，有可能会是：导致正常的程序无法运行；把计算机内的文件删除或进行不同程度的损坏；占用系统资源，降低运行效率或者中断系统运行，甚至使整个计算机网络瘫痪，造成灾难性的后果。

（4）潜伏性

计算机系统感染病毒后，一般先寄生在正常程序里，不会立即发作，侵入后的病毒潜伏到条件成熟才发作，开始进行破坏性活动。潜伏性越好，它在系统中的时间就会越长，病毒的传染范围就会越大，它的危害也就越大。

（5）可触发性

计算机病毒往往带有发作的条件，可以是某个事件、数值的出现或某些程序运行，一旦这些发作的条件出现，就触发了计算机病毒，就会"发作"，使系统遭到破坏。病毒的触发机制一般用来控制感染和破坏动作的频率。

11.2.3　计算机病毒的防范

虽然计算机病毒"作恶多端"，时刻在伺机发动攻击，但它也不是不可防控的，人们可以通过积极的预防措施，定期检查文件系统，及时查杀病毒，来减少计算机病毒对计算机带来的破坏。

（1）积极的预防措施

不要打开来历不明的优盘、光盘等移动设备；不要从非正常渠道下载和获得软件；谨慎处理电子邮件，尤其是打开来历不明的邮件及附件；安全上网，不要随便浏览或登录陌生或不安全的网站，加强自我保护。

（2）定期检查文件系统

定期备份重要文件和数据；定期查看系统状态，查看系统运行状况；及时升级、更新操作系统及各类应用软件。

（3）及时查杀病毒

安装杀毒软件并每天定时更新病毒库；安装实时监控系统以及网络防火墙；定期对计算机进行病毒查杀。

11.3　黑客及其防范

11.3.1　黑客的概念

黑客一词是由英文"Hacker"英译而来的，原指专门研究、发现计算机和网络漏洞并提出改进措施的计算机爱好者。黑客们遵从的信念是：计算机是大众化的工具，信息属于每个人，源代码应当共享，编码是艺术，计算机是有生命的。因而，早期在美国的电脑界，黑客是带有褒义的，他们都是水平高超的电脑专家，尤其是程序设计人员。

同时，还有一些人利用自身掌握的计算机技术，攻击、入侵、破坏他人计算机系统和盗窃他人计算机系统的有用数据，做出有损他人权益的事情，这些人被称为骇客（由"Cracker"英译而来，破坏者）。

但也有些黑客常常会逾越尺度，利用电脑搞破坏或恶作剧。所以，很多人往往把黑客与骇客混在一起。

现代社会的发展，使得计算机网络越来越普及，黑客的技术不再是少数人的专有权力，越来越多的人都掌握了这些，导致了黑客的概念与行为都发生了很大的变化。所以，到了现在，我们平时说到黑客时，一般都泛指那些专门利用技术手段进入其权限以外的计算机系统的人，人们对他们已不再是以往的崇拜，更多的是畏惧和批评。

11.3.2　黑客的攻击手段

黑客攻击手段层出不穷，大方向可分为非破坏性攻击和破坏性攻击两类。非破坏性攻击一般是为了扰乱系统的运行，并不盗窃系统资料；破坏性攻击是以侵入他人电脑系统、盗窃系统保密信息、破坏目标系统的数据为目的。一般来说，大体上有如下几种常用攻击手段。

（1）信息炸弹

信息炸弹是指黑客使用一些特殊工具软件，短时间内向目标计算机发送大量超出系统负荷的信息，使网络流量加大占用处理器时间，消耗系统资源，从而使目标系统瘫痪。例如，常见的邮件炸弹攻击就是对某个或多个邮箱发送大量的邮件，达到目标计算机系统瘫痪的目的。

（2）后门攻击

后门就是在软件开发阶段，程序员为便于测试、更改和增强模块功能而预留的功能模块的秘密入口。正常情况下，软件完成之后需要去掉后门，不过有时由于程序员疏忽或者为方便自用而后门没有去掉。这同样也给黑客提供可乘之机，一些别有用心的人会利用这些后门，然后进入系统并发动攻击。

（3）系统漏洞

系统漏洞是在硬件、软件、协议的具体设计、实现或安装时未考虑周全，安全策略上存在缺陷，当遇到一个看似合理但实际无法处理的问题时，会引发不可预见的错误。漏洞在补丁未被开发出来之前一般很难防御黑客的破坏，黑客利用漏洞，通过网络植入木马等的方式来攻击或控制整个电脑，窃取电脑中的重要资料和信息，甚至破坏系统。

（4）DDoS 攻击

DDoS（Distributed Denial of Service，DDoS）攻击中文即为"分布式拒绝服务"，就是攻击者利用大量合法的分布式服务器对目标发送请求，大规模消耗目标网站的主机资源，从而导致正常合法用户无法获得服务。通俗点讲，就是利用被黑客远超控制的网络节点资源，如服务器、个人 PC、手机、智能设备、打印机、摄像头等（通常统称为"肉鸡"），在较短的时间内对目标发起大量攻击请求，从而导致服务器拥塞而无法对外提供正常服务，最后致使网络服务瘫痪的一种攻击手段。

（5）种植病毒

病毒程序具有潜伏性，黑客会利用病毒的这一特征，在网页、软件、邮件里潜藏病毒。用户进行点击、安装等操作后病毒被植入，只要设备联网，病毒程序就会自动将搜集来的信息上报给黑客，方便黑客窃取用户的资料。

（6）网络监听

网络监听是主机监视网络状态、数据流以及网络上传输信息的一种工作模式。在这种模式下，主机可以接收到本网段在同一条物理通道上传输的所有信息。此时，如果两台主机进行通信的信息没有加密，黑客使用某些网络监听工具就可以轻而易举地截取包括口令和账号在内的信息资料，使用网络监听可以有效地截获网上的数据，但是，网络监听只能应用于物理上连接于同一网段的主机。

（7）Web 欺骗

Web 欺骗是一种电子信息欺骗，黑客伪造某个 WWW 站点的影像拷贝，伪造的 Web 看起来十分逼真，它拥有相同的网页和链接，但黑客控制着伪造的 Web 站点，这样当不明真相的用户访问该站点时，浏览器和 Web 之间的所有网络信息完全被黑客所截获，这些信息当然包括用户的账户和口令。黑客也能冒充用户将错误或者易于误解的数据发送到真正的 Web 服务器，以及以任何 Web 服务器的名义发送数据给用户。

11.3.3　黑客的防范

生活在互联网时代，如何更好地降低黑客攻击带来的安全风险，防患于未然是关键。对于普通用户来说，防范黑客的一般措施有如下几种。

（1）选用安全的口令

根据十几个黑客软件的工作原理，黑客可以通过成功破解用户的口令后发动攻击，所以在日常使用计算机和网络的过程中，要使用复杂的、安全系数高的口令，同时养成定期更换口令的习惯。

（2）拒绝恶意代码

恶意网页成了网络的最大威胁之一，都是因为加入了黑客编写的恶意代码才有破坏力的。这些恶意代码就相当于一些小程序，只要打开该网页就会被运行。所以要避免恶意网页的攻击，只要禁止这些恶意代码的运行就可以了，具体操作可以通过设置浏览器的安全参数来完成。

（3）封死黑客的"后门"

"后门"常常是黑客发起攻击的入口，如果能最大限度地堵死这些后门，那相对于降低了遭受黑客攻击的风险。例如：通过删掉或关闭不必要的网络协议；在没有必要"文件和打印共享"的情况下，可以将它关闭；把 Guest 账号禁用等方法封锁"后门"。

（4）经常升级软件版本

任何一个版本的软件，都不是百分之百的健壮和没有任何问题的。一旦其中的漏洞暴露出来，就会立刻被黑客利用并发起攻击。因此用户在维护系统的时候，要及时升级软件版本或者安装补丁程序，这样就可以保证系统中的漏洞在没有被黑客发现之前，就已经修补上了，从而保证了系统的安全。

（5）及时备份重要数据

对于重要的数据备份要及时，而且备份的数据最好放在其他电脑或者驱动器上，即便系统遭到黑客进攻，也可以在短时间内修复，挽回不必要的损失。

11.4 计算机犯罪

11.4.1 计算机犯罪概述

计算机作为现代信息处理工具，在经济和社会生活中具有不可替代的重要作用。同时，利用计算机进行犯罪活动或者以计算机系统为对象的犯罪活动也正在逐年大幅度上升，与计算机有关的犯罪活动正在给社会带来越来越大的危害。

在学术研究上，关于计算机犯罪迄今为止尚无统一的定义。我国公安部计算机管理监察司给出的定义是：所谓计算机犯罪，就是在信息活动领域中，利用计算机信息系统或计算机信息知识作为手段，或者针对计算机信息系统，对国家、团体或个人造成危害，依据法律规定，应当予以刑罚处罚的行为。

在不同的时代，计算机犯罪手段、方式、动机和后果等也不同。一般来说，计算机犯罪作为一种新的独立的犯罪类型存在，与传统犯罪相比，具有犯罪主体的高智能性、较强的隐蔽性、巨大的危害性、犯罪的广泛性等特点。

我国法律认定的计算机犯罪主要有：非法侵入计算机信息系统罪；非法获取计算机信息系统数据、非法控制计算机信息系统罪；提供侵入、非法控制计算机信息系统程序、工具罪；破坏计算机信息系统罪；拒不履行信息网络安全管理义务罪；非法利用信息网络罪；帮助信息网络犯罪活动罪等。

11.4.2 计算机犯罪的防范策略

计算机犯罪的巨大危害性决定了加强犯罪预防的紧迫性、重要性和必要性。因此根据计算机犯罪的特殊性，预防计算机犯罪的措施有以下几点。

（1）严格执法、加强立法

完善的法制、严格执法是预防计算机犯罪的关键一步。在保护计算机和互联网安全运行方面，虽然我国先后颁布了《电子计算机系统安全规范（草案）》《中华人民共和国计算机信息系统安全保护条例》等法律法规，但计算机犯罪的手段和方法变化非常快，还是要加快立法并予以完善。

（2）加强计算机软硬件建设

只有不断地更新计算机软硬件，堵塞系统漏洞，加强信息安全措施，不给任何计算机犯罪分子可乘之机。

（3）提高计算机用户安全防范意识和加强计算机职业道德教育

大力加强用户思想道德教育，建立科学、健康、和谐的计算机道德观。同时，加强对计算机工作人员的思想教育，树立良好的职业道德。

11.5　信息时代公民的社会责任

在信息时代，公民可以同时作为信息的制造者、传播者和接收者。在这个信息泛滥的社会，每位公民对于信息的使用和处理都要肩负重要的社会责任。

11.5.1　自觉维护公共信息安全

生活在信息化、网络化的时代，在享受高科技带来便利的同时，人们也饱受信息泄露之苦。信息安全事关国家长治久安，事关经济社会发展和人民群众福祉。因而，在网络社会化、社会网络化的今天，自觉维护公共信息安全是每一个公民应尽的社会责任。

信息时代的公民应该树立更完善的安全意识，自觉遵守相关法律法规和道德准则，自觉维护公共信息安全，不获取、不储存、不泄露机密公共信息。同时，举报和制止危害公共信息安全的行为。

11.5.2　保护个人隐私安全

随着大数据、人工智能、互联网新技术的广泛使用，隐私保护和个人信息安全问题也日益突出，也出现了一些个人信息被非法获取、泄露、滥用甚至倒卖的现象，引发了人们的担忧。因此，保护个人隐私安全的必要性不言而喻。作为信息时代的公民，我们应该树立保护个人隐私的意识，学习和运用相关法律法规，不获取、不储存、不传播他人隐私信息；同时，在网上的行为要更加小心，保护自己的隐私安全，运用法律手段维护自身隐私不受侵害。

11.5.3　尊重和保护知识产权

计算机应用的普及，给计算机领域的知识产权的保护带来了很大挑战，很多原创没有被很好地保护，盗版软件盛行。作为公民，除了应了解并知晓相关知识产权法律法规外，还应当以实际行动来尊重、保护知识产权。例如：拒绝使用盗版软件；不抄袭软件著作权；不非法引用、转载他人学术成果；不下载盗版的音乐、电影等。同时，树立法律意识，通过合法途径保护自己的知识产权，防止自己的作品被他人非法使用。

11.5.4　规范网络言行

网络不是法外之地，公民在网上的一言一行同样受到国家法律法规的约束。公民有必要通过规范个人网络行为去构建良好的舆论生态，积极传播正能量，营造良好的网络环境。如：不发布、不传播各类谣言、小道消息；不参与网上非法组织、非法活动；不浏览、访问非法和反动网站；抵制和反对各类社交媒介群组中各类有害言论；用微博、微信等新媒体平台时应文明、理性；积极举报网上违法、违规、违纪的信息和活动等。

本章小结

信息是社会发展的重要战略资源。国际上围绕信息的获取、使用和控制的斗争愈演愈烈，信息安全成为维护国家安全和社会稳定的一个焦点，各国都给以极大的关注和投入。信息安全已成为信息科学的热点课题。本章介绍了信息安全的概念及其主要技术、计算机病毒的概念与防范措施、黑客的概念与防范措施以及信息时代公民的社会责任。信息安全关系着你我他，"预防计算机犯罪，维护风清气正的网络空间，共筑信息安全的防线，让信息更好地造福人类"是信息时代公民的社会责任。

思考题

1. 信息安全的含义是什么？
2. 信息安全有哪些属性？
3. 信息安全的技术有哪些？
4. 什么是计算机病毒？计算机病毒有哪些特征？防范计算机病毒有哪些措施？
5. 黑客的攻击手段一般有哪些？
6. 查阅文献了解"黑客文化"。
7. 信息时代公民的社会责任体现在哪些方面？
8. 结合自身实际，总结一下自己在使用计算机和网络的过程，采取了哪些措施来维护信息安全。

参考文献

[1] 贝赫鲁兹·佛罗赞（Behrouz Forouzan）. 计算机科学导论[M]. 吕云翔，等译. 北京：机械工业出版社，2020.

[2] 张小峰，孙玉娟，李凌云，等. 计算机科学与技术导论. 2版[M]. 北京：清华大学出版社，2020.

[3] 黄国兴，丁岳伟，张瑜. 计算机导论. 4版[M]. 北京：清华大学出版社，2019.

[4] 翟中. 计算机科学导论. 5版[M]. 北京：清华大学出版社，2018.

[5] 胡明，王红梅. 计算机学科概论. 2版[M]. 北京：清华大学出版社，2011.

[6] 教育部高等学校计算机科学与技术教学指导委员会. 高等学校计算机科学与技术专业公共核心知识体系与课程[M]. 北京：清华大学出版社，2008.

[7] 吕云翔，李子瑾，翁学平. 计算机科学概论[M]. 北京：人民邮电出版社，2015.

[8] 张林，王利. 计算机科学概论. 2版[M]. 北京：人民邮电出版社，2018.

[9] 陈国良. 计算思维导论[M]. 北京：高等教育出版社，2012.

[10] 陈国良，董荣胜. 计算思维的表述体系[J]. 中国大学教学，2013，12:22-26.

[11] 高华，王志军. 大学计算机[M]. 北京：人民邮电出版社，2017.

[12] Andrew S. Tanenbaum. 现代操作系统. 4版[M]. 北京：机械工业出版社，2018.

[13] 汤小丹，等. 计算机操作系统. 4版[M]. 西安：西安电子科技大学出版社，2014.

[14] 尹艳辉，王海文，邢军. 计算机组成原理教程[M]. 武汉：华中科技大学出版社，2013.

[15] 郑阿奇，唐锐，栾丽华.新编计算机导论（基于计算机思维）[M]. 北京：电子工业出版社，2013.

[16] 钱乐秋，赵文耘，牛军钰.软件工程[M]. 北京：清华大学出版社，2010.

[17] 蔡启先.计算机系统结构[M]. 北京：电子工业出版社，2009.

[18] 付晓翠，高葵. 网络技术与应用[M]. 北京：电子工业出版社，2014.

[19] 罗军舟，杨明，凌振，等. 网络空间安全体系与关键技术[J]. 中国科学（信息科学），2016，46（8）.

[20] 王红梅，王慧，王新颖. 数据结构. 3版[M]. 北京：清华大学出版社，2019.

[21] 陈火旺，刘春林，谭庆平，等. 编译原理. 3版[M]. 北京：国防工业出版社，2017.

[22] 赵端阳，佐伍衡. 算法分析与设计[M]. 北京：清华大学出版社，2012.

[23] 王珊，萨师煊.数据库系统概论[M]. 北京：高等教育出版社，2014.